國際知名創客
實業家

方志遠，蒲源
著

U0074633

**36 個美國創客經典案例分享**

# 創客未來

## 動手改變世界的自造者

**無視規則、跳脫俗套、打破常規、用新方法做事的人，
這就是創客、也是市場中常見的贏家！**

創客不只是一個小工作室、意見車庫，或者是男人的私人空間那麼簡單。如果你喜歡烹飪，你就能是廚房創客，爐灶就是你的工作台；如果你喜歡種植，你就是花園創客。編織與裁縫、製作剪貼簿、串珠子或是十字繡，這些都是製作的過程……

**創客未來**
動手改變世界的自造者

# 目錄

**創客未來**
動手改變世界的自造者

**創客未來**
動手改變世界的自造者

**創客未來**
動手改變世界的自造者

# 作者簡介

## 方志遠

著名商業模式研究實戰型專家。管理學博士，畢業於美國印第安納大學和泰國國家開發管理學院。碩士生指導教授。美國 IEEEICEBE 程序委員會委員。曾出任多家企業總經理和其他高層管理職務，曾任美國公共生產力中心助理研究員。長期從事國際企業管理顧問諮詢工作。已出版《商業模式創新戰略》、《恆大帝國之崛起──商業巨擘許家印》、《管理學》（譯作）、《電子商務技術》、《電子商務師》、《邏輯學基礎》、《行政管理學》、《決策學》、《公共關係學》、《夜晚心理分析》等書籍，在學術期刊發表論文三十多篇。

## 蒲源

著名創客，互聯網專欄作家，中山大學管理學院項目管理碩士，高級工程師、國際高級項目管理師，Quality Girl 品牌創始人，智媛生物科技有限公司 CEO，曾任電視台記者，多年來從事新媒體、互聯網運營支撐及管理等方面的工作。

**創客未來**
動手改變世界的自造者

# 第一章
# 新工業革命與創客模式

## 一、什麼是創客

　　創客，就是努力將點子變為金子的行動達人。「創客」一詞來源於英文單字「Maker」。根據著名網路百科全書維基百科（Wikipedia）詞條的解釋，創客是指一群酷愛科技、熱衷實踐的人，他們以分享技術、交流思想為樂。以創客為主體的社群則逐漸成了創客文化的載體。

　　創客（Maker）正是這樣一群植根於有獨特興趣且抱有執著信念的人，他們酷愛科技、熱衷親自實踐，並且堅信自己動手豐衣足食。創客的興趣主要集中在以工程化為導向的主題上，如電子、機械、機器人、3D 列印等，也包括相關工具的熟練使用，如 CNC、雷射切割機等，還包括傳統的金屬加工、木工及藝術創作，如鑄造、手工藝品等。他們善於挖掘新技術、鼓勵創新與原型化，他們不單有想法，還有成型的作品，是「知行合一」的忠實實踐者。他們注重在實踐中學習新東西，並加以創造性的使用。

　　「創客」的準確定義到底該如何界定？克里斯‧安德森在其新書《自造者時代》中給出了這樣的描述：「應該說它包含了非常寬泛的內容，從傳統的手工藝到高科技電子產品，無所不包，很多活動已經存在了相當長的時間。但創客們卻在做著完全不同的事情：首先，他們使用數字工具，在螢幕上設計，越來越多的用桌面製造機器製作產品；其次，他們是互聯網一代，所以本能的透過網路分享成果，透過將互聯網文化與合作引入製造過程，他們聯手創造著 DIY 的未來，其規模之大前所未見。」

## 創客未來
### 動手改變世界的自造者

「創客運動引發第三次工業革命」，這句話來源於《長尾理論》一書的作者克里斯‧安德森的新作《自造者時代》。也許你會覺得很不以為然，但是，這個論斷並不武斷也不激進。克里斯‧安德森在《自造者時代》一書中說道：「二〇〇五年起，比特與原子結合——創客運動誕生，這就是第三次工業革命的開始。雖然互聯網是人類最大的革命，但它不屬於產業革命，只有整個革命發生在第一、第二產業，人類才會產生大躍進式的產業進步。而創客運動，不僅結合了互聯網的巨大優勢，同時可以向第一、第二產業滲透，只有進入了第一、第二產業，創客運動才能帶來整個產業的變革。」創客為公眾將其發明創意轉變為創新產品提供了便捷的產業化渠道，透過互聯網和製造業的融合引發了新的「工業 4.0」的革命，推動製造業從大規模製造向個性化訂製發展，並帶來與之相匹配的價值戰略模式、市場行銷模式和盈利模式。

目前，創客運動在全球尤其在美國非常火熱，創客已經成為一股新興潮流，並隨著 VR、AR 技術和 3D 列印技術的發展，可穿戴設備興起、軟硬結合的趨勢成為資訊智慧化時代的焦點。美國是全球創客空間最大的國家，在創客空間維基站點註冊的創客空間有七百四十個。美國知名的創客空間有 TechShop、Noisebridge、Fab Lab 等。TechShop 是美國規模最大的創客空間，在七個城市開設連鎖分店，透過會員費和收費課程盈利。與 TechShop 不同，Noisebridge 是一個崇尚開放、自由、互助、無為而治的場所，無須繳納會員費就可以進入其中，保留著原汁原味的創客文化。歐巴馬政府不遺餘力的推動美國創客運動發展。二〇一二年，美國政府宣布未來四年內將在一千所美國學校引入「創客空間」，配備 3D 列印機和雷射切割機等數位製造工具。二〇一四年，歐巴馬宣布將每年的六月十八日定為「國家創客日」（National Day of Making），並主辦了首屆白宮創客嘉年華（Maker Faire），在活動中宣布了推動創客運動的整體措施，以推動製造業的發展，激發創新和創業精神。會議期間，歐巴馬指出政府及其合作夥伴需從三個方面採取措施，推動創客空間的發展，為更多公民提供將創意轉變為創新產品的渠道。這三個方面

分別為：幫助由創客成立的初創企業創造新產業和就業機會、顯著提高有機會加入創客空間的學生數量、激發創客解決當前最緊迫問題的興趣。

　　美國 The Hustle 創客雜誌的專欄作家 Zara Stone 撰文解釋了美國「為創客攻陷」的全過程。文章說，創客運動顯然已經攻陷了美國，但這並不是一件嚇人的事件，因為你自己很可能就是創客當中的一員。你或許會對此不以為然，但這是不可否認的事實。請記住，「創客」的定義適用於任何從事創造工作的人，因此，只要你曾經創造過東西，那麼你就是一名創客。很多人會將創客群體想像成一些喜歡在地下室擺弄各種線路板的「呆子」，但這顯然並不是事實。

　　據估計，僅美國本土就有大約一點三五億名創客，這個數字大概是美國人口的一半。這實在是一個非常龐大的數字，因為這意味著參與到創造過程中的人群基數非常龐大，對美國中小企業的發展和美國經濟的貢獻非常巨大。而創客創造的中小企業又是美國企業中發展的主力。美國中小企業有兩千五百多萬家，占公司總數的百分之九十九，吸收了美國一半以上的就業人口，在美國經濟中發揮著重要作用，而且每個月還會新增五十四點三萬家小企業。所以，這些中小企業如果想要脫穎而出，並取得成功，就需要一個獨一無二的價值主張，並且要有多元化的收入流，以及充足、強大的創造能力。

　　作為創客，如何將點子轉換為金子呢？創新、實踐、分享是創客的三個關鍵字。

　　對創新而言，方法就是新的世界，最重要的不是知識，而是思路。實踐就是要走的路。從零到一，零是創業的想法，一是創業的行動。幾個團隊租個地方找點錢，就做起了。在創業點和願景點之間不斷的探索，直到創客的商業模式得到市場的驗證，公司的產品範圍擴大，從零售 App 應用到時尚新貴，並不斷為交易雙方創造令人信服的價值。分享就是重新定義市場價值、顧客價值、員工價值，引入更多的合作夥伴，創造更多的市場機會，讓內外部一起動起來，逐步建立分享共生的生態圈。

　　創客的商業模式創新比產品創新和服務創新更為重要，真正的變革絕不侷限於偉大的技術發明和商業化，他們的成功在於將新技術和恰到好處的強大商業模式相

結合。我們相信，商業模式創新可以改變整個行業格局，讓價值數十億美元的市場重新洗牌。就讓我們一起來看看「創新國度」——美國近年來出現的、最值得關注的三十六個商業模式。其中有相當一部分案例被列入美國最佳商業模式五十強的排行榜。

## 二、創客商業模式三要素

在創業或企業經營創新中，為企業系統的設計和配置一個新的商業模式是不容易的。因為：商業模式在研究和商業實踐中缺乏統一的概念；商業模式的量化評價是困難的；價值網路相互依存，商業模式的動態特性是難以預測的，往往顯示複雜的反饋動態，缺乏有效的分析方法。

為了更好和更準確的對美國創客模式進行分析，需要運用一些的分析工具。本章在綜合商業模式概念和要素分析的基礎上，提出了一個包含三要素的商業模式分析模型。具體如下。

(1) 價值戰略（value strategy）。即企業透過產品或服務向消費者提供的價值。提供什麼產品或服務給消費者，是商業模式的關鍵。產品或服務價值體現了企業對消費者的價值最大化，即企業透過對商業環境的戰略分析，制訂戰略目標從而為有效的提供價值服務並實現其商業化而形成的戰略、策略、計畫等。

(2) 市場行銷（marketing）。即企業透過對消費者的分析，對目標市場定位產品或服務的消費者群體。定位客戶群體的過程也稱為市場劃分。行銷推廣是企業用來接觸消費者的各種途徑，也即企業如何制定市場策略，開拓市場和建立銷售渠道。它不僅涉及企業的市場和分銷策略，還包括如何整合公司資源開展業務，也就是配置價值鏈上和價值網內的資源和活動。資源整合是企業執行其商業模式所需的核心能力和關鍵資源之整合。

(3) 盈利收入（business revenue）。即企業透過各種現金收入流（cash

revenue flow）來創造收入以達到盈利的目標。它還包括成本控制和資本運作。成本控制是企業使用財會工具和方法來細分產品或服務的成本，以核算企業經營的總成本。資本運作即透過融資獲取運作資金，透過兼併收購等財務槓桿來擴大業務，最後透過上市獲得投資回報，實現利潤價值最大化。

## 三、創客商業模式創新分析模型

創客商業模式創新模型三要素模式之間的關係為：價值戰略模式連通產品或服務的戰略價值創造；市場行銷模式連通客戶價值傳遞和實現；盈利收入模式連通價值利潤創造和來源與價值利潤最大化。其關係如圖 1-1 所示。

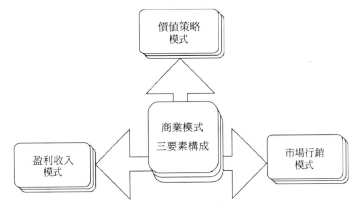

圖 1-1　創客商業模式創新模型三要素

根據這個模型，我們擬定了一個商業模式創新分析的最新模型，來分析創客企業商業模式創新。

價值戰略模式：是指提高產品或服務的核心競爭力，透過為顧客創造更多的價值來爭取顧客，贏得企業成功的創新戰略。在市場定位上，該戰略透過重新定義新目標市場（新顧客劃分方式、新的地理區隔）來創造產品的價值優勢，重新定義顧客新的需求認知來達到產品或服務價值創新。在價值鏈或產業鏈上，也可經由價值鏈的重組與價值活動的創新等方式來增加產品的價值優勢。在產品功能方面，可以

透過商品組合整合的創新，增加功能、增加服務、改變產品定位（屬性）、改變交易方式等不同途徑，來達到產品或服務價值創新；在企業產品創造上，企業可以透過利用引進新科技或是提升產品平台來達到產品或服務價值創新。

經營戰略創新的核心問題是重新確定企業的經營戰略目標。企業戰略制訂的經營目標，決定了經營中的顧客、競爭對手、競爭實力，也決定了企業對關鍵性成功因素的組合，並最終決定了企業的競爭策略。成功的企業經營策略創新戰略，會制定出具有獨特商業模式要素和特徵的競爭策略和經營目標。經營策略的創新戰略的目的，是取得核心競爭力優勢，適應企業外部宏觀和微觀環境的變化，利用競爭對手間的利益相關性和優勢互補性，實現資源整合，打破資源重新再組合，以尋找增長的潛力。

市場行銷模式：是指企業根據競爭者現有產品在市場上所處的位置，針對顧客對該類產品某些特徵或屬性的重視程度，為本企業產品塑造與眾不同的、給人印象鮮明的形象，並將這種形象生動的傳遞給顧客，從而使該產品在市場上確定正確位置的創新戰略。市場定位戰略是指差異化競爭戰略。主要可以從地域市場劃分、消費者群體細分、產品差異化、技術壁壘和行銷模式等差異，來確定精準的市場定位。這些創新戰略有地域市場創新、消費群細分創新、產品差異化創新、技術壁壘創新、行銷模式創新等。

行銷創新就是根據行銷環境的變化情況，並結合企業自身的資源條件和經營實力，尋求行銷要素在某一方面或某一系列的突破或變革的過程。市場細分與定位幫助企業確定自己的目標客戶群及優勢產品或服務，而如何有效接觸目標群體，傳遞企業的產品或服務價值，則需要依靠行銷模式（marketing model）。通常來講，行銷推廣創新戰略是指企業如何制定市場策略，開拓市場和建立銷售渠道。它涉及企業的市場和分銷策略。

盈利收入模式：是指對企業經營要素進行價值識別和管理，在經營要素中找到盈利機會，即探求企業利潤來源、生成過程及產出方式的系統方法。有觀點認為，

它是企業透過自身以及相關利益者資源的整合併形成的一種實現價值創造、價值獲取、利益分配的組織機制及商業架構。簡單的說,盈利收入模式就是企業賺錢的渠道。盈利收入模式是企業在市場競爭中逐步形成的企業特有的賴以盈利的商務結構及其對應的業務結構。企業盈利收入模式創新分析和設計的三大要素包括利潤源、利潤點和利潤槓桿。利潤源是指企業提供的商品或服務的購買者和使用者群體,他們是企業利潤的唯一源泉。利潤源分為主要利潤源、輔助利潤源和潛在利潤源。好的企業利潤源:一是要有足夠的規模;二是企業要對利潤源的需求和偏好有比較深的認識與了解;三是企業在挖掘利潤源時與競爭者相比,有一定的競爭優勢。利潤點是指企業可以獲取利潤的產品或服務,好的利潤點:一要針對明確客戶的需求偏好;二要為構成利潤源的客戶創造價值;三要為企業創造價值,有些企業的產品或服務或者缺乏利潤源的針對性,或者根本無法創造利潤。利潤點反映的是企業的產出。利潤槓桿是指企業生產產品或服務以及吸引客戶購買和使用企業產品或服務的一系列業務活動,反映的是企業的投入。所謂資本運作創新,是指以利潤最大化和資本增值為目的,以價值管理為特徵,透過以貨幣化的資產為主要對象的購買、出售、轉讓、兼併、託管等活動,實現資源優化配置,從而達到利益最大化。

結合三要素商業模式創新戰略分析模型,我們架構了一個分析模板,可以運用此模板對所有創客的商業模式的創新活動進行具體分析。按照該模板,商業模式由三大要素構成:價值戰略模式、市場行銷模式、盈利收入模式。其商業模式創新要素分析模板如圖 1-2 所示。

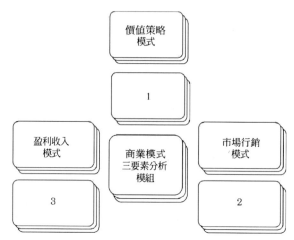

圖 1-2 三要素商業模式創新分析模板

商業模式創新分析包括以下三大方面。

## 1・價值戰略模式的分析

價值戰略是指創新產品使用的價值，提供一些具有創新價值的產品或服務以滿足客戶從未感受和體驗過的全新需求或提供新的需求滿足的戰略。價值戰略分析是指透過對企業採取各種策略，對自身所處的內外環境進行充分認識和評價，依據環境中各構成要素的數量（即環境複雜性）和變動程度（即環境動態性）的不同，發現市場機會和威脅，確定企業自身的優勢和劣勢，從而為戰略經營提供指導性的活動。

(1) 產品服務價值是構成價值戰略的重要因素之一。價值體現不僅在於產品本身價值的高低，而且更在於產品附加價值的大小。特別是在同類產品質量與性質大體相同或類似的情況下，企業向顧客提供的附加服務越完備，產品的附加價值越大。

(2) 品牌價值是指品牌價值的創新。麥可・波特在其品牌競爭優勢中曾提道：品牌的資產主要體現在品牌的核心價值上，或者說品牌核心價值也是品牌精髓所在。產品的價值，可以透過客戶使用和顯示某一特定品牌而發現價

值。

(3) 客戶價值是指由於企業在生產經營活動過程中能夠為其顧客帶來的利益，即客戶從企業的產品或服務中得到需求的滿足。肖恩‧米漢認為，客戶價值是客戶從某種產品或服務中所能獲得的總利益與在購買和擁有時所付出的總代價的比較，也即顧客從企業為其提供的產品或服務中所得到的滿足。

價值戰略模式創新分析模板如圖 1-3 所示。

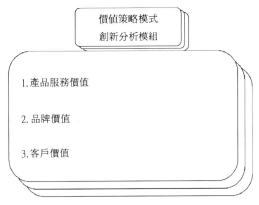

圖 1-3　價值戰略模式創新分析模板

## 2‧市場行銷模式的分析

市場行銷是指在市場的競爭環境中，找到自己的市場定位，並採取一定的市場策略，來開拓市場渠道，擴大自己市場份額和銷售。

(1) 市場機會分析是指透過分析市場上存在的尚未滿足或尚未完全滿足的顯性或隱性的需求，根據企業的資源和能力，找到內外結合的最佳點，有效的組織和配置資源，向客戶提供所需產品或服務，實現價值創造的過程。

(2) 目標客戶群和市場細分，是指對該企業產品有需要也有一定購買能力的人群。一是尋找企業品牌需要特別針對的具有共同需求和偏好的消費群體；二是尋找能幫助企業獲得期望達到的銷售收入和利益的群體。換言之，是指企業根據不同市場需求的多樣性和購買者行為的差異性，把整體市場即

全部顧客和潛在顧客，劃分為若干具有某種相似特徵的顧客群，以便確定目標市場的策略或方法。

(3) 市場策略是企業以顧客需要為出發點，根據顧客需求量以及購買力的資訊和經營期望值，有計畫的組織各項市場活動，透過相互協調一致的產品策略、價格策略、渠道策略和促銷策略滿足顧客需求的方法與戰略。

市場行銷模式創新分析模板如圖 1-4 所示。

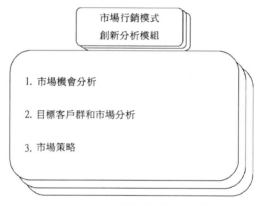

圖 1-4　市場行銷模式創新分析模板

### 3．盈利收入模式的分析

（1）盈利收入的多樣性、穩定性、增長性

收入多樣性是指企業收入呈現多樣性變化，有不同來源、不同結構、不同方式的收入。收入穩定性是指企業在構建盈利收入來源時應考慮以持續性增長的方式獲得基本收益的穩定性。穩定的收入有利於企業的長期發展和戰略。收入增長性是指企業年度主營業務收入總額同上年主營業務收入總額差值的增長比率。這是評價企業成長狀況和發展能力的重要指標。

（2）成本結構和成本控制能力

指對企業經營成本的各個組成部分或成本項目進行分析。成本控制能力是指以成本作為控制的手段，透過制定成本總水平指標值、可比產品成本降低率以及成本中心控制成本的責任等，達到對商業活動實施有效控制的目的。在成本方面的控制

創新活動通常包括建立成本組織機構，規定和落實成本管理職責、權限，制定成本方針和目標，進行成本策劃、成本控制、成本保證、成本檢查、成本分析和成本改進等。

（3）投資融資能力

指在一定的經濟金融條件下，一個企業可能融通資金的規模大小，即持續獲取長期優質資本的能力。多渠道、低成本融資的企業融資能力是企業快速發展的關鍵因素，融資能為企業創造更多的價值。它包括企業資本經營的收入水平、融資能力和投資效率。其資本結構、信貸能力，透過上市能力、兼併、投資控股等方式迅速擴大企業規模，獲得發展的能力。

盈利收入模式創新分析模板如圖 1-5 所示。

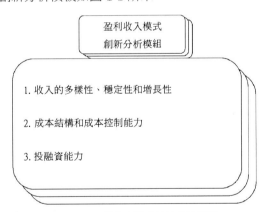

圖 1-5　盈利收入模式創新分析模板

歸納總結一下，成功的創客商業模式具有以下共同特點。

（1）　重構性。商業模式並非一成不變，當市場環境發生變化時，企業需要對自身的商業模式進行重構，重構就是一種創新。

（2）　有效性。商業模式的有效性一方面是指能夠較好的識別並滿足客戶需求，做到客戶滿足，不斷挖掘並提升客戶的價值；另一方面，還能透過模式的運行提高自身和合作夥伴的價值，創造良好的經濟效益。同時，也包含具有超越競爭者的，體現在競爭全過程的競爭優勢，即商業模式應能夠有效

　　的平衡企業、客戶、合作夥伴和競爭者之間的關係，既要關注客戶，又要使企業盈利，還要比競爭對手更好的滿足市場需求。

(3) 整體性。好的商業模式至少要滿足兩個必要條件：一是商業模式必須是一個整體，有一定結構，而不僅僅是一個單一的組成因素；二是商業模式的組成部分之間必須有內在聯繫，把各組成部分有機的關聯起來，使它們互相支持，共同作用，形成良性循環。

(4) 差異性。商業模式的差異性是指既具有不同於原有的任何模式的特點，又不輕易被競爭對手複製。保持差異，才能取得競爭優勢。

(5) 適應性。商業模式的適應性是指其應付變化多端的客戶需求、宏觀環境變化及市場競爭環境的能力。商業模式是一個動態的概念，今天的模式也許明天就不適用，甚至是企業正常發展的障礙。好的商業模式必須始終保持必要的靈活性和應變能力，具有動態匹配的商業模式企業才能獲得成功。

(6) 可持續性。企業的商業模式不僅要使其他競爭對手在短時間內難以複製和超越，還應保持一定的持續性。商業模式的相對穩定性對維持競爭優勢十分重要，頻繁調整和更新不僅會增加企業成本，還易造成顧客和組織的混亂。這就要求商業模式的設計具備一定的前瞻性，同時還要進行反覆矯正。

(7) 生命週期性。任何商業模式都有其合適的環境與生存土壤，都會有一個形成、成長、成熟和衰退的過程。

　　對三十六個美國創客模式的商業模式分析，我們將採用三要素分析模板進行展開，並且圍繞三要素揭示其創客活動和運營的規律以及商業邏輯。

# 第二章
# Dropbox——服務在雲端的典範

　　你知道長大後要走什麼樣的路嗎？不少年輕人在成長過程中都遇到過這類問題。而 Dropbox 公司的創始人休士頓（Houston），十四歲的時候就說要開一個電腦公司。那是在一次學校集會時，主持人問知道自己長大後要走的路，請舉手。在現場兩百五十個學生當中，休士頓是唯一一個舉起手的人。

　　後來，一切還真驗證了他此前所說的。在中學和大學期間，他曾幾度創業，Dropbox 是他的第六個創業公司，而 Dropbox 的創業靈感來源於一個偶然。當他在麻省理工學院讀書時，一次坐公車忘了帶記憶卡，本來打算利用車上的四個小時來工作，但只有筆記本，需要的編碼文件都沒有，沒法編程，當時覺得非常鬱悶，於是，就有了開發一種能夠透過網路同步文件應用的想法。

　　透過下載客戶端或登錄網頁，可將儲存在本地的文件自動同步到 Dropbox 的雲端伺服器保存，也可以從雲端將上傳的文件下載到本地。憑藉三億海量使用者，Dropbox 上市後的資本市值預估將超過一百億美元，前景不可限量。

## 一、公司背景

　　Dropbox 成立於二〇〇七年，是一家基於雲端儲存提供文件同步及共享應用產品和服務的公司。透過雲端運算實現互聯網上的文件同步，使用者可以透過它儲存和分享文件。透過差異化的經營方式，在短短的幾年時間，Dropbox 使用者數從最初的十萬迅速增長到三億，支持八種語言，覆蓋全球兩百個國家。

　　從融資情況來看，Dropbox 可謂發展迅速，除了初創期獲得七百二十萬元美元的投資之外，二〇一一年，Dropbox 以四十億美元的估值從眾多投資人那裡募集到

二點五億美元資金，公司總融資額達到四點五億美元，其中包括指數創投（Index Ventures）、紅杉資本（Sequoia）、格雷洛克風險投資公司（Greylock）、標竿資本（Benchmark）、加速合夥公司（Accel）等。二〇一四年，Dropbox 從黑石和原有的投資者 T. Rowe Price 和 Fidelity 手中獲得三的二五億美元的風險投資，被視為上市前最後一次融資，當時估值已達八十億美元。

## 二、創客介紹

創始人是德魯·休士頓（Drew Houston），二〇〇五年畢業於麻省理工學院計算機系，是 on line SAP prepco 的工程師，精通 Python 和 C++、演算法設計、網站開發和設計、網路安全等領域。他從十四歲開始就測試一些線上遊戲並找出安全漏洞，後來開始編寫程序。

當他把雲端儲存想法告訴了創業孵化公司 Y Combinator 的保羅·格雷厄姆（Paul Graham）時，這位當時在美國互聯網界如日中天的教父級人物告訴他，你必須找一個合夥人才會給他投資。德魯·休士頓（Drew Houston）花了兩週的時間找到了合夥人菲爾多西（Ferdowsi）——位「85 後」，現任 Dropbox 的首席技術工程師。當時休士頓在麻省理工學院學習計算機科學，與菲爾多西在回波士頓的途中交談了兩個小時，兩人第二次見面就決定合作。

在接下來的時間裡，德魯·休士頓及菲爾多西夜以繼日的工作，常常在工作中睡著，為的就是讓人們意識到有這麼一個服務的存在，他們剛開始也會在廣告行銷方面花心思來推銷這個產品，但是效果並不明顯。後來乾脆讓使用者推薦，誰要是向其他人推薦了他們的產品，誰就會獲得 250MB 的免費儲存，後來這個雪球越滾越大。從學生，到商人再到企業家、教授，都從中受益。

## 三、案例分析

產品是一個企業的核心，Dropbox 自然也不例外。

## （一）產品是核心

Dropbox 起步於「一個簡單的文件夾」。它並沒有將產品設計得非常複雜，而是用「簡易使用，避免錯誤」來打動使用者，使產品使用的門檻大大降低。同時，跨平台的同步和分享也是產品價值的核心體現。

### 1 · 產品簡潔、易用

作為新建的公司，Dropbox 較好的保持了產品的簡潔，並專注於基本功能，將一件事做到極致。使用者永遠會要求更多功能，提出他們的問題並期待你修復。但在 Dropbox，如果使用者提出的問題在百分之八十的使用者中存在，那麼才值得去做。Dropbox 正是基於此觀點而專注於核心競爭力的建立和保持。

保持產品簡潔的另一個優勢是：使銷售和客戶支持變得簡單。如果產品太複雜，勢必意味著將花費更多的時間用於客戶支持和 Bug 修復。

### 2 · 文件改動自動同步

當使用者在電腦 A 使用 Dropbox 時，指定文件夾裡所有文件的改動均會自動的「同步」到 Dropbox 的伺服器，當下次使用者在電腦 B 使用這些文件時，只需登錄自己的帳戶，所有被同步的文件均會自動下載到電腦 B 中。同樣，使用者在電腦 B 對某文件的修改，也會體現在電腦 A 上，而所有這一切均是全自動的。這樣使用者的文件可以說是隨時隨的都能保持最新。將文件放入一台電腦的 Dropbox 裡面去，文件就能即時同步到 Dropbox 的伺服器端，這些文件在你任何安裝了 Dropbox 的電腦上都可以瀏覽。使用者也可以用電腦或者移動終端從 Dropbox 網站來瀏覽這些文件。

### 3 · 批量拖曳與跨平台

Dropbox 支持文件的批量拖曳上傳，單文件最大上限三百 M。如果用客戶端上傳則無最大單個文件的限制，免費帳戶總容量最大達 18.8G。另外，跨平台操作是一個非常大的技術難點，不同平台、文件的版本都要能保證及時同步與更新，內容上不出現偏差。同時，Dropbox 還支持不同的使用者在同一時間透過不同平台、版

本的軟體對同一份文件進行編輯,並保留不同版本。

### 4.大文件的瞬間上傳

在普通使用者的眼裡看來,Dropbox 是一個很簡單的同步服務。但它完成著極其不簡單的任務,比如:使用者將一個 1G 的文件上傳到 Dropbox,它就能瞬時完成上傳。再如,使用者在本地修改了這個 1G 的文件的片段,當使用者以為修改後整個文件要重新上傳時,Dropbox 卻再次瞬時完成上傳。

## (二)行銷靠粉絲

在 Dropbox 成立之初,市場上已經有幾百家雲端儲存的公司,這說明市場很大。然而使用者使用度卻很低。也正是基於提升廣大使用者使用的便易性,才有了「只做一個文件夾」的設想。初期 Dropbox 的行銷策略並不良好,透過購買 ADword 和公關投放,完全無法達到收支平衡,後來改用了口碑行銷和病毒式行銷,取得了突破性的進展。

### 1.用分享和口碑戰勝付費

二〇〇八年三月,beta 版的影片發布之後,帶來了一萬兩千的 Digg,一天之中,加入申請的客戶數從五千個增加到了七萬五千個。

自二〇〇九年開始,Dropbox 採取了邀請註冊的方式,邀請和受邀的註冊帳號可以同時獲得更多的儲存空間,從而大大刺激了註冊量。

矽谷的業內人士將 Dropbox 的成功主要歸功於使用者的口耳相傳,以及它頗具吸引力的推薦計畫。Dropbox 使用的是免費增值商業模式:使用者可以免費使用 2G 儲存空間(更大的儲存空間收費最高達二十美元/月),但如果使用者的任何朋友註冊了免費或付費的 Dropbox 帳號,那麼推薦者和被薦者均能獲得額外的 250MB 儲存空間。

### 2.口碑行銷和病毒式行銷

為使用者提供工具,用來推廣 Dropbox 的產品。

發出邀請和接受邀請的使用者，都能得到優惠，註冊使用者數上升百分之
六十。

頁面優化設計。

大量分析使用者行為。

每天百分之三十五的新使用者註冊，來自他人邀請；百分之二十來自共享目
錄——另一種病毒行銷方式。

自項目啟動以來，每月註冊使用者數的增長率一直保持在百分之二十以上。

上佳的植入式廣告：它在蘋果（Apple）應用程式商店（App Store）中被列為「特
色應用」。

## （三）管理是手段

起初，Dropbox 在成長過程中並沒有非常明確的管理模式，但是它有非常清晰
的「不作為」模式，如提供一個精緻的網站、聘請公關公司、發布消息、提供許多
業務功能等，都是 Dropbox 所堅持迴避的。

### 1．公司只要頂尖的工程師

Dropbox 擁有一批極其優秀的工程師。在對新員工的講話裡，CEO Drew 明確
說，hire the best talent（僱用最有天分的人）是公司的頭等大事。即使是實習生，
每年數量也極為有限，卻大多來自 MIT、CMU、史丹佛、哈佛等頂級名校。

### 2．極強的工程師文化

Dropbox 的產品非常精緻，設計十分人性化，與蘋果相比也有過之而無不及。
這和 Google、Facebook 粗獷的風格形成了鮮明的對比。比如：在蘋果機下圖表
上的小對號，這個 API 不存在，但又至關重要。於是，Dropbox 把自己注入了
Finder 進程裡，重寫了圖標渲染的函數……

正是由於工程師文化的盛行，使很多瘋狂的產品設計能夠實現。同時，
Dropbox 每年都會有一週叫 Hack Week，公司所有員工放下手頭的工作來做想做

的項目，也就有了更多新鮮的 Idea 得以產生和實現。

### 3 · startup 氣氛仍濃厚

Dropbox 已超過七百人，但公司仍保有很多初創公司的氣氛。公司許多員工都互相認識。內部笑話層出不窮，而且口耳相傳給新員工。食堂經常能看到一桌好友聊天到深夜。很多員工下班都很晚，而且不是因為公司逼迫加班。

此外，公司的員工整體都年輕，三、四十歲的工程師很少見，員工多在二十七、八歲，但又出乎意料的「老成」，懂得「專注」，也善於「變通」。所以公司充滿了朝氣，樓裡到處都是滑板和滑板車，會議室裡堆滿了樂高⋯⋯

### 4 · 溺愛員工到逆天程度

在工作方面，公司給員工配置的是頂級的筆記型電腦（1T 的 SSD），顯示器清一色的 Apple Thunderbolt Display。鍵盤可以選配 Das keyboard 機械鍵盤。桌子是 Standing desk，椅子是 Aeron。僅在 Mailbox 組，八台五十吋的三星電視實時顯示伺服器狀態監控。

在生活方面，Dropbox 在食材上不吝惜成本，員工每天都能吃到牛排或者鮭魚。食堂保證同一道菜不做兩次，每天都有新花樣，除了能讓人賞心悅目以外，還有一個好處就是保證了員工均衡搭配的營養，而且衛生也得到了舊金山政府的滿分評級。

### （四）收購助上市

Dropbox 自從先後獲得了二點五億美元和三點二五億美元這兩筆比較大的投資基金之後，便開始了高頻次的收購運動，以拓展除傳統雲端儲存之外的業務，為未來上市做準備。

### 1 · 融資部分

二〇〇七年，種子資金與 A 輪一共七百二十萬美元。

二〇一一年十月，其第二輪融資二點五億美元。

二〇一四年二月，三點二五億美元。

## 2・收購部分

Tapengage，二〇一二年七月，舊金山廣告／行銷公司。

Snapjoy，二〇一二年十二月，科羅拉多州多媒體／流軟體公司。

Orchestra，二〇一三年三月，加利福尼亞州帕洛阿爾托電子郵件／資訊公司。

Endorse，二〇一三年七月，加利福尼亞州聖馬特奧市購物輔助公司。

Terrarium，二〇一三年十一月，波士頓購物輔助公司。

PiCloud，二〇一三年十一月，波士頓軟體開發工具公司。

Readmill Network，二〇一四年三月，柏林電子閱讀應用公司。

Zulip，二〇一四年三月，馬薩諸塞州工作聊天工具開發商。

Loom，二〇一四年四月，雲端儲存照片服務商。

Hackpad，二〇一四年四月，文件共享創新公司。

Bubbli，二〇一四年五月，3D 照片技術提供商。

Droptalk，二〇一四年六月，即時通信服務商（移動聊天領域）。

Mobilespan，二〇一四年六月，Google（微博）前員工創辦的公司。

Parastructure，二〇一四年六月，企業數據的分析。

Cloudon，二〇一五年一月，包括雲端 Office 應用軟體。

Pixelaspe，二〇一五年一月，設計寫作平台。

Umano1，二〇一五年五月，朗讀工具。

# 四、創客商業模式分析

與世界上眾多快速成長的優秀企業一樣，Dropbox 能取得成功，與其特定的商業模式分不開。以下就 Dropbox 公司價值戰略模式、市場行銷模式和盈利收入模式進行分析，如表 2-1 所示。

表 2-1　Dropbox 創客商業模式創新分析

| 商業模式 | 特　徵 | 描　　述 |
|---|---|---|
| 價值策略模式 | 產品簡潔、易用 | 在普通用戶看來，Dropbox雖然是一個很簡單的同步服務，但完成著極其不簡單的任務，它使同步變得更快捷。Dropbox沒有將強大的功能展示在前台，卻在後台默默地讓用戶使用更舒暢、更高效的產品價值 |
| 市場行銷模式 | 口碑行銷和病毒行銷 | 採取邀請註冊的方式，受邀的註冊帳號可以同時獲得更多的儲存空間，從而大大刺激了註冊量。據統計，每天Dropbox有35%的新用戶來自他人邀請；20%的新用戶來自共享目錄—另一種病毒行銷方式 |
| 盈利收入模式 | 資本融入和收購 | 透過資本的融入和對其他產品／團隊／公司的收購，Dropbox加入了除雲端儲存以外的領域，這些領域有助於Dropbox迅速應用和擴大已有的優勢，比如，其擁有的大量用戶的資料就為Dropbox的上市之路奠定了基礎 |

## 五、啟示

　　Dropbox 的成功存在於許多方面，如有強大的技術支持、行之有效的社會化行銷、跨平台隨時隨的使用與共享、無法更簡單的應用、只能同步一個文件夾等，可若講到商業模式創新的成功，也許最終都會殊途同歸，將每個優異的競爭要素全部補齊，但作為商業模式創新的最初，能將一個要素做到極致，那便是開啟了一扇通往成功的大門。

### （1）成長迅速，模式值得借鑑

　　跨越式的增長幾乎是矽谷成功創業企業的固有模式。它以創新型的技術／產品／服務為導向，獲得初創投資，在成熟之後推向市場，積累使用者，進一步進行融資，深化技術應用的同時再擴大使用者數量，豐富業務線和產品線，最終上市實現企業最大增值。

### （2）技術／產品驅動型的商業模式

　　Dropbox 是典型的技術驅動型的商業模式。用休士頓的話來說，「正確的產品

可以彌補管理的不足」以及「開發一個可靠、易用、滿足需求的產品，始終占據了我們全部的精力」等，都顯示出 Dropbox 對技術／產品的重視程度。在 Dropbox，幾乎全部的員工都是技術出身，它用最高的薪資去獲取那些技術上最為頂尖的技術人員，但幾乎沒有銷售崗位。正因如此，在行銷方面曾經推廣但並不理想。但正如休士頓所堅持的，良好的產品能幫他們解決行銷方面的麻煩。

### （3）精準的使用者需求定位

儘管在 Dropbox 初創時，雲端儲存，甚至同步共享產品的公司已經多達幾百家，但 Dropbox 還是能夠獨樹一幟，那是因為其找到了市場的核心需求。從初創時遇到的 Box.net 和 SugarSync，以及後來蘋果的 iCloud、微軟的 Skydrive、GoogleGoogle Drive 等產品的威脅，都沒能減慢 Dropbox 快速前進的步伐，正是由於 Dropbox 在初創期只做一個文件夾的同步，做好做精，不給客戶帶來困惑和不便，從而贏得了客戶的信任和支持。這對雲端儲存的企業至關重要。

### （4）口碑行銷勝於付費推廣

Dropbox 在成立初期也曾走過傳統發布消息的方式，但最終以收不抵支的失敗告終。後來，其採用的鼓勵分享、口碑行銷和病毒行銷方式，將產品或服務真正的優勢呈現給了廣大使用者，並最終獲得了來自市場的支持。

### （5）借助資本介入的力量

當產品／技術遇到門檻及公司在市場上遭遇強大的競爭對手時，資本介入給予了 Dropbox 強大的支持。無論是優秀人員和團隊的納入，還是對其他公司的收購，以及新業務線的拓展，都離不開資本創造的價值。儘管企業自身的盈利性非常重要，但如果缺少了資本的介入，企業發展的速度將會大打折扣。

Dropbox 可謂生逢其時。隨著互聯網的繁榮，隨時隨地瀏覽和共享文件漸漸成為很多使用者以及企業的剛需。而 Dropbox 僅憑一個極簡易用的文件同步端，打敗了其他複雜繁瑣的雲端儲存產品，後面憑藉著其卓越的病毒行銷，獲取了數億使用

者的芳心。巔峰階段 Dropbox 付費使用者占比高達百分之三點五，為它帶來巨額的收入增長，從而估值達到了瞠目結舌的一百億美元。Dropbox 的興盛是 PC 時代向互聯網時代過渡所帶來的紅利產物。但是，在二○一五年後，隨著紅利的逐漸消失以及同類產品如雨後春筍般的長出，產品差異化漸失，過快增長掩蓋了企業的危機，Dropbox 的產品不再具有那麼大的創新價值了，反而之前高速的成長掩蓋了後續產品創新上的不足。

# 第三章
# Oyster——移動閱讀訂閱模式的先河

買書，你會選擇什麼方式？亞馬遜、博客來？書到付款，送貨上門，還有便捷的電子書，網路書店一度深受網友喜愛。問題是，你的樂趣是放在買書上還是看書上呢？

你可能聽說過電子雜誌可以訂閱，但是你想過沒有，原本需要一本本購買的電子書或許也可以訂閱。一家創業公司 Oyster 率先將這種模式引入了電子書行業。使用者只需每月支付固定費用，就可以不限量的從 Oyster 日益增長的書庫中挑選並閱讀各類好書。

Oyster 認為，圖書的未來是手機，個性化推薦是關鍵。它們能夠提供最好的移動體驗。在移動互聯網時代，資訊爆炸、碎片化已成為移動時代閱讀的常態，它迎合了人性的弱點，輕鬆、便捷、快速、多元化的需求。

它的創始人希望將「包月點歌」的模式複製到移動閱讀領域，模式很簡單：在其 iPhone 應用中，使用者註冊後，可以像在 Spotify 中付費聽歌一樣，每月支付九點九五美元，就可以在 Oyster 提供的內容庫中，無限制的閱覽海量的電子書——不是一本一本的買，不會再涉及應用內支付環節。儘管亞馬遜也有一個行業領先、專門服務於 Kindle 讀者的電子圖書館，但是使用者每次只能借一本書，而且書目也不全。而對付費書而言，Kindle 的讀者也需要先購買才能閱讀。而 Oyster 就相當於是一個大型圖書館，能讓讀者暢遊書海，卻沒有數量和時間的限制，這是實體書店和圖書館所能提供的閱讀樂趣，而 Oyster 正在把這種樂趣搬到線上。

Oyster 本質上就是一家圖書館，它為讀者提供了一種全新的閱讀模式，一推出立刻受到美國讀者的歡迎，Oyster 公司因而成為大眾熱捧的初創企業。

# 一、公司背景

　　Oyster 公司成立於二〇一二年，是美國一家提供線上電子書訂閱服務的服務提供商。低廉的費用、可觀的閱讀量、良好的閱讀體驗是 Oyster 提供給讀者的核心價值，它被人們稱為「圖書界的 Netflix」。

　　Oyster 只做閱讀生意，而且只做移動端。它的價值網路很簡單，只有三個環節：內容供應商—Oyster—讀者，所以內容供應商和讀者都是 Oyster 兩個極其重要的資源。

　　Oyster 非常重視個性化的圖書推薦。它們有一個數據團隊，透過把演算法和人工結合，提升推薦的準確性。據統計，百分之八十的閱讀來自「發現」模組。此外，它們在閱讀體驗上也做了一些創新，在 Oyster 上增加了上下翻頁，把閱讀設置改成了主題，就像 Instagram 的濾鏡，Oyster 公司認為，這才是適合移動設備的形式。

　　二〇一三年，Oyster 使用者每月的閱讀量為八百萬頁，二〇一四年已增至一億頁。二〇一四年，Oyster 網站每個月的訂戶數量均保持了百分之二十的增長。Oyster 目前的合作出版社達一千六百多家，開發重點已從最初的已出版圖書擴大到重點新書。現在使用者在 Oyster 網站上閱讀的百分之二十的圖書都是一年內出版的新書。

　　Oyster 公司位於紐約市，創立後不久即獲得了創始人基金（founders fund）領投的三百萬美元投資，最近又獲得了一輪價值一千四百萬美元融資，由 Higgland Capital Partners 領投，上一輪投資人 Founders Fund 也參與了。

# 二、創客介紹

　　這款為移動時代量身訂製的簡單應用，它的創造者是科技老將埃里克·斯特龍伯格（Eric Stromberg）、安德魯·布朗（Andrew Brown）和威廉·范·朗克（Willem Van Lancker）。作為一個初創企業，Oyster 公司在電子書領域無疑是一個挑戰者的角色，這與三位創客不懼挑戰的創新精神是分不開的。

　　威廉・范・朗克之前曾是 Google 公司的使用者體驗設計師，現任公司首席產品官；埃里克・斯特龍伯格是公司首席執行官，他之前是 eBay 的產品經理，兩位是在哈佛商學院相識的，一拍即合，很快就決定共同創業。

　　安德魯・布朗曾擔任 Google 廣告產品經理，如今是公司首席技術官。他和斯特龍伯格曾是大學校友。這支團隊不僅構建起了產品本身，更令人叫絕的是，他們還與出版界的一些重量級公司達成了合作協議。

　　最初透過電子商務公司 Hunch 小試牛刀的斯特龍伯格，花了三個月的時間與律師、作家和出版商進行磋商以達成可行的合約。與此同時，曾在 GoogleDoubleClick 部門擔任產品經理的布朗則負責平台的構建，威廉・范・朗克精心設計了使用者介面。

　　三位創始人利用他們在科技界的人脈，向彼得・泰爾（Peter Thiel）的創始人基金、克里斯・迪克森（Chris Dixon）、SV 天使和莎莉・雷石東（Shari Redstone）等籌集了三百萬美元。

　　從以上資料可以看出，三位創始人發揮所長，初期需要的資源基本都到位了。

　　Oyster 的創始人之一斯特龍伯格（他曾經擔任 eBay 旗下數據分析公司 Hunch 的商業開發負責人）並不掩蓋創辦 Oyster 所面臨的困惑。他們做的事兒，必須滿足「取用大於擁有的」產品模式。他在一次採訪中坦言，事實證明，「取用勝過擁有」（access-over-ownership）的模式，不僅僅是 Netflix 和 Spotify 這樣的媒體服務商努力的方向，也是房屋租賃社群 Airbnb 和租車服務公司 Uber 追求的目標。

## 三、案例分析

　　亞馬遜統治電子書行業已經有很長一段時間了，在美國所有書籍交易市場份額中，亞馬遜占比超過三分之一，每年它們銷售的電子書都比紙質書要多得多。Oyster 公司希望在未來十年內超越亞馬遜公司，成為電子書領域的領軍企業。但 Oyster 公司也明白，亞馬遜並非等閒之輩，其依然是市場的巨頭，體量巨大。而

Oyster 公司只是一個剛剛崛起的挑戰者，並引起了業界的注意，Oyster 所做的創新極有可能被亞馬遜吸收並複製，因此，Oyster 公司需要做的是在現有基礎上優化服務，使其他競爭者難以模仿和跟進。

### （一）改革創新是主旋律

訂購自然是定位於服務，而非生產內容。雖然 Oyster 模式已經在過去其他行業驗證過，是一種優秀的模式，但後來有亞馬遜等巨頭的追擊，Oyster 公司就必須有更多的創新，必須在服務、內容、管理模式上有更多的改革和創新才能立足。

Oyster 把目標使用者定位在使用智慧機的熱愛閱讀的人群上。一類是對書籍如饑似渴的書蟲；另一類是希望利用碎片化時間閱讀的上班一族。透過市場細分調查，前一類人希望擺脫亞馬遜一次只能買一本書的約束，能夠自由的閱覽書籍，他們更在乎的是閱讀本身，而非擁有書籍。後一類人忙於工作，平常很少有整塊的時間用於閱讀，而是希望充分利用如排隊等待、乘坐公共交通等碎片化時間進行閱讀。Oyster 緊緊抓住了這兩類人的需求，從而明確了它的目標人群。

Oyster 沿襲了流媒體訂閱服務的兩大特色：平價和便捷。針對初次註冊並使用 Oyster 的使用者，根據讀者在註冊時填寫的閱讀偏好資訊推播相關的書籍；而對於已經多次使用的使用者，則可以透過使用者的歷史閱讀記錄來對讀者進行書籍推播。對於沒有時間通篇閱讀或處於某些需要只要閱讀特定章節的使用者，Oyster 可以讓使用者跳過不想閱讀的部分，直接檢索到需要閱讀的章節。Oyster 公司透過出色的使用者體驗吸引很多的使用者，初期嚴格的控制使用者數量，引入社群功能提高使用者黏著度。具體如下。

(1) 簡潔方便的應用介面。Oyster 為讀者設計了精美時尚的閱讀應用和網站頁面，而且使用起來非常方便，讀者可以很容易在上面搜尋到自己想看的書籍。只要每月付出一小部分的費用，就能隨意閱讀 Oyster 上的任何書籍。另外，Oyster 的付費及訂閱手續非常簡潔，盡可能節省了讀者的時間和精

力，方便讀者。

(2) 匿名評論。Oyster 允許使用者對書籍進行匿名評價，讓使用者過一把評論員癮。透過評論，Oyster 和其他讀者能更好的評價書籍的價值，Oyster 可以根據評價對書架進行調整，評價高的書籍優先推播，評價較低的書籍則放到不太顯眼的地方。

(3) Oyster 社群。可以說，Oyster 社群是 Oyster 一個非常具有創造性的舉措。它把當前熱門的網路社群模式與電子書訂閱服務相結合，使用者在閱讀完書籍後，有一些心得或者想在網上與別人討論書中的一些話題，就可以在 Oyster 社群進行交流。另外，讀者還可以透過 Oyster 社群在上面推薦各類書籍，Oyster 的使用者不僅可以向好友推薦一些書目，能了解到朋友們都在看哪些書，還設有隱私模式，保護自己不想公開的資訊。這樣的設置既推動了使用者與社交群落的互動，也體現了圖書點播個性化的一面。

Oyster 社群最大的作用，就是產生了一批對 Oyster 粘連度較高的使用者。使用者在應用中閱讀到了好的書籍，然後在社群中發表評論，以吸引更多的讀者進入 Oyster 閱讀。在社群中因為讀書這一愛好而形成的人際網路也就越發緊密，從而讀者能緊緊的圍繞 Oyster 而聚集在一起。

(4) 零售業務。Oyster 公司最近新增了零售業務，有一百多萬電子書可供銷售，其中包括美國五家大眾出版社（企鵝蘭登書屋、哈珀‧柯林斯、西蒙 - 舒斯特、麥克米倫和阿歇特）的圖書。讀者現在除了可以以每月九點九五美元的價格訂閱其平台上的電子書，不受限制的閱讀外，還可以透過 Oyster 的 APP 應用以及網站直接購買電子書。

新增的零售業務是為了彌補圖書領域的空缺──部分出版社和作者沒有與 Oyster 訂閱服務合作，增加出售電子書業務後 Oyster 便多了不少合作方，這有利於 Oyster 在第一時間出售新書。

Oyster 不僅會提供各類書籍，還會幫讀者去篩選好書。對於初次使用的讀者，

Oyster 會根據使用者填寫的資料來推薦書籍，而針對老使用者，Oyster 則會利用大數據推測哪些書讀者可能會感興趣，從而向讀者進行推薦。這也意味著，它們不會把出版商的所有圖書都帶到平台上來，而是引入一部分書，並根據一本書的閱讀次數來向出版商支付費用。可以看出，它們要做的不是出版，而是閱讀。

### （二）扁平管理增活力

Oyster 公司作為一個電子書訂閱服務提供商，它的運營管理模式並不複雜，大致分為三個部分，一是與出版商、作者等合作方溝通和接觸；二是自身平台的搭建及維護；三是付費平台的通暢。

出版商、書籍作者是 Oyster 內容的來源，在產業鏈中相當於是 Oyster 的原料供應商，是 Oyster 的立足之本，維護好與他們的合作關係是 Oyster 生存乃至戰勝對手的關鍵所在。而自身平台的搭建和維護，則是 Oyster 吸引讀者，維持使用者粘連度的根本。Oyster 把平台搭建得非常有趣好玩，就好比建立了一個虛擬的大型圖書館，讓使用者有親臨實體書店的感覺，而不只是面對一頁頁單調的網頁介紹。付費環節是 Oyster 的生命線，確保付費平台的暢通至關重要，這也需要與線上付費服務提供方進行緊密的合作。

公司以三大創始人為核心，採取扁平化的管理模式，每個員工都可以參與公司的決策。最重要的是，每個人都可以對產品提出自己的意見，好的建議會在產品迭代中加入。這也使前期公司的運作和產品迭代出現了非常好的狀況，使公司充滿了活力。

### （三）資源整合促發展

Oyster 擁有的內容庫十分有限，雖然它們透過各種途徑，已經網羅了許多暢銷書和普立茲獎得主的大作，但 Oyster 的訂閱使用者無法讀到新鮮出爐的圖書。在一般情況下，最新的作品都需要幾個月之後才能在應用上與讀者見面。所以，急不可待的讀者還不得不依靠亞馬遜、iBook 或其他傳統的書店大飽眼福。

Oyster 正在努力改變這種局面，同時競爭者也給 Oyster 提供了千載難逢的機會。亞馬遜與許多出版商的關係並不融洽，Oyster 利用這點迅速與美國各大出版商接觸並尋求合作。在訂閱模式下，Oyster 會每次給出版商支付一筆費用，這筆費用是按照讀者閱讀一定比例的該出版商書籍之後，才會支付。Oyster 新增的電子書零售業務，出版商均為從書店每筆銷售中得到一定的分成。這樣的利潤分配模式吸引了不少出版商，越來越多的出版商在與亞馬遜的合同到期後沒有與亞馬遜續約，而是與 Oyster 合作，目前美國與 Oyster 合作的出版商已達到一千六百多家，這為 Oyster 的內容來源提供了有力的保障。而新增的電子書零售業務，則使 Oyster 能夠及時更新書庫，免去因滯後而使讀者流失的風險。

在讀者資源的整合上，Oyster 主要透過網路社群提高讀者的忠誠度。另外，採用線上和離線相結合的模式，在線上展開對書籍的討論活動，在離線舉辦現場讀書體驗活動，增進讀者之間的互動。同時收集讀者閱讀的大數據，分析後反饋給出版商，讓出版商了解讀者當前的閱讀偏好，使出版商有針對性的出版書籍，以迎合市場的需要。

### （四）三大營收模式日漸清晰

Oyster 公司的營收點主要有三個：一是訂閱服務收入；二是電子書銷售收入；三是廣告收入。

訂閱服務收入是 Oyster 公司最主要的營收點，每個月支付九點九五美元的費用，即可閱讀 Oyster 書庫裡所有的書籍，同時還給客戶三十天免費試用，這項性價比極高的服務吸引了眾多的讀者，在閱讀量大幅飆升的同時也為 Oyster 公司帶來了巨大的收入。缺點是如果讀者選擇瀏覽幾本書而不是完成閱讀，Oyster 公司仍要支付書源的費用。如果閱讀不到百分之十，那麼這本書不算是「借」，但作為採樣，無須支付給出版商或作者。

電子書銷售業務是為了彌補 Oyster 書庫更新書籍時間過長而產生的，Oyster

書庫通常更新時間要三～四個月，很多新出版的熱門書籍讀者無法看到。為了避免流失讀者，Oyster 公司在網站上開始銷售電子書，價格與其他線上平台的價格一樣。在未來的五～十年，更多的閱讀將在平板電腦和手機裡，Oyster 試圖創建一個能引領潮流的模式，而 Oyster 的忠實使用者會到 Oyster 電子書點購買新書，這也是營業收入中不少的部分。

　　Oyster 會為出版商或作者推銷他們的新書，在社群中向讀者對新書進行宣傳，Oyster 向出版商或作者收取廣告費用。

## 四、創客商業模式分析

　　Oyster 公司作為一家成立四年的公司，因為其創新的經營模式，得到了市場極大的關注，也吸引了大量的使用者，同時對亞馬遜等老牌圖書銷售企業發起了挑戰。以下就 Oyster 公司價值戰略模式、市場行銷模式和盈利收入模式進行分析，如表 3-1 所示。

表 3-1　Oyster 創客商業模式創新分析

| 商業模式 | 特　徵 | 描　　述 |
|---|---|---|
| 價值策略模式 | 平價和便捷 | Oyster 主要用於在手機、平板電腦以及互聯網瀏覽器上查找書籍、閱讀書籍的一款App，它透過注重每一個細節來創造直觀的體驗，同時透過讀者平時喜歡閱讀的書籍給讀者進行推薦，再加上專業隊伍寫的書評，讀者會更容易地找到想讀的下一本書。 |
| 市場行銷模式 | 將網路社區模式與電子書訂閱服務相結合 | 吸納更多用戶，不斷更新書庫，完善手機App客戶端，建立圖書分享社區，讓用戶在閱讀書籍後發表評論，並具有推廣功能，提升用戶黏性。同時與出版商合作，與出版商分成利潤，確保書籍的供應；新增書籍線上零售業務。 |
| 盈利收入模式 | 訂閱服務＋電子書銷售＋廣告 | 訂閱服務收入是Oyster公司最主要的營收，電子書銷售業務彌補書庫更新書籍時間過長的問題。此外，為出版商推薦新書，收取廣告費用。 |

# 五、啟示

電子閱讀幾乎被亞馬遜壟斷，熱愛讀書的人都入了 Kindle 生態圈。移動閱讀應用 Oyster 一炮走紅，「包月閱讀」的模式綜合了 Netflix 和亞馬遜使用者推薦、匿名評論兩大優良傳統。Oyster 事實上完成了「訂購模式」在閱讀領域的移植。本質上就是一家圖書館。

此外，Oyster 還沿襲了流媒體訂閱服務的兩大特色：平價和便捷。可以說，Netflix 真正做到了「傻瓜式」付費點播的效果，只要成為付費使用者，海量的無廣告清晰片源就任君挑選，在任何時候、任何地方都能盡情點播。

Oyster 的模式並不複雜，簡言之，就是綜合了 Netflix 和亞馬遜的「優良傳統」：一個是使用者推薦；另一個是匿名評論。Oyster 模式兼容了這些好傳統，除此之外，作為一款手機應用，這家公司選擇向社群網路敞開懷抱。Oyster 的使用者不僅可以向好友推薦一些書目，能了解到朋友們都在看哪些書，還設有隱私模式，保護自己不想公開的資訊。這樣的設置既推動了使用者與社交群落的互動，也體現了圖書點播個性化的一面。

當然，Oyster 的搜尋引擎也富有個性色彩，使用者也可以像圖書館的管理員一樣，根據自定義的標籤分類搜尋圖書，「清新小說」、「我是體育粉」、「商業寶典」還是「大眾科學」，隨你定。

在這樣的狀況下，Oyster 的發展還是不錯的。儘管使用的是別人驗證過成功的商業模式，但透過包月不限量的模式，迅速吸引了一批熱愛讀書智慧機使用者；前期圖書資源的整合以及出色的產品使用體驗，使產品得到了使用者的認可，口耳相傳的效應使使用者數量快速積累。這樣加快了現金回流的速度，公司可以花更多的錢去做好產品內容和產品體驗，這是一個良性循環的商業系統，未來的成就不可限量。

同時，新書更新的滯後制約了 Oyster 的發展，公司努力與更多的出版商和作者合作，增加電子書銷售業務，以彌補訂閱服務的不足。在電子書領域，Oyster 還有

非常大的創新空間，面對亞馬遜等強力競爭者的追趕，Oyster 還必須不斷創新與自我優化，才能在這個競爭激烈的領域立足與發展。訂購自然是定位於服務，而非生產內容。Oyster 首先也要找到「衣食父母」，像 Spotify 獲得唱片公司授權一樣，Oyster 贏得了一些重量級出版商的支持：哈珀柯林斯（Harper Collins）、霍頓 - 米夫林 - 哈科特（Houghton-Mifflin-Harcourt）、沃克曼（Workman）以及自助出版巨頭 Smashwords 都是合作夥伴。這既保障了入選圖書的整體質量，也豐富了使用者的訂閱選擇。

二〇一六年最熱議的話題之一就是電子書訂閱模式的可行性。這源於美國著名的電子書訂閱服務提供商 Oyster 宣布於二〇一六年年初關張歇業。這距它創立僅僅只有兩年的時間。成立於二〇一三年的 Oyster 旗下擁有百萬餘種電子書，以每月九點九九美元訂閱的價格向使用者開放無限量閱讀。這一商業模式曾經得到了讀者的大力支持，也獲得了如哈珀柯林斯、西蒙舒斯特及布魯斯伯里等大型出版商的認可。但是由於其訂閱使用者的穩定性問題一直沒有得到很好解決，最終導致了該網站關閉。另外，儘管坐擁百萬餘種數字圖書內容，但由於讀者在圖書品類上表現出的嚴重不平衡性，使一些冷門學科圖書盈利無望，與此同時，浪漫小說類讀者每月的閱讀量遠遠超過了預計，最終這兩種極端品類的角力，拖垮了整個公司。

就在電子訂閱服務似乎要偃旗息鼓之際，亞馬遜推出的電子書訂閱服務「Kindle 無限」卻在悄然的不斷擴大著市場份額，據尼爾森數據顯示，Kindle 無限的市場份額於二〇一五年一月約占百分之四十，而到了四月占比已經達到百分之六十。亞馬遜正在占領並主導著電子書訂閱服務市場。

所以，Oyster 的失敗經驗並不代表訂閱閱讀模式的失敗。這也給出版商和服務營運商上了很好的一課，讓業界充分認識到在數字閱讀時代，掌握細分市場與保持客戶黏著度的重要性。目前數字閱讀市場仍處於初期發展階段，發展的道路上出現一些失敗和挫折是正常的。隨著移動設備的快速普及，尤其是千禧年出生的這代人的長大，訂閱模式將會取得最終成功。訂閱模式將為出版商在目前銷售收入之外帶

來新的穩定增長的收入來源。

# 第四章
# Airbnb ——房屋租賃界的 eBay

Airbnb 是 AirBed and Break fast（Air-b-n-b）的縮寫，中文名為「空中食宿」。空中食宿是一家聯繫旅遊人士和家有空房出租的房主的服務型網站，它可以為使用者提供各式各樣的住宿資訊。這家公司成立於二〇〇八年八月，總部位於美國加州舊金山市，現在已經成為短租市場舉足輕重的企業。Airbnb 是一個旅行房屋租賃社群，使用者可透過網路或手機應用程式發布、搜尋度假房屋租賃資訊並完成線上預訂程序。Airbnb 使用者遍布一百九十二個國家的三、四千多個城市，超過一百萬條租房資訊，已經定出三千萬間／夜。

幾年前，Airbnb 還在質疑聲中風雨兼程，如今類似的分享式網站平台已遍布各地。Airbnb 的快速成長將「分享經濟」的概念向更多人傳播。「共享經濟」切切實實滲透進了生活，並發揮革命性的摧毀力，將傳統生產關係衝擊得支離破碎。三個付不起房租的窮小夥兒成了領跑全球科技公司的創始人。

## 一、公司背景

Airbnb 成立於二〇〇八年八月，總部設在美國加州舊金山市，公司主要致力於打造短期房屋租賃社群，將離線的短期租賃業務轉為線上服務，在線上社群中使用者可以用網路或者手機應用軟體發布或搜尋房屋租賃資訊，同時完成相應的線上預訂工作。一方面，有房源的人在 Airbnb 上發布空房資訊；另一方面，不想住酒店的使用者來 Airbnb 查找合適的住處，讓閒置的空房利用起來，使旅客節省費用，體驗不一樣的住宿風格，也幫助房主創造收益。目前，Airbnb 公司業務和使用者遍布全球，被《時代週刊》稱為「房屋租賃界的 eBay」。

Airbnb 公司已進行了九輪融資，其中：二〇〇八—二〇一二年總共完成了三輪融資，融資金額分別為七千八百萬美元、一點一二億美元和一點一七億美元，公司估值也一路飆升至二十五億美元；隨著公司快速增長以及不同地域、不同戰略的布局，一年內已完成三輪融資，二〇一四年四月完成了四點五億美元的融資，公司估值上市至一百億美元；二〇一四年十月，進一步完成第二輪融資五千萬元，公司估值提升百分之三十；二〇一五年則開展了公司有史以來最大的融資十億美元；二〇一六年九月二十三日，共享短租平台 Airbnb 完成五點五五五億美元的新一輪融資之後，估值高達三百億美元，由 Google 資本、Technology Crossover Ventures 領投，其中主要投資方是 Alphabet 旗下資本 Google Capital。

## 二、創客介紹

創始人切斯基（Chesky）剛到舊金山的時候，生活窘迫，住房、租房壓力繁重，恰巧城裡舉辦了設計展，周邊的酒店房間均已訂滿，在部分與會者撓頭發愁不知道住何處的時候，切斯基敏銳的商業觸覺讓其突發奇想：這麼緊俏的市場需求，自己恰巧可提供相應的市場供給，還可從中獲取高額的價格回報，同時可以緩解房租壓力。所以切斯基當即組織自己的夥伴，搭建好房屋出租網站，並將自己和夥伴的 3 個床位的圖片掛上網，提供家庭自製早餐等特質服務，定價出租。所以，公司成立的公式為：沒錢＋有床位＋建網站＝Airbnb 公司成立。

隨著第一桶金的入袋，切斯基逐漸考慮如何透過網路平台或者社群將租客和房東連接在一起，共享房屋資訊，完成房屋預訂，並從中抽取平台佣金。「讓我們一起創建一個更友好、互信的世界」，這句話闡述了 Airbnb 公司的目標，無論在線上的社群還是離線的房源，都必須有一個友好的、互信的環境。友好、舒適的環境是房客最直觀的體會，信任則是整個世界互通有無的紐帶和保障。「四海有家」則是 Airbnb 每個員工的工作使命，無論從網上社群還是離線資源，努力在全世界各個國家、各個地區、各個角落，尋找、建設和完善有「家」的感覺的各式各樣的房子。

## 三、案例分析

Airbnb 屬於線上租房行業，它與我們日常接觸的酒店行業、度假租賃及公寓等均有所不同，Airbnb 目前主營業務為 2 ～ 3 天的短租，其他業務包括了達成租賃共識的中長期租等，公司的核心商業模式和邏輯是透過搭建平台，盤活房東閒置的有特色的房產，並結合平台的運營管理和相關資源的整合，為有需求的房客提供符合自己預期的房源。

### （一）「四海有家」是使命

Airbnb 的工作使命是「四海有家」，無論從網上社群還是離線資源，努力在全世界各個國家、各個地區、各個角落，尋找、建設和完善有「家」的感覺的各式各樣的房子。它們的商業理念是「預訂酒店一樣預訂別人家」。

產品有兩個核心的消費群體：一是有閒置房源的房東；二是有住房需求的房客，包括追求獨特體驗的旅行者、熱愛外出的旅遊者、渴望從住處得到家的溫暖的離鄉者、想感知本土風土人情的旅行者、想體驗不同環境感知自然的冒險者等。那麼「家」這個商品除了透過不同地域、不用環境、不同建設風格去滿足需求，實現商業價值外，對房客而言是一種精神寄託和感受，對企業而言更是一種具有歸屬感和凝聚力的企業文化。

### （二）社群化共享共贏共成長

Airbnb 產品的核心是建立社群化共享化的經營管理策略。社群的所有資源、資訊、數據都是開放的、共享的，房屋屋主和客戶在預訂前、摸索階段、條件搜尋、訂單確認、入住等各個階段均可進行交流，而企業恰恰在這其中建立一種連接效應，比如：透過社群資訊、房客搜尋數據、消費數據及相互交流等資訊對房客、房東進行圈子劃定，如高校宿舍圈子，哈佛及史丹佛等名校體驗圈子、商務圈子、自然風光圈子、極限冒險圈子等。

Airbnb 透過這種社群化資訊的共享和數據的收集，實現了端對端無縫連接的經

營策略。主要包括兩部分：一是產品部分的策略；二是渠道方面的策略。

在產品部分的行銷策略方面，企業主要是透過提升產品的人文關懷和精神歸宿開展創新，包括賦予「家」的定義，包括建立互信的氛圍，賦予「冒險之旅、奇特之旅、奇幻之旅」等特殊意義。例如：冒險之旅將山洞作為住宿地點，把大自然的生物元素、閃電等自然因素放入山洞中，在山洞中有視覺、聽覺甚至觸覺的感知，創造了一種新的需求常態。

在渠道方面的行銷策略方面，主要體現為完善高使用者黏著度、高信任度的虛擬社交網、實現線上口碑傳播技術、挖掘 Craigslist 等同行業客戶資源。Airbnb 本身是一個搭建社群平台的企業，所以其重點是在平台上實現信任，實現資訊的快速、高效、完整的共享，進而確保網路渠道的優勢。

此外，打擊和收攏同行業客戶源是 Airbnb 公司行銷策略的核心。透過口碑行銷，進而結合設計師、藝術家的想法創造新的討論熱點和消費熱點，在合適的時機借助大平台拓展渠道。

與此同時，Airbnb App 開展不同城市、不同主題、不同特色系列的推播，配上帶有特色的圖片和文字描述，直擊客戶內心。在行銷推廣策略中，Airbnb 最關鍵的抓住了「體驗」和「服務」兩個詞，例如：在打開 Airbnb 網頁時，你會發現被你身邊好友積極的圖片所包圍，這種情緒感染可以提高你在享受服務時的喜悅感；其次，對於你每次搜尋結果的保存，價格區間的控制性、好友行程的一致性都讓你感受到濃濃的社群氛圍。

## （三）全球化擴張戰略

Airbnb 公司透過全球化的擴張實現公司規模的擴大，包括關聯 Facebook 等實名資訊提高信任度，進而提高效率；提高房東照相技術等措施提高房屋核心競爭力等。

公司成立初期，Airbnb 主要是在美國西海岸的加州，但市場小且收益率低，透

過美國大選這個契機，設計了歐巴馬和麥凱恩之角的創意，在吸引投資者注意的同時將整個市場規模推向了全美國。

在投資者開始感興趣的基礎上，Airbnb 開展了對整個歐洲市場的探索，包括歐洲文化、因紐特雪屋、英國皇家豪華莊園等歐洲風格的建築等，實現了對歐洲市場的開拓。在具備高度信任體系的國家和地區，如美國、歐洲等，透過 Facebook 等關聯、相互評價等手段完善社群的安全體系，為房東和房客提供一個信任度高的平台，進而吸引新群體的加入。

### （四）資源整合打通生態鏈

Airbnb 資源整合策略包括橫向資源和縱向資源的整合。橫向資源的整合側重於房屋中介、網頁開發公司、旅遊網站等資源；縱向資源的整合包括保險公司、家政公司、租車公司、洗衣公司等相關生態鏈上游和下游資源。

自二〇〇九年開始，Airbnb 開始關注房產中介，因為房產中介可以提供更多的房源，但房產中介都是標準化酒店管理，缺乏公司對於產品「家」的內涵定義，所以在親身體驗之後，Airbnb 開始整合房產中介具備的一些房源優勢，同時結合自己企業產品核心價值策略對其進行改造完善，對接房屋中介機構。

旅遊公司更多的是一種業務上的兼併和收購。比如：新開拓的城市基本上都是按照旅遊公司推薦的旅遊勝地進行開拓的，有效的補充了自身的運營管理和渠道管理。

Airbnb 在資產整合策略上的重點是對上下游相關產業的整合，包括洗衣公司、租車公司、家政公司等，借助相關產業的專業優勢，如專業化、流程化的洗衣，個性化的專車接送服務等實現環節的互補。

### （五）穩定增長的營收模式

Airbnb 最基本的成本是平台經營成本。平台經營成本包括網路運營維護成本、房源管理成本、客戶服務成本、離線活動成本、線上推廣成本等。公司成本控制最

大的優勢在於線上租房是一個資源整合平台,並不需要巨額的成本去對產品開展生產、加工、維修等,更何況這個產品是一個高投入、高維護的「家」。所以,公司成本策略主要側重於維持離線的房源和客源,以及完善共享互信平台,而如果經營環境及情況較為理想,公司將花費部分成本用於活動的推廣。

　　Airbnb 公司的盈利收入戰略主要在於穩定性和增長性。穩定性主要體現在其採取從完成交易的房東收取百分之三的平台費用以及從房客抽取百分之十二~百分之十六的費用,共百分之二十左右的佣金收入。其中,房東和房客這兩方面的需求與價值創造是穩定的,而透過自建的社群平台和渠道也是穩定的,所以公司整體的主要盈利收入具備穩定性,公司廣告收入、手續費收入及產品增值收入等豐富了收入渠道,對盈利體系的穩定性提供了支撐;同時,隨著全球市場的不斷開拓,以及持續提升產品實際、人文、精神等方面的價值,所以基於市場和產品價值兩方面,Airbnb 公司的盈利模式是具備增長性的。

## 四、創客商業模式分析

　　Airbnb 的商業模式解決了三個主要問題:一是在解決房東房屋空置問題的基礎上為房東創造了收入;二是滿足房客個性化的住房需求;三是搭建公司的核心盈利模式。以下就 Airbnb 公司價值戰略模式、市場行銷模式和盈利收入模式進行分析,如表 4-1 所示。

表 4-1　Airbnb 商業模式分析

| 商業模式 | 特徵 | 描　述 |
|---|---|---|
| 價值策略模式 | 社區共享化，O2O 和 P2P | Airbnb的產品「家」，它把有閒置房源的房東和有住房需求的房客連接起來，建立社區化共享化的經營管理策略，透過資訊的共享和數據的收集，實現了端對端無縫連結。 |
| 市場行銷模式 | 資源整合 | Airbnb資源整合策略包括橫向資源和縱向資源的整合。橫向資源的整合側重於房屋仲介、網頁開發公司、旅遊網站資源; 縱向資源包括保險公司、家政公司、租車公司、洗衣公司等相關生態鏈上游和下游資源，如專業化、流程化的洗衣，個性化的專車接送服務等實現環節的互補。 |
| 盈利收入模式 | 穩定性和增長性 | （1）完成交易後向房東收取3%的平台費用，以及從房客抽取6%～12%的費用，公司整體主要盈利收入具備穩定性;<br>（2）公司成本策略主要側重於維持離線的房源及客源，以及完善共享互信平台，因此公司花費部分成本用於活動的推廣;<br>（3）資本策略主要側重在透過公司核心競爭力建立投資預期，運作企業融資。 |

## 五、啟示

　　O2O 模式全稱 Online To Offline，又稱為線上離線電子商務，透過把線上的消費者帶到現實的商店中去：線上支付離線（或預訂）商品、服務，再到離線去享受服務。透過打折、提供資訊、服務等方式，把離線商店的消息推播給互聯網使用者，從而將他們轉換為自己的離線客戶。這樣離線服務就可以用線上來攬客，消費者可以用線上來篩選服務，若成交可以線上結算，很快達到規模。Airbnb 作為一家民居短租服務的網站，透過為使用者提供短時期的住宿資訊，完成住宿需求方與房東之間線上和離線的交易服務平台。

　　P2P 即 Peer to Peer，是目前新出現的一種商業模式概念即分享經濟，分享經濟是在全球普遍出現產能過剩的情況下提出的一種新的經濟分類概念，能夠重新對閒置的資源進行合理的利用並實現經濟效益。它的核心是人人都可以參與且每個實體都是對等的，也就是說，P2P 模式要求嚴格監管各個層級的服務流程，保證交易的公開透明，使交易雙方透過更多其他方式快速建立交流溝通並樹立信任感，提高

交易的可持續性和公司發展的可持續性。Airbnb 透過整合社會閒散房屋資源，提供有別於傳統酒店的住宿模式，其聯合創始人喬‧吉比亞（Joe Gebbia）這樣解釋道：「在宏觀上，共享經濟改變了全世界人們的生活。它不限於美國，它是普遍性的東西。作為一個共享經濟空間的領先者，我們 Airbnb 是第一手的，它不僅僅限於美國舊金山。」

所以，分享經濟是 Airbnb 公司的企業理念和發展基礎，它們更加重視分享，提倡一種新的生活理念，創造新的需求和引導供給方觀念的轉變，這是一種開創性行為。

Airbnb 讓有閒置空間的人將空間提供出來並定價出租給需要短期居住的人。想要短租房屋的人不僅可以透過該平台尋找各地滿足自己需求的房屋，甚至可以迅速找到所在地附近的住宿，解決臨時性、突發性的住宿需求。

Airbnb 透過 O2O 的形式將旅行者和閒置房源聯繫一起，打造線上租房行業，且主要側重於短租。但是市場仍有傳統酒店、度假租賃、公寓租賃等相似行業，透過市場策略，發揮自身平台的優勢，做好市場區分，打造自身核心競爭力。

Airbnb 正走在顛覆酒店行業的路上，儘管目前拿到的市場份額還是全球酒店市場中很小的一部分，但與傳統酒店賓館相比，假日房屋租賃市場不只體現在經濟成本低廉，更重要的是它能滿足旅客個性化的需求，因此，這類服務還存在巨大的市場潛力。

# 第五章
# Fab——獨樹一幟的閃購領先者

Fab 是一家創意產品銷售網站。它是美國一個新興的購物平台,主要以限時特賣的形式,定期定時推出國際知名品牌商品,提供銷售打折家具、珠寶和藝術品。讓使用者可以更快、更新掌握知名品牌的促銷活動並可以及時購買。目前,在全球已經有十六個國家可以使用 Fab 的服務,擁有一千四百萬使用者,其中百分之五十的使用者來自社交共享,百分之四十的使用者透過 iOS 和 Android 平台瀏覽 Fab。

二〇一〇年,創業者傑森・戈德伯格(Jason Goldberg)聯同一名室內設計師布拉德福德・謝爾哈默(Bradford Shellhammer)共同創辦了一個叫作 Fabulis.com 的同性戀交友網站。他們當時並沒有一個很清晰的思路和方向,最初的想法是打造男同性戀的社群網站,既想做成同性戀的 Facebook,又想成為同性戀的 Yelp,還想打造為同性戀的 Groupon。即使網站使用者數達到十一萬,但這種小眾的客戶定位沒法吸引一大批使用者進駐網站,最終無法壯大,這給兩位創始人帶來很大的困擾。

於是他們開展了使用者調查,得出這樣的結論:雖然網站的產品也有一定的吸引力,但是還不足以改變使用者的消費及網路行為習慣。使用者還是習慣在 Yelp 上瀏覽各種評論資訊,透過 Groupon 購物,使用 Foursquare 進行地理位置資訊的分享,並在 Facebook 上開展同志社交活動。也就是說,Fab 當時打造的平台並不是這些使用者真正的需要。

他們認真分析了自己所擅長做的事情,以及團隊最大的競爭力存在於何處。經過幾次交談,話題逐漸轉移到了時尚設計。他們一致認為,時尚產品閃購領域是一個擁有巨大潛力的市場,同時涉足於設計產品這一領域的企業還寥寥無幾。於是

Fab 毅然選擇放棄，轉型做了一個時尚產品閃購的平台，他們認為「每日推薦」可能是未來可能發展的方向。

在試運行時期，他們透過病毒式邀請，獲得了十七萬五千人註冊使用者。布拉德福德・謝爾哈默和銷售團隊透過社群媒體平台大造聲勢，吸引了一大批的獨立設計師、商家及消費者。Fab 推出多個重磅產品，包括美國圖形設計大師米爾頓・格拉塞（Milton Glaser）設計的海報、義大利的馮・特納愛德（Fontana Arte）燈具和建築大師阿爾瓦・阿爾托（Alvar Aalto）設計的花瓶等。這些產品的線上時間僅為七十二個小時，同時售價低至零售價的三折。這種產品模式大大激發了使用者需求，其客戶量及業務量同時大規模噴發。

## 一、公司背景

Fab 的發展速度可以刷新互聯網界的紀錄。Fab 新站點於二〇一一年六月正式發布，其註冊使用者從三十萬名到兩百萬名只花了七個月時間，到二〇一二年十月，實現註冊使用者八百萬名。

與之相比，Facebook 用了十個月的時間才突破一百萬名使用者，同類網站 Gilt 和 One Kings Lane 卻用了兩年才獲得一百萬名使用者。在營業收入方面，二〇一一年全年實現營業收入五千萬美元。二〇一二年，Fab 的營業收入達到一點一五億美元。

在轉型之初，Fab 將投資主要用於擴大公司規模，以及與更多的產品設計者建立合作關係。除了在公司內部加速發展，Fab 還透過收購迅速擴張。二〇一二年一月，Fab 收購零售網站 Fashion Stake，由此囊括與 Fashion Stake 有合作關係的四百多名獨立設計師。

Fab 轉型成功後，便積極開展收購和融資活動，擴大公司及市場規模。二〇一二年二月，Fab 以一千一百萬美元的價格收購了德國最大的閃購網站 Casacanda，進入歐洲市場。二〇一二年六月，Fab 收購了英國閃購網站 ILUSTRE，更名為

FABUK，進一步拓展了國際市場。戈德伯格預計，二〇一二年，百分之十～百分之二十的收入將來自國際市場。同年，Fab 獲得了一點五六億美元融資。二〇一三年，Fab 累計獲得了至少三點二五億美元的融資。

## 二、創客介紹

　　Fab 的創始人之一——傑森‧戈德伯格是一位連續創業者，他曾經創立過四家公司，在史丹佛大學獲得 MBA 之後，擔任柯林頓在白宮的助手，工作了六年。二〇〇三年，他在西雅圖成立了招聘網站 Jobster，到二〇〇七年年末，這家網站為戈德伯格帶來了四千八百萬美元的收益。隨後，傑森‧戈德伯格（Jason Goldberg）移居紐約，並於二〇〇八年聯合沙沙阿（Nishith Shah）創辦了新聞聚合服務機構 Socialmedian。二〇〇九年年初，該公司被德國社群網路 XING 以七百五十萬美元收購，戈德伯格遠赴德國，成為 XING 的首席產品官，但他仍然渴望創業，因此有了後來的 Fab。

　　Fab 的另一創始人布拉德福德‧謝爾哈默是一名室內設計師，畢業於帕森設計學院，他曾參與 Design Within Reach 旗下設計師家飾精品專賣店 Tools For Living 的籌建工作——一家宣稱要讓最先進的設計變得「觸手可及」的家居設計公司，此外，他還先後在 Blu Dot 這家設計產品零售公司擔任銷售經理，為日舞電影頻道（Sundance Channel）的全時尚前線網站提供設計指導。他是 Fab 轉型的核心人物，可以說，Fab 的轉型就是圍繞布拉德福德‧謝爾哈默在時尚領域的獨特天賦。

## 三、案例分析

　　Fab 將設計師富有創意的產品陳列在網站，並以限時和折扣的形式向使用者推出。每天都有大量創意鮮明的設計產品步入大眾眼簾，如從價值五美元的紅酒到幾千美元的水晶飾品。對消費者來說，這不僅是他們想要的，還是需要搶購的限量的

「奢侈品」。Fab 產品供應方包括八類不同的設計師,既有獨立的手工匠人,也有具備一定知名度的品牌設計師。Fab 與他們保持著很好的互動關係,在其新作品問世時可以幫助推廣,但是 Fab 會按照創新、形式感、功能、幽默感、質感這些原則對產品進行遴選。所有單品都需要創始人布拉德福德‧謝爾哈默的審核才能透過並在網站上進行出售。

## (一) Fab 的核心價值在於它具有獨特價值的產品

Fab 的產品,其實就是符合創始人布拉德福德‧謝爾哈默審美標準的設計師創意產品。這裡面不僅包含設計師的創意,同時還符合 Fab 的美學標準。因此 Fab 的產品價值就是其產品的創意和美學。這種價值是獨特的,因為創意和美學是靠個人的直覺和感性進行創造與判斷的,因此它是不可複製的、獨一無二的。正是 Fab 這種獨特的產品價值,才使其迅速贏得了消費者的青睞,並在眾多電商裡面脫穎而出。

傳統上,設計師都會受制於少數幾個零售渠道,由傳統零售商說了算。他們決定了怎樣、何時以及以何種價格銷售設計師的產品,這就決定了設計師的生計和收入都受制於傳統的零售商,而且設計師還要承擔零售商攜作品跑路的風險。

## (二) 獨特的目標市場

時尚產品閃購領域是一個上億美元的產業,市場規模巨大,但設計產品這一塊仍然未被開墾,缺乏一個較好的平台或者渠道。創始人戈德伯格和謝爾哈默憑其敏銳的觸覺,發掘了這樣一塊市場空缺,並借助社群網路和互聯網資源,迅速探索到了合適的產品模式,最終創造了滿足客戶需求的產品。

Fab 定位的客戶群體有兩類:一類是設計師,希望能自由與消費者進行交易的設計師。這是一個小眾群體,但是透過這個小眾群體,可以實現盈利。另一類是消費者。這些消費者收入水平中等偏上,對於創意和美有著較高的追求,熟悉使用互聯網或社群網路。Fab 可以讓設計師與消費者自由、直接的交易,這對設計師和消費者來說,都有著巨大的潛在需求。

**創客未來**
動手改變世界的自造者

Fab 的核心資源：一是其創始人的審美標準；二是設計師。從中可以看到，Fab 從轉型後一直致力於壯大設計師隊伍這項任務。

Fab 產品供應方包括八類不同的設計師，既有獨立的手工匠人，也有具備一定知名度的品牌設計師。Fab 與他們保持著很好的互動關係，在其新作品問世時可以幫助推廣，同時與銷售渠道緊密合作，促進產品銷售。

### （三）充分利用互聯網資源

Fab 之所以能以燎原之勢迅速崛起，除了獨特的產品價值和目標市場，還有賴於充分利用互聯網與社群網路的助力。互聯網行業最擔心的就是使用者黏著度問題，使用者可能來到網站進行瀏覽，覺得沒舉就離開。而 Fab 從一個專門面向同性戀的網站轉型成為獨立設計師出售創意產品的閃購網站，一直堅持社會化分享，而會員數量快速增長也是主要源於社會化分享。很多會員在購買後會邀請好友加入。網站獨有的「靈感牆」就是用來維繫會員之間黏著度的重要工具。會員們可以上傳自己的設計到「靈感牆」上，其他人可以對這些設計進行分享或評價，這為 Fab 帶來了空前的社會化效應。

## 四、創客商業模式分析

Fab 透過其獨特的產品價值、獨到的戰略眼光及市場定位，實現了公司的價值轉換。在此基礎上，借助以互聯網為基礎的行銷模式，以及積極的資源整合和資本運作，實現了前期的迅速壯大，收穫了盈利的快速增長。以下就 Fab 公司價值戰略模式、市場行銷模式和盈利收入模式進行分析，如表 5-1 所示。

表 5-1　Fab 商業模式分析

| 商業模式 | 特　徵 | 描　述 |
|---|---|---|
| 價值策略模式 | 限時、折扣 | 以限時和折扣的形式向用戶推出，讓設計師與消費者自由、直接地交易。Fab 的核心資源；一是其創始人的審美標準，二是設計師。 |
| 市場行銷模式 | 郵件推播、病毒邀請、社交媒體推荐 | Fab 以互聯網為基礎，其行銷模式都是以互聯網開展的網路行銷。憑藉社交媒體大造聲勢，這是Fab用戶數量飛速增長的重要推力。 |
| 盈利收入模式 | 收購、融資 | Fab轉型成功後，積極開展收購和融資活動，擴大公司及市場規模。 |

# 五、啟示

對於傳統的電子商務網站，資源整合是其核心價值。而與傳統電子商務網站不同，Fab 其實算不上真正意義的電子商務網站。互聯網是 Fab 的一個平台和盈利模式，而 Fab 的核心價值在它具有獨特價值的產品。

（1）獨特的產品價值。Fab 的成長與依靠經驗和數據成長的傳統企業完全不一樣，它的成型沒有任何數據參考，也沒有任何可供參考的企業。它的成長更多的是依賴於創始者的直覺。兩位創始人滿懷的對時尚和設計的熱情，讓 Fab 實現了初期的成功轉型，並迅速發展壯大。

正因為 Fab 是在感覺而非數據的基礎上發展起來的，所以公司不會基於歷史月分的數據來判斷暢銷產品並以此為依據來制訂商業計畫。它們相信自己的品味，相信使用者會喜歡他們所遴選出的產品，這與其他傳統電子商務的思維不同。Fab 賣的是一種超越了界限的生活方式。

（2）獨特的目標市場。時尚產品閃購領域是一個上億美元的產業，市場規模巨大，但設計產品這一塊仍然未被開墾。相較於 Fab 的成功轉型，同性戀網站定位於同志社交，這個目標市場已經被競爭對手提前占領，產品價值的邊際效應遞減，很難再找到突破口從競爭對手手中吸取更多的客戶。因此，獨特的目標市場是 Fab 能夠迅速崛起的重要原因。

(3) 充分利用互聯網資源。Fab 之所以能以燎原之勢迅速崛起，是因為除了獨特的產品價值和目標市場外，還有賴於其充分利用了互聯網與社群網路的助力。Fab 的新站點在試運行階段，透過病毒邀請註冊了十八萬使用者，借助社群網路以及其他互聯網資源大造聲勢後，名氣在短期內得到了快速傳播，最後在產品價值及網路資源的綜合作用下，使用者噴發式增長。Fab 正是充分利用了互聯網資源，最後爆發出的力量出乎人的意料。

(4) Fab 的失敗教訓。閃購網站 Fab 短短幾年經歷多次轉型，拿到了各家知名風險投資總共三點二五億美元的投資，安德森・霍洛維茲基金、騰訊都在它的投資人之列。但是，二〇一五年三月，它卻被收購了。收購方 PCH 沒有透露價格，但外媒普遍認定這是一次揮淚大拋售。Re/code 此前曾報導稱，Fab.com 出售的價格是七百萬美元現金加八百萬美元股票，不到融資額的 1/20。

如今，燒了風險投資三億多美元的 Fab 只賣出了一千多萬美元的價格，也給創業者留下了幾條教訓。

(1) 增長太快是危險的。時值二〇一三年，Fab 剛剛成立兩年，Goldberg 決定從閃購網站轉型傳統電商。對一個絲毫不懂零售行業的創始人來說，這個決定實在是匪夷所思，但 Goldberg 還有比這更驚人的追求：自建倉儲、生產自有品牌商品、透過收購歐洲創業公司進行國際擴張。當年，Goldberg 在接受《快公司》雜誌採訪時表示：「Fab 在過去十八個月的策略就是 go go go go，先做完再想清楚。」風險投資公司梅菲爾德基金（Mayfield Fund）顧問、Fab 投資人 Allen Morgan 當時就承認，以這麼快的速度發展是危險的，會有太多問題來不及處理。

(2) 轉型太過度也是危險的。二〇一一年，同性戀社群網站 Fabu lis 轉型成為設計類產品閃購網站 Fab，這是 Fab 的第一次轉型，且被視為一個明智的戰略選擇。Fab 的聯合創始人 Glodberg 和 Bradford Shellhammer 抓住

了設計類產品市場的空白。這只是 Fab 轉型之路的開始。隨後，它從閃購網站變成了設計師電商網站，從設計師電商網站變成自有品牌設計類產品零售商，從零售商變成家具訂製網站……Fab 越來越像一個跟風的商販，而不是一家有實際策略的公司。

(3) 腳踏實的做事，別融了資就任性。二〇一三年，Goldberg 對《快公司》記者說，Fab 在三四年內可能會成長為一家估值四五十億美元的公司，也可能維持在十億美元的水平。但是他漏掉了另一種可能：他在職業生涯中又一次燒了風險投資大筆的錢，卻一無所獲。只不過上次燒了四千八百萬萬美元，這次燒了三點二五億美元。可惜這最後一種可能性成了真。

Fab 在上線初期，實現了公司的快速擴張，憑藉其獨樹一幟的產品風格，迅速實現了公司規模的擴大，其在兩年時間內估值一度達到十億美元，雖然之後因公司轉型問題而江河日下，但是其在初期憑藉相對競爭優勢所產生的獨特的盈利模式還是值得借鑑的。

# 第六章
# Glassdoor──社交招聘多對多的新模式

如果說創業者的第一次創業多多少少有些經濟目的，那麼上市公司創始人選擇二次創業，則更多的是出於情懷，創造一家更富有想像力的公司。比如：羅伯特・霍曼（Robert Hohman）、里奇・巴頓（Rich Barton）和蒂姆・貝瑟（Tim Besse），他們三個人在把全球最大的線上旅遊公司 Expedia 上市之後，在二〇〇七年的夏天，又開了一家叫 Glassdoor 的公司。

CEO 羅伯特・霍曼認為，當每個人在面對要去選擇哪裡工作，以及要求多少薪水等至關重要的人生問題時，往往沒有太多資訊幫助你做出正確的決定。這些資訊並非不存在，而是大家不願意分享出來。如果能搭建一個平台，讓使用者分享更多有關公司的資訊，包括面試問題與流程等，就能使工作環境更加透明。

這一單純的想法，扭轉了傳統招聘網站單一向群眾發送招聘資訊的模式，而轉變成社群式多對多的傳播交流，也讓像 Glassdoor 這樣的招聘網站有了發展的機會。Glassdoor 就是一個這樣的平台，讓求職者和招聘公司相互篩選，並做出評論。

在這一點上 Glassdoor 是先行者，也是成功者，幾年間拿到了幾輪投資，實力也在不斷增強，以致 Glassdoor 的市場估值達到十億美元左右，逐漸發展成為一個全球性的公司。

## 一、公司背景

網友對資訊的胃口非常大。里奇・巴頓認為，這種「不公開資訊」代表了巨大商機，問題在於要如何取得這些「不公開資訊」。網友想要資訊，卻非常吝嗇「給出」資訊，有的是怕自己的身分暴露，有的則是懶惰，有的是認為網路資料眾多，不差

自己的資料，因此亂填薪水等敏感數據，影響了整個資料數據庫。解決辦法就是「有捨才有得」（give to get），你需要什麼資訊，請先提交你的個人資訊。

Glassdoor 一直想成為全球性的平台，但知道憑一己之力很難完成這樣的艱巨任務。祖克柏一直都是 Glassdoor 排行榜上的風雲人物，他認為，多點式的推廣不如讓一家使用者量極大的公司幫忙推廣。這種戰略的成功得益於 Glassdoor 與 Facebook 的深度合作。

Glassdoor 花了兩年的時間，成功吸引到它們的第一百萬名使用者，但只用了一年，就擁有第二個一百萬名使用者。猜猜他們的第三百萬名使用者花了多久時間？答案是七天。這就是 Glassdoor 目前增長的速度。該網站已經擁有超過一千三百萬名註冊使用者，在 Facebook 上則有四億個關係。

多輪融資讓 Glassdoor 的估值達到了十億美元左右，是二〇一三年十二月融資時估值的兩倍。Google 資本是 Glassdoor 的最新投資方，老虎環球管理公司此前已經對 Glassdoor 進行了投資。參與 Glassdoor 最新一輪投資的各方還包括 Battery Ventures 和 Sutter Hill Ventures 兩家公司。自從二〇〇七年首輪融資以來，Glassdoor 到目前為止的融資總額已經達到一點六億美元。

二〇一五年，Glassdoor 已完成了一輪由老虎環球管理公司牽頭的五千萬美元融資，其他參與此輪融資的投資方包括 Dragoneer Investment Group、Benchmark Capital、Sutter Hill Ventures、Battery Ventures 和 DAGVentures。

Glassdoor 的 CEO 羅伯特‧霍曼（Robert Hohman）表示：「人們需要資訊來確定去哪工作，這超越了行業，超越了國界。所有跡象都表明，這是一個非常全球化的需求。」

Glassdoor 目前擁有兩百名員工，預計還將增加一百名，並於明年開設首個國際辦事處。霍曼拒絕透露該公司的營收數據，但表示「這已經是真正的生意」。

自二〇〇七年以來，Glassdoor 已完成了到一點六億美元融資。霍曼表示，該公司未來很可能進行 IPO。他表示：「我們正接近可以上市的規模。從一開始，董

事長及聯合創始人里奇‧巴頓就參與了公司設計，他的另一家公司 Zillow 已經上市。目前我們專注於發展，我們已擁有大量資本。不過 IPO 可能是下一步合理的選擇。」。

Glassdoor 稱，目前公司的全球註冊使用者已超過兩千七百多萬名，僱主客戶超過兩千多個，包括 Groupon、高盛集團、Facebook、雪佛龍、寶鹼和 Twitter 等。Glassdoor 所收集的使用者評論覆蓋了全球一百九十多個國家的三十四萬家公司。

## 二、創客介紹

創始人之一的里奇‧巴頓，是房屋買賣資訊網站 Zillow 的創始人，Zillow 將美國每個地區以往只掌握在房屋中介手上的房價公之於眾，讓所有人都能透過網路查到房價。之所以能公開，主要是靠鄰居爆料。他同時創辦了另一個法律諮詢網站 Avvo，這個網站列出了美國所有律師的收費及評價等。此外，他還投資一個網站 TheFunded，揭露創投與創業家投資了多少錢。

Glassdoor 的團隊不會猜使用者究竟會有什麼樣的需求和行為，他們需要做的只是收集這些使用者的行為數據，讓數據來做判斷。線上招聘行業都是在 B2B 服務，很少有人站到 C 的一方考慮問題。垂直招聘網站們在產品形態和交互體驗上向 C 傾斜了一下，就立即收到了很好的效果，但這些網站本質上還是 B2B 的。

他們要做一家完全站在 C 的這邊、為使用者創造價值的資訊平台。因為他們只相信使用者，相信使用者產生的數據，相信方法論。

## 三、案例分析

Glassdoor 認為，每個網友都有一份薪水，每個網友都有一份資料。Glassdoor 的規則很簡單，你想得到別人的薪資資訊？沒問題，但是，你薪水多少？先給出你自己的，接下來就可以免費取得。不給資料，就算你願付錢他也不給你。

## （一）誘出不公開資訊

如何把使用者心中的「其他不公開資料」挖出來？無論是薪水、公司評價，還是面試經驗，都善用網友的好奇心，讓他貢獻自己的私密，以換取其他人的私密，只要是沒有這麼緊要的私密，長久下來，應是可行的做法。

Glassdoor 現在擁有全球三百萬條關於公司的評論，和來自一百三十個國家十八點五萬家公司的薪資數據。其中每五個使用者中就有一個貢獻內容。

Glassdoor 剛開始只有兩個主要功能：一是公司評論，主要是有關這個公司工作的評價、領導風格、企業文化、薪水福利等；另一個是薪資分享，不只是底薪，還包括分紅、佣金、小費等所有能拿到手的收入。

薪水問題一向是職場上的高壓線。這也是 Glassdoor 選擇讓使用者匿名，以放心的填寫敏感資料的原因。Glassdoor 認為，一條好的評論通常包含了只有員工或求職者才得知的細節或內幕，因此，所有的留言必須來自現任或前任員工過去三年的經驗。

與一般長篇大論的評論網站不同，Glassdoor 的公司評價都有正反兩面，因為 Glassdoor 認為，一個評論網站要做的成功，很大一部分取決於評論的內容，而且每一份工作機會對求職者都是極為慎重，希望借兩面並陳，讓使用者自己做出判斷。

同時，為了避免垃圾評論，每一條評論都會經過人工審核與潤飾，避免不相關的評論，浪費讀者的時間，以確保評論的品質，沒有出現人身攻擊、不雅言辭，甚至敏感資訊。

## （二）借助社群媒體力量

求職者越來越傾向使用社群媒體的人際網路找工作，而不是像灑網般的大派工作履歷。傳統的求職網站越來越無法吸引公司想積極爭取的兩種人才：一是剛畢業或即將畢業的本科生；二是被動的應徵者。這些人大多現在已經有工作，但如果有更好的工作機會，也不排斥跳槽的人。

二〇一五年二月，Glassdoor 推出了一個名為「Inside Connections」的 Facebook 應用程式介面（API），使用者可以利用他們的 Facebook 帳戶註冊或登錄，同時也能顯示你在每個公司都認識哪些人。當然利用 Facebook 作為推廣平台的招聘網站，並不只有 Glassdoor 一家，提供類似業務的還有 BeKnow n 和 BranchOut 等公司，但 Glassdoor「Inside Connections」與其他競爭對手的差異在於，它們只是借助 Facebook 的數據來擴大自家內容的傳播範圍，而不是將其作為關鍵產品。換言之，使用者不僅可以透過 Glassdoor 查看好友的工作地點，還能夠獲取該網站的其他內容，包括企業評價、評級、薪水報告、面試問題、招聘啟事等。CEO 霍曼表示，新使用者註冊後，會發現該網站很有用，大約有十分之一的使用者會為網站貢獻內容。

### （三）多元化盈利模式

高額廣告投入是傳統網路招聘的缺點，盈利模式單一乏力、同質化、低效的現象越來越嚴重，這些問題一直困擾各大招聘網站。而 Glassdoor 的收入，主要來自為企業僱主提供多種產品組合，包括打造品牌、招聘廣告和分析解決方案，以及定位潛在求職者的工具。Glassdoor 認為，該網站的求職者資歷通常較深，因此更樂於推廣自己的經驗，並展示自己給企業帶來的利益。

在沒有其他國外分公司的情況下，Glassdoor 的流量增長了百分之一百六十，每月的獨立訪客達一千三百萬人。且有百分之四十的流量不在美國，而集中在加拿大、印度、英國、法國、新加坡等地。它們的收入在過去一年也有百分之一百七十五的增速，收入模式有三種：一是顯示廣告；二是精準投放招聘資訊；三是提供僱主專頁訂製和競爭對手分析等工具。目前已向八百個僱主出售了它們的各種分析工具和服務方案。

這個成果很大一部分要歸功於與 Facebook 的深度整合，這也促使 Glassdoor 定下朝國際化擴展的目標。

# 四、創客商業模式分析

在使用者規模、資訊量足夠大的情況下，Glassdoor 深度挖掘資訊，提供高價值資訊，如薪酬詳細分析報告、個人職業規劃、面試祕笈等，讓使用者為這些高價值資訊付費，同時也允許使用者繼續免費瀏覽普通資訊。以下就公司價值戰略模式、市場行銷模式和盈利收入模式進行分析，如表 6-1 所示。

表 6-1　Glassdoor 商業模式創新分析

| 商業模式 | 特　徵 | 描　　述 |
|---|---|---|
| 價值策略模式 | 資訊換取資訊 | 讓求職者和雇主互相獲得資訊，企業雇主提供多種產品組合，而使用網站的用戶如想獲得更多公司的資訊就要分享自己的薪酬、面試的問題，以及對自己公司的客觀評價。資訊均來源於企業的受僱者。 |
| 市場行銷模式 | 社交媒體平台接入 | 透過與 facebook 社交媒體的合作，在平台上設置網站介面，連接更多使用者的社交資源，吸引更多的流量接入。 |
| 盈利收入模式 | 免費＋付費 | 透過免費的用戶來貢獻資料和流量，並收取付費用戶的費用，其最重要的收入來源於招聘方的公司的費用。 |

# 五、啟示

回顧 Glassdoor 的 9 年，其最大的貢獻是解決了公司與求職者之間資訊不對稱的問題。該網站的求職者資歷通常較深，因此更樂於推廣自己的經驗，並展示自己給企業帶來的利益。讓求職者有渠道了解過去被視為「機密」的公司排名、薪酬福利、內部情況等資訊，同時，也讓企業意識到，多讓外界了解自己並不是壞事，開始放平姿態去做僱主品牌建設，跟求職者交流。這就是提供平台的理念。

Glassdoor 不同於一般的招聘網站，它以職場評價服務見長，類似職場的「大眾評論」。主要聚焦於公司評論和薪資分享兩個功能。你可以在這個網站上盡情吐槽一個公司死板的領導層或者頻繁加班且福利差的日常，也可以激賞一個公司活潑、輕鬆的工作環境和企業文化。Glassdoor 的評論是匿名化的，因此使用者可以放心的填寫底薪、小費、分紅、假期等敏感資訊。它的基本功能包括：第一，獨特的職

**創客未來**
動手改變世界的自造者

業評論網站，將職位列表與數以百萬計的使用者評論、評級，工資報告相結合。幫助求職者在申請工作之前可以更加了解企業環境、需求、偏好，求職者與招聘者可以有更公開、對等的招聘過程。第二，使用者可以用 Facebook 和「Google+ 帳戶」註冊或登錄，透過導入聯繫人列表看出你在不同公司認識了哪些人。

　　Glassdoor 的特點是：首先，Glassdoor 從內部員工的視角提供外人不能知道資訊，以往這些資訊也存在，只是大家不願意或者懶於分享出來，Glassdoor 給了使用者一個驅動力；其次，在分享平台上，使用者不僅給出了公司的評分、不同職位的薪酬等，還分享了面試問題與招聘流程，這樣互惠互利的資訊互通讓招聘更加透明化。美國僱主評價網站 Glassdoor 近期正在向線上求職和招聘平台轉型，並計畫開拓全球業務。

# 第七章
# Handy——家政服務供需對接服務平台

在美國，兼職做家政服務非常普遍。一方面，可以為工作繁忙，沒有時間打理家事的人士提供服務；另一方面，也為願意奉獻時間和勞動的人員提供兼職機會。傳統方式是找中介機構、親友介紹以及社群內張貼的傳單等，低效運營且市場效率不高。這種模式無法讓使用者最大限度的找到讓其滿意的服務人員，同時還需要為這種不可靠的服務支付中介費，服務人員也沒法找到更多提供服務的機會。

歸納起來大致有兩個痛點，家政服務的需求市場非常大且目前服務滿意度還很低。傳統的家政服務模式已不適應現實需求，使用者需要更高效、安全、高質量的服務模式。

Handy 就是在這種背景下醞釀而成的。透過將服務提供者（清潔工、維修工等）聚合到互聯網平台上，讓有需要相應服務的使用者在其平台上尋找對應的服務人員，為供需雙方提供資訊流通服務。當顧客告訴 Handy 何時需要什麼服務之後，它就會從認證專職人員數據庫中搜找可提供服務的人員，派發指令，完成相應的 O2O 服務。

## 一、公司背景

Handy 所提供的價值主要來源於它識別出使用者沒有時間或者不願意花時間在日常生活中重要並且繁瑣的家事之上，而透過傳統渠道去尋找此類服務同樣也將花費很多的時間，並且因為市場上中介機構數量較多且繁雜，服務質量無法得到保障。

二〇一二年十月，Handy 孵化於哈佛大學創新實驗室，種子資金兩百萬美元，二〇一三年十月獲 A 輪融資一千萬美元；二〇一四年六月再獲 B 輪融資三千萬美元，投資者包括 General Catalyst Partners、高原資本，創業孵化公司 TechStars 聯合

創始人大衛・蒂施（David Tisch）也以個人名義入股，累計金額為六千萬美元。融資主要用於拓展市場，除此之外，Handy 在二〇一四年一月分以「不到一千萬美元」的價格收購了另外一家家政服務公司 Exec，擴大了其在美國西海岸地區的市場。

Handy 在三年間迅速占領美國家政市場，在二〇一四年獲得五千萬美元的收入，企業現金流也透過幾輪融資，企業財務狀況良好。借鑑已經上市的同行 Care.com，Handy 的迅速發展有望在幾年內上市。二〇一五年年底，Handy 宣布獲得了五千萬美元 C+ 輪融資，由 Fidelity Management 和 Research Company 領投，此前的投資方有 TPG Ventures，General Catalyst，Highland Capital 和 Revolution Growth 也有跟投。截至二〇一六年年初，Handy 公開透露的融資金額已達一點一億美元，據傳估值在五億美元，公司稱本輪融資將繼續擴張市場，以鞏固其在英美家政領域的領頭羊地位。

## 二、創客介紹

創始人漢拉恩（Hanrahan），當他在愛爾蘭還是一名十九歲大學生時，就決定成為東歐的一個房地產開發商。他在布達佩斯購買和更新的公寓時，發現很難找到質量好的短工，可以完全信任的把工作交給他們完成。而且他注意到類似 Uber 和 Hailo 的服務，當時他就苦思冥想如何將它們的模式轉嫁到其他領域。

幾年後在哈佛商學院，漢拉恩找到了家政服務和手工活的靈感，於是 Handy 應運而生。他與同學 Umang Dua 一起創立了公司，專門幫助那些太忙或者太懶而不能清潔自己房屋的人士，可以讓人們輕鬆的預訂所需服務。公司致力於為全球的建築物提供最簡單、最便捷的家政服務。

## 三、案例分析

Handy 作為創新型的家政服務公司，它的目標客戶群主要是在美國各大城市生活的白領和一些忙於工作沒有時間打理家事的工薪階層、上流人士等。共性是收入

較高但沒有時間打理家事，需要快速便捷的家政服務。

在市場細分中明確為美國的各大城市，人群密集的家庭住宅區域。透過互聯網，將現實生活中支離破碎服務聚合到一起，滿足人們日益增長的需求。

## （一）為供需雙方建立信任的服務體系

使用者和服務人員之間的信任是最基本的問題。家政類服務需要進入使用者的家中，這將存在一系列的隱患，如使用者家中的財產及人身安全等。Handy 宣稱它們會對服務人員進行嚴格的篩查，其中包括嚴格的背景調查、過往曾經有過受僱從事家政類工作的經驗、與 Handy 工作人員面對面的面試等。

Handy 僱用第三方機構 BeenVerified 對所有申請者進行全國性背景審查，以及一對一的服務水平評估，包括詳實的身分驗證（身分證號、郵箱、電話、住址），且服務商均在司法部有備案。這在基本上消除了使用者對家政服務人員素質和服務水平的質疑。根據其官方網站宣稱，服務人員的面試透過率僅為百分之三，比哈佛的錄取率還要低。

作為一個為供需兩端提供對接服務的平台，贏得服務提供方（服務人員）的信任比吸引使用者要重要得多。因此，信任與安全的問題不僅僅只是從使用者的角度考慮，服務人員的人身安全也被納入 Handy 的考慮範圍之內。Handy 為旗下所有的服務人員都提供了保險，每位服務人員的保額都高達兩百萬美元。從雙方安全的角度考慮，它為供需雙方都提供了保險服務，也就是說，Handy 同時也為使用者的財產提供了保險服務。

對自由業者來說，Handy 為他們帶來了不可多得的優勢：可靠的收入和彈性的日程。在 Handy 的平台上，服務人員可以隨時隨地選擇他們所提供的服務，並且在接單之前明確的知道這一單服務能帶來多少收入。另外，他們可以獲得法定的收入，因為家政服務經常都是私下交易，雖然可以方便的避稅，但是無法為自由業者提供法定的收入證明，當他們需要借貸或者租賃的時候需要出具這些證明。

### （二）訂製化家政服務，方便才是關鍵

我們生活在一個訂製化的時代，如果想要東西就恨不得馬上到。Handy 在此時出現了，幫助你解決家事服務的難題，還提供遠程管理。使用者可以透過 Handy 手機客戶端或網站線上服務預訂保潔員和清潔工，最快第二天便會有相關人員上門服務。

在預約服務的流程設計上，Handy 做到了極致、方便、簡約，在手機使用者端上只需要輕鬆的一個點擊就能開始進行預訂，在預訂的過程中使用者需要選擇地點、居室的大小、服務的頻次和服務內容等基本資訊，其後平台將會估算出所需的費用，在高峰時段將可能遇到需要加價的情況，系統會提示使用者該時段是否高峰時段從而為使用者錯開高峰期提供參考。

這樣人性化的流程設計，有利於使用者更好的對服務時間和服務價格進行判斷，做出更好的決策，而對 Handy 自身來說，這樣的設計更有利於其對服務資源的整合以提升服務的效率。

Handy 可以為使用者提供週期性的家事服務日程安排，每週、每兩週及每月的服務週期，使用者如果在預設的週期內需要跳過某次服務，只需在二十四小時前在平台上操作即可，二十四小時內的任何預約變更都是免費的。

另外，Handy 為其服務人員都配備了相應的清潔器具，使用者可以選擇自己提供清潔器具或讓服務人員使用配給的清潔器具，Handy 強調其所提供的清潔器具都是綠色無公害的，在這方面彰顯出公司的社會責任感。

此外，Handy 還有一個不滿意百分之百退款的政策，具體來說，就是當使用者對服務人員的服務並不百分之百滿意的時候，可以選擇：一是由 Handy 指派另一位服務人員重新提供服務，直到他們提供的服務符合 Handy 的標準以及充分滿足使用者的需求；二是使用者直接申請退款，百分之百退還給使用者。透過這一措施，Handy 對旗下的服務人員提出了極高的服務標準。

## （三）穩定、安全的盈收模式

Handy 的主要收入來源是從每筆服務中抽取一定比例的佣金。在眾多服務項目中，使用者們的請求大多是家政清潔，水管維修和家具裝配等占比非常少。這似乎也在情理之中，畢竟還是懶人居多，平時沒有時間整理家事和打掃，對這項服務的需求也就相對較高，而家具屬於耐消品，更換頻率要低很多。

基於價格的原因，普通工薪階層即使沒有時間處理家事，也沒有足夠的消費能力重複消費。Handy 的服務人員按照服務類型最高分別可以賺取每小時二十二美元（清潔）、每小時四十五美元（雜物修理）的薪酬。根據美國經濟分析局，二〇一三年美國人均可支配年收入為四萬美元左右，家庭平均可支配年收入為十萬四千美元，加上 Handy 收取的佣金，每小時的費用大概相當於家庭月度可支配收入的百分之零點五。

Handy 縮短了使用者的時間成本，但未必可以減少使用者的僱用成本，而對服務人員來說，Handy 最好的服務人員每週最多可以賺到一千美元，即每月四千美元，已經超過人均可支配收入的水平，而這些服務人員還是自由業性質，還有可能獲得額外的收入。由此可見，使用者透過 Handy 所支付的人力成本並不低，只有中產以上的家庭能夠負擔起這一水平的消費，並有能力重複消費。

在支付上，Handy 與第三方支付機構 Stripe 合作，使用者對服務不滿意可申請退款，確保了支付的安全性，解決信任機制。每筆訂單的價格（含稅和小費）大約為八十五美元，公司按照一定比例抽成。

在服務費中抽取分成是 Handy 最主要的營收手段。Handy 的收入在兩年內從一千萬美元增至五億美元，收益增長達五十倍，說明其商業模式的盈利能力極強，並且在其戰略擴張後，能獲得更好的收入。

Handy 在運營過程中的成本主要在於平台的日常運營和人力資源成本，擁有較為穩定的成本結構，所以其整體盈利能力是較為穩定的。如同 Uber 一樣，Handy 掌控了供需兩端的支付和預約環節，透過這兩個關鍵環節的控制和支持，完成 O2O

模式中的「閉環」。透過結算週期的設計實現「資金池」結構，充分利用現金流實現資本增值。

### （四）商業模式的核心是資源重新整合

Handy 運作模式核心就是資源重新配置、整合和對接，被整合的資源端是社會上零散的勞動力，具有家政服務類技能的自由業者，而需求端則是沒有時間或不願意花時間從事家事的消費者。

透過 Handy，自由業者可以自由的選擇自己的工作地點和時間，並且能夠獲得法定收入繳稅，累計個人信用；消費者可以「用金錢換取時間」。同時因為 Handy 利用互聯平台的高度可達性為消費者節省了大量花在篩選服務人員的時間成本。Handy 在其中充當了中間商的角色，同時也包辦了大部分第三方職能，如服務水平保障方、支付擔保方、保險提供方等充當一系列的角色。其中最為重要的一項職能就是透過互聯網技術為使用者和服務人員提供預約對接服務，這是 Handy 實現資源整合的重要方式，而制定的服務流程和服務標準則為資源的有效整合提供了更大的保障。

## 四、創客商業模式分析

Handy 商業模式的核心是資源重新整合，與目前大部分的 O2O 相同，透過互聯網的可達性為消費者提供更多的選擇，同時將社會上閒置的資源（如勞動力）改造成可以靈活交易的形式提供給消費者，從而為供需雙方創造價值。以下就 Handy 公司價值戰略模式、市場行銷模式和贏利收入模式進行分析，如表 7-1 所示。

### 表 7-1　Handy 商業模式創新分析

| 商業模式 | 特　徵 | 描　　述 |
|---|---|---|
| 價值策略模式 | 家政 O2O | 線上服務注重去中心化、去平台化、生態圈化；離線服務更加透明化、標準化、品牌化。<br>(1) 嚴格篩選員工，錄取率僅有 3%，確保專業、可靠的服務人員；<br>(2) 便利的預訂系統，預訂只需 3 步驟，90 秒；<br>(3) 隔日到府的上門服務；<br>(4) 服務不滿意，100% 退款保証。 |
| 市場行銷模式 | 可靠穩定的收入＋彈性工時安排＋完工後及時給付到帳 | 提供可信賴的交易平台，整合供需雙方可匹配的時間，將雙方碎片化的勞動需求與勞動力資源整合起來。平台信任體系逐漸建立起來，建設供需雙方的審查、了解的過程。透過媒體活動取得更多的社會關注，提高品牌知名度。 |
| 盈利收入模式 | 邊際成本極小，穩定的收入提成 | Handy 的盈利模式非常簡單，就是從收費的服務中提取佣金。這種模式與 Uber 非常相似，邊際成本績效，收入穩定。同時為了防止跳單，公司還採取了包月折扣、提供保險、評價機制、績分激勵、統一價格等方式進行管理。 |

## 五、啟示

　　在移動互聯網時代，任何企業要脫穎而出，首先需要一個獨一無二並且符合人類價值導向的價值觀，創造優秀的企業文化，在此基礎上保持強大的創造能力，成為市場的開拓者或領先者，始終處於全球市場的前列，獲得豐厚的利潤和穩定的現金流。

　　借助現代 O2O 的社會趨勢，Handy 尋找到了適合自己發展的路徑，依靠創造驅動，充滿市場活力，彰顯一個高科技型企業的強大生命力。Handy 依靠創新的商業模式，在移動互聯網時代獲得超常的發展。運用該商業模式的佼佼者就是 Uber，它們將社會上的私家車變成計程車，而 Handy 的創始人正是受到 Uber 模式的啟發成立了 Handy，同時 Handy 也被譽為家政類的 Uber。由此可見，這一商業模式的前景無可限量，大量的傳統行業將被這樣的商業模式改造甚至顛覆。

　　Handy 的業務模式是將預約家事清潔人員、維修等需求對接給那些具有資質的

專業家政服務人員，並從中抽取一定佣金。在與多個像 Exec（已被 Handy 收購）、Homejoy 一樣的同類競品競爭中，Handy 是為數不多至今仍活得堅挺的一家。而想必大家都知道，前面提到的家政 O2O 鼻祖 Homejoy 已於二〇一五年七月正式倒閉，主要原因是「把清潔工歸類為承包商而非員工」的起訴影響，以及沒融到錢導致現金流匱乏。Handy 已經將三千個承包商與正在尋求附近「清潔、油漆、家具組裝」服務的人聯繫起來，使用者可以透過 App 或網站在 Handy 上申請服務與確定服務時間，網站會給出報價。確定服務後，需透過提款卡支付，避免了討價還價情況發生。目前，Handy 業務已覆蓋英國、美國、加拿大等地的三十七個城市，公司 CEO 漢拉恩稱到二〇一五年六月時的累計單量已達一百萬個，其中百分之八十都來自重複使用 Handy 服務的使用者，且百分之五十的使用者都來自朋友推薦。平台上的一萬個獨立家政服務人員每個月都能處理十萬個訂單，百分之八十的清潔工和手藝人們每週工作時間不到十小時。除繼續進行市場擴張之外，Handy 也請來了前 Birchbox 的數據科學負責人 Ben Kelly，以便在服務供需匹配的效率提升上做精細化管理。另外，公司創始人漢拉恩還表示將推出更多的家庭服務。

目前來看，Handy 的主要競爭對手應該是孵化自大公司的家政服務產品，如 Amazon Home Services。而不管對手如何，Handy 仍應持續注重 O2O 領域的老問題：如何在快速擴張中保持標準化的服務質量？從哪找到更多的優秀手藝人？能否在不燒錢的前提下保持價格相對低廉實惠？怎樣解決使用者的信任問題？

目前市場湧現了大量希望運用該商業模式創造價值的初創公司，它們透過對外國類似公司的簡單模仿而進行摸索，但該商業模式得以成功不可忽視的一點是：本地化。絕大部分 O2O 服務都離不開本地化，許多在國外成功的 O2O 服務得以成功的原因之一是它們都符合所處地區的消費習慣。在美國逐步成熟的 Handy 提供寶貴的經驗。不知 Handy 的境況能否對創業公司有點啟示？

# 第八章
# Pinterest——圖片社交社群

　　讓我們來想像一下，Pin（圖釘）和 Interest（興趣）放在一起會怎麼樣？把自己感興趣的東西（圖片）用圖釘釘在釘板（PinBoard）上，讓使用者不斷發現新圖片，Pinterest 正是透過為使用者提供線上收藏和分享視覺藝術圖片的服務而一炮而紅。

　　Pinterest 堪稱圖片版的 Twitter，網友可以將感興趣的圖片在 Pinterest 保存，其他網友可以關注，也可以轉發圖片。索尼等許多公司也在 Pinterest 建立了主頁，用圖片行銷旗下的產品和服務。Pinterest 採用的是瀑布流的形式展現圖片內容，無須使用者翻頁，新的圖片不斷自動加載在頁面底端，讓使用者不斷的發現新的圖片。在移動互聯網時代，網友在移動設備上更喜歡觀看圖片，Pinterest、Snapchat、Instagram 等圖片社群平台受到使用者熱捧，目前市場估值也明顯高於其他「文本」社群網路。截至二〇一三年九月，該軟體已進入全球最熱門社群網站前十名。

　　Facebook 上記錄的是過去，Twitter 記錄的是現在，Pinterest 記錄的是將來。全球排名領先的圖片分享網站，也是各大網商的重要流量來源，但是 Pinterest 現在還不準備盈利，這是為什麼？

　　對使用者來說，Pinterest 是一個可以思考和計畫未來的好地方，也是向其他人免費炫耀的好去處。所以很少有人來思考 Pinterest 究竟是什麼，它就好像是一家購物網站，但是沒有支付功能。Pinterest 上所收集的內容正好組合成了一個願望數據庫。

# 一、公司背景

這家有著「個人版獵酷工具」之稱的圖片視覺社群網站，核心在於圖片，整個網站的設計採用瀑布流布局的形式，具有很強的視覺衝擊力。網站使用者增長速度趕上了五年前 Facebook，是繼 Facebook、Twitter、Tumblr 之後，又一個備受世界矚目的網站。

這家創辦於二〇一一年的網站，二〇一四年，Pinterest 在美國的使用者數飆升到了四千兩百三十萬戶，預計二〇一九年 Pinterest 的美國使用者將達五千九百三十萬戶。截至二〇一四年十月，Pinterest 使用者已經創建了七點五億多個圖片「釘板」，包含三百多億個「按釘」，而且每天還在以五千四百萬個「按釘」的速度遞增。

此外，Pinterest 的使用者百分之六十來自海外，其中中國、印尼、羅馬尼亞和菲律賓增長迅速，而在印度、韓國以及日本的增速則呈緩慢趨勢。目前提供二十二種語言版本。

二〇一四年，在 F 輪融資中，Pinterest 投資前估值為五十億美元。而二〇一五年三月，據《華爾街日報》網路版報導，Pinterest 已獲新一輪三點六七億美元融資，其估值已經上升至一百一十億美元，發展速度令人驚嘆。

# 二、創客介紹

Pinterest 聯合創始人兼 CEO 本・西伯爾曼（Ben Silbermann）耶魯大學畢業後，曾在 Google 從事線上銷售與運營方面的工作。他坦言道，離開 Google 並不是因為不喜歡那裡，而是因為他沒有技術背景，所以很難創建產品。直到後來遇到他的創業夥伴埃文・夏普（Evan Sharp），當時還是哥倫比亞大學建築系的一名學生，基於瀏覽商品的設計思路，選擇了網格圖片的形式，花重金僱人開發 iPhone 應用。

剛開始創業的時候，人們對「實時」這一理念很著迷，所有產品都圍繞實時文字資訊流做文章。但是 Pinterest 卻並不在乎速度和資訊量。本・西伯爾曼認為，圖片釘板是一種非常人性化的觀察世界的方式，他要創建出具有恆久魅力的服務。

本‧西伯爾曼向其他科技創業者「講經傳道」時的建議居然是「別聽太多建議」。的確，他的創業之路處處體現著偏離矽谷傳統規律的「非典型」特色。在很多重大決策上，他和 Pinterest 的做法都堪稱另類。

## 三、案例分析

事實上，Pinterest 最初的日子並不好過，用本‧西伯爾曼的話說，「使用者數量少得可怕」。推出九個月之後，才勉強擁有了一萬名使用者，其中天天上線的活躍使用者更是少之又少。

慘澹經營的本‧西伯爾曼（Ben Silbermann）非常珍視這批來之不易的早期使用者，他曾經透過私人郵箱與 Pinterest 的前五千名使用者進行交流並告訴他們自己的手機號碼，甚至還約見其中一些使用者共飲咖啡。

連本‧西伯爾曼自己也不大明白當初為何沒有放棄，也許是因為覺得這樣做實在很沒面子，而且還擔心老東家 Google 不肯讓他回去工作。身處困境不知退縮，Pinterest 一心追求永恆之美，最終他的成功並非靠名人使用者帶動人氣，而是因為形成了自己獨樹一幟的創意網路社群。

創始人本和埃文又是幸運的。因為他們有著共同的價值觀：創建一家大公司，然後賺很多錢，做更多很酷的東西，為世界做點好事。在 Pinterest 網站，使用者可以集中關注與自己的興趣、品味相符的圖片影片資訊，避免了干擾資訊的狂轟濫炸；也可以關注朋友分享的圖片影片資訊，了解朋友的興趣愛好；同時還可以對圖片（影片）進行轉發、私藏、評論等，甚至無縫連結到圖片產品的網站進行直接購物。

很多忠實使用者都把它當成自己的興趣剪貼簿，手工製作、美食菜單、婚慶物品和家裝創意等題材的圖片格外受歡迎。據統計，Pinterest 的使用者中女性比例達到了七成以上，其中很大一部分是年輕、受過良好教育且收入可觀的女使用者。Pinterest 也成為二〇一四年度美國女性的首選社群網站。

總結一下，Pinterest 網站能如此持續風靡的原因大致有以下幾點。

### （一）簡化互動，以興趣為紐帶

遵循「少即是多」的原則，Pinterest 摒棄複雜的技術概念，將網站體驗的一切簡化為人、圖片、釘板三個要素，讓使用者能有效的剪輯和搜藏自己感興趣的內容。緊緊扣住興趣這一主線，使網站上出現的內容最大限度的貼近使用者的需求，能引起使用者的關注。同時也避免了氾濫資訊帶來負面體驗。歸納起來，可以用「一個中心、三個化」來概括，即以興趣為中心，圖片化、商業化、國際化。

在內容為王的互聯網時代，大致經歷了三個階段，分別是創造內容階段、海量資訊階段、資訊爆炸階段。Google 的產生幫助人們定向篩選內容，搜尋完成了按需選取資料的需求，而在資訊爆炸階段，互聯網上一天產生的圖片多到一個人用一生都看不完，於是就要進入個性化的篩選資訊時代。Pinterest 很好的解決了這一問題，既提供了按興趣獲取資訊的平台，同時也大大降低了分享「喜愛和興趣」的成本和門檻，因而受到了使用者的歡迎。

Pinterest 始終堅持以興趣作為網站變化的核心，所有的設計、謀劃、運作等都圍繞這個中心去布局和實施。篩選有價值的資訊，把真實的生活資訊加以傳遞。Tumblr 倒是提供了另一種途徑：按興趣去獲取興趣，然而其核心是創造內容，時間成本過高。

圖片化也是 Pinterest 堅持的戰略方向之一，有別於 Facebook 以及 Twitter 的文字傳播為主的架構，Pinterest 以圖片化的形式去構建網站的結構邏輯，結合流瀑式的設計，最大限度的吸引了人們尤其是年輕女性的眼球。在讀圖時代的今天，這一戰略顯得尤合時宜。

Pinterest 平台有著行銷的天然優勢：使用者在為網上一張圖片打上按釘的時候，實際上就給圖片中產品的商家發出了一個信號——我準備將這個產品納入我的購買（體驗）計畫中。在 Pinterest 平台上的流量訂單會比其他社群媒體要多出百分之十的數量，實際上也反映了這個平台的優勢。

Pinterest 自己當然也意識到這個優勢，但它也不願意這種行銷或者廣告影響使

用者的體驗，因而其商業化戰略每一步也顯得十分謹慎，包括其流量分析服務、「推廣圖釘」等商業化操作，都是久久才推出，並且在局部範圍測試後再推廣，顯得十分謹慎。但內容結合廣告行銷的方式，始終是 Pinterest 未來創造盈收的重要戰略路徑。

近兩年 Pinterest 的國際使用者增長得很快，已不僅僅侷限於美國本地的使用者。隨著公司估值和融資金額的不斷上漲，Pinterest 也越來越有底氣採取「走出去」參與國際競爭，開拓海外市場，吸引更多的使用者。比如：二〇一五年四月，Pinterest 總部便首次派出了五名團隊成員前往東京分公司，開展一項稱為「Jumpstart」的試驗項目，幫助分公司了解如何更好的推動 Pinterest 的本地化，更好的融入當地社群。

國際化戰略對 Pinterest 來說很重要。儘管美國市場仍然有很大的空間，但全球其他國家還有更多的七十億人口，這對 Pinterest 拓展自身的使用者群是一個很大的吸引力，也是不能錯失的戰略選擇。

### （二）創新服務，不忘初衷

Pinterest 的目標使用者群體主要是年輕人以及中青年群體，具有自身興趣愛好、鑑賞品味，愛計畫、愛分享的人群。他們對自己感興趣的東西（可以是產品、食物、景點等）比較著迷，具有較高的審美和品味，不想被太多廣告和其他無關的東西所干擾。

意識到自身的市場定位和目標使用者後，Pinterest 始終以興趣傳播為第一原則，以圖片為核心要素，堅持用高質量的圖片，包括其所獨創的流瀑式的視覺布局，也是希望為使用者觀看圖片提供更大的便利，省去了按下一頁去瀏覽的麻煩，以最大程度的吸引目標客戶群。

作為一個基於興趣分享的視覺圖片社群網站，Pinterest 對於目標市場具有十分清晰的定位，並在網站的設計和策略上盡量向這部分使用者傾斜與靠攏。獨創的流

瀑式頁面設計，為使用者提供了更加直觀的介面體驗。

當需要查看更多的內容時，內容圖片資訊可以像瀑布那樣延伸展示，不需要翻頁查看。網站的設計就像經過精心布局、充滿生活氣息的釘板，給予人無限靈感。對熱愛生活和熱愛美的人來說，很難抵抗這種美的誘惑。

Pinterest 正是堅持為這一群體所服務，它希望的是盡量多的讓這一個群體去認識和使用 Pinterest，而不是改變初衷去迎合那些不屬於這個群體的使用者。

### （三）滿足獵酷心理和收集癖好

對於酷炫的東西，人們都會產生獵奇的心理，同時，對於自己感興趣的東西，也希望將其收集起來，並加入生活的計畫中。Pinterest 的出現正是滿足了人們的獵酷心理和收集癖好。吸引各種原創的藝術及設計師等的加入，為網站的內容提供了更多美感、原創和活力，並允許使用者推廣藝術、商品。

Pinterest 發展之初，用註冊邀請制的方法解決了這個問題：它們認為，只有忠實的使用者才會把 Pinterest 推薦給朋友，然後用得很開心的朋友就會推薦給更多的朋友，結果就是逐漸積累了好口碑以及好內容。

Pinterest 的目標是讓人們在網路上發現他們喜歡的東西。在網站上，人們可以把圖片分類收藏，放在不同的釘板上。收藏是一種人們整理周遭世界的方式，而這種方式反過來體現了你自己的人格和興趣。與此同時，透過關注跟自己興趣相似的人或者板，可以把有相同興趣的人聚集在一起。這樣會創造一種非常與眾不同的「發現」體驗。這種體驗，會比「搜尋」體驗更加人性化、立體化和有趣。

## 四、創客商業模式分析

Pinterest 是近年來發展迅速的一家圖片視覺社群網站，在國際上尤其是在美國本土有著數量龐大的粉絲群，其盈利模式在未來也有著很高的可塑性。以下就 Pinterest 公司價值戰略模式、市場行銷模式和盈利收入模式進行分析，如表 8-1 所示。

表 8-1　Pinterest 商業模式創新分析

| 商業模式 | 特　徵 | 描　述 |
|---|---|---|
| 價值策略模式 | F-O-R模型 | 使用瀑布流形式展示圖片內容，讓用戶不斷發現新的圖片，符合F-O-R模型的三個特徵。<br>（1）碎片化：把一切美好的事物碎片為一張圖片、字數不多的描述和一個連結；<br>（2）組織：按Board組織，用戶可以給形象加tag，組織形象越自由，資訊流動的就越快；<br>（3）再組織：允許用戶把原創或搜集好的碎片方便地組織到自己的Board中； |
| 市場行銷模式 | 一個中心、三個化 | 基於興趣分享的視覺圖片社群網站，以興趣為中心，圖片化、商業化、國際化。Pinterest以興趣傳播為第一原則，以圖片為核心要素堅持用高品質的圖片，最大的限度地吸引目標客戶群。 |
| 盈利收入模式 | 定向廣告實現營收 | Pinterest目前主要的收入來源是廣告收入。<br>（1）企業用戶進駐；<br>（2）電子商務合作；<br>（3）基於興趣的廣告； |

# 五、啟示

　　Pinterest 網站高速發展的原因有很多方面，比如：簡化的互動，讓使用者有效的剪輯和收藏自己感興趣的內容，讓繁雜的圖片資訊處理過程變得簡單；優秀的產品團隊，懂得如何在競爭激烈的環境中創造機會，提供高質量的網站使用者體驗；移動客戶端布局，備受好評；瀑布流布局機構，更直觀的使用者體驗介面，獨具風格的內容展示；網站看起來像一堵能夠給無使用者限靈感的牆，對愛美的人來說，是絕對沒有抵抗力的。

　　高質量的使用者群：利用吸引各種原創的藝術家／設計師等的加入，並允許使用者推廣藝術、商品。網站看起來像一堵能夠給使用者無限靈感的牆，對愛美的人來說，是絕對沒有抵抗力。視覺體驗上衝擊：強烈註冊即分享，使用 Facebook 或者 Twitter 帳號進行登錄，快速在使用者社交群中擴散。重定義使用者行為，當使用者關注某個 tag、board、category 時，系統預設進行關注，這是對 follow 這種

使用者行為的重新定義。高質量圖片品質：從色彩和構圖角度吸引女生，容易引起女性使用者的共鳴，而女性是極具潛力的使用者群。使用者的獵酷心理：從使用者行為的角度上，彌補人的原始需求，滿足使用者的「收集癖」，創造舒適的體驗。

Pinterest 主要著眼於「發現」（discover）和「保存」（save）。但是現在開始越來越注重「行動」（do）。總體而言，Pinterst 是一家以興趣為主打、以圖片為核心要素的視覺社群網站，同時它的身上也具有未來 O2O 的潛力，既具有輕資產的優勢，又兼具電子商務和社交網媒的定位，具有很強的互聯網基因。只要解決電商、廣告與使用者興趣體驗的完美融合，Pinterst 的未來有太多無限可能。

不過，Pinterest 也有挑戰。由於社群網站通常均對使用者實行免費政策，Pinterest 無法將流量直接轉換為營收。讓 Pinterest 實現盈利是該公司的主要挑戰之一。對 Pinterest 這類網站來說，可創新的盈利模式有很多，如品牌廣告（根據版面內容投放具有針對性的廣告）、企業會員（B2B 提供版面讓企業發布產品資訊圖片）、電子商務（B2C 點擊圖片直接銷售產品）、圖片儲存（設立免費服務和付費會員服務）。就目前 Pinterest 的使用者數量級、活躍度以及增長速度來說，品牌廣告和企業會員將是一個不錯的穩定營收來源。據統計，該網站的主流使用者是家庭主婦、媽媽們、手巧之人、烹飪愛好者、準新娘以及與之相關的人群。這將使其成為一個針對女性使用者，在飲食、時尚、婚慶等方面為企業提供投放廣告更精準有效的平台。如果向電子商務發展，可以讓使用者透過網頁瀏覽，收藏自己喜歡的物品，同時找到與自己興趣相似的人，Pinterst 可以透過收集消費數據，逐漸做社會化推薦，並在未來接入電子商務。

# 第九章
# Yik Yak——新型的匿名社群網路

Yik Yak 名字來源於校園裡一群學生，像犛牛（Yak）一樣，哼唧哼唧的抱怨這抱怨那。或許是個奇怪的比喻，Yik Yak 完全匿名的推播，沒有關注粉絲，只有按讚和按爛。這款基於 LBS 平台的匿名消息發布的增長卻令人瞠目結舌，幾乎一夜之間飆升到百萬名月活躍使用者。上線一年獲得了 AB 輪投資，其中由紅杉資本領投的六千兩百萬美元，讓創業者們震驚。究竟是什麼特質讓一款小型社交軟體脫穎而出，難道僅僅只是因為站在了匿名的風口上？本章將透過對於 Yik Yak 的簡介和商業模式模型的分析，希望能夠尋找到一個適合的答案。

## 一、公司背景

匿名社交應用 Yik Yak 在美國校園裡大受追捧，有超過一千六百所大學的學生在使用，三百六十萬的月活躍使用者中，在校生比例為百分之五十～百分之八十。到目前為止，Yik Yak 一共進行了三輪融資。二〇一四年四月，種子輪融資由 Vaizra Investment 領投，DCM、Azu re Capital Partners 等跟投了一百五十萬美元資金，緊接著在同年六月分又進行了 A 輪融資，由 DCM 領投，Azure Capital Partners、人人網和 Tim Draper 參投一千萬美元。令人吃驚的是在二〇一四年十二月 Yik Yak 又進行了第三輪融資，這次融資金額高達一千五百萬美元，由紅杉資本領投，三輪融資過後 Yik Yak 的公司估值已過四億美元，成了市場上炙手可熱的互聯網公司。

Yik Yak 是一款基於地理位置的社交應用，有望成為下一個 Twitter。使用者發布的狀態可以被方圓十英里的其他使用者看到，其他使用者可以按讚等。儘管這款 App 存在一些爭議，如助長網路欺凌之風，但其開創了社交新模式——與附近的陌

生人交流。

它透過基於地理資訊的匿名帖子連結社群內的人群。在五英里的半徑範圍內，發帖人能夠選擇與距離自己最近的一百名、兩百五十名或者五百名 Yik Yak 使用者分享帖子內容。發帖人一般不會使用真實姓名，但地理位置卻是大致準確的。Yik Yak 因在中學校園間盛行的網路欺凌媒介而轟動一時。儘管這類欺凌事件屢見不鮮，但並沒有阻礙 Yik Yak 一石激起千層浪。發起後的三個月內，該應用程式已經在美國南部五所明星學校扎根，並擁有十萬名月度活躍使用者以及超過一點五萬條資訊的日發布量。

## 二、創客介紹

Yik Yak 的兩位創始人布魯克斯‧巴芬頓（Brooks Buffington）和泰勒‧德羅爾（Tyler Droll）都是亞特蘭大本地人，既是創業夥伴，又是室友。他們和另一位室友住在一個三人間公寓裡，距離公司十分鐘路程。

大二那年，泰勒‧德羅爾選了計算機科學當作他的第二學位專業。每個人都覺得，他的理科這麼好，應該當個醫生。而德羅爾卻認為他喜歡解決問題，計算機科學的核心就是解決問題。

在媒體眼中高調的 Yik Yak 卻有著兩位低調的創始人，畢業於格林維爾弗曼大學，他們刻意迴避媒體，遠離聚光燈，在他們眼中，專心發展核心使用者是重中之重，其他都是過眼雲煙，也許這正是 Yik Yak 成功的祕訣。

他們認為遠離矽谷才是成功之道。「我們家就在這裡，我們就留在這裡，為什麼要搬去別的地方？周圍的大學，如喬治亞理工學院就有很好的工程人才來源。」

被譽為家鄉英雄的他們可能會拒絕媒體的訪談，但會接受很多大學的書面採訪。因為他們認為這些人才是真正用 App 的人。當問及是否打算開發 Apple Watch 版本時，他們回答道「學生買不起 Apple Watch」。難以置信，哪位創始人不希望把自己的平台越做越大？但從另外一個層面來看，他們更加貼近於核心使用者。把有

限的時間集中精力在核心使用者品牌推廣上。

David 與 Yik Yak 兩位聯合創始人泰勒和布魯克斯是在加州有名的漢堡餐廳 In-N-Out 裡敲定 A 輪 deal 的，他們在棒球場度過了六個小時後，時間已到了晚上十點，「由於街上的餐館都打烊了，漢堡是能吃到的最好的食物了」。跟很多搭伙創業的小夥伴一樣，泰勒和布魯克斯性格也相當互補，David 說，泰勒想事情非常周到，而布魯克斯則更跳脫外向，做富有行銷思維，是個做行銷的完美人選。布魯克斯通常會拋出四〜五個創意，泰勒在經過深思熟慮會選定一〜二個最合適的出來。

## 三、案例分析

在一年半的時間裡，Yik Yak 的下載量已達十萬次，使用者數如雨後春筍般增長，很快成長為一家社群網路巨頭。

Yik Yak 的市場定位極其明確，使用智慧型手機的青少年都是他的目標使用者。無論是小學生還是博士，只要你有一台可以安裝 App 的蘋果手機，只要你想要透過網路與陌生人交流，就可以盡情的去使用 Yik Yak。該公司團隊在選定市場時深度結合了自己軟體的特性，知道是何種人需要使用軟體來進行發洩與交流，因此無論是軟體的設計還是廣告的宣傳，都突出了時尚與新奇，透過多種渠道來吸引年輕使用者的注意，也給自己打上了年輕一代的標記。

然而它在拓展市場時也會受到來自學校的阻力，高校會擔心軟體裡的不良資訊影響學生的身心健康，因此會選擇禁止該軟體在初中、高中的推廣，繁多的互聯網欺凌事件迫使 Yik Yak 團隊拒絕青少年的加入。

從產品形態來看，Yik Yak 是一個兩千五百米範圍內的匿名 BBS，沒有 Follow 機制，文字 + 地圖，使用者能夠兩千五百米範圍內的其他使用者發布的 Yak，並能對它進行「頂」或者「踩」。絕大部分 Yik Yak 使用者使用這款軟體的目的在於抱怨，抱怨一些爛事、爛人、爛地方、爛課以及其他值得抱怨的事情。當然，如果你願意花上零點九九美元、一點九九美元或者五美元，就能分別同一千名、兩千五百名甚

至一萬名 Yik Yak 使用者分享你的帖子。

### （一）增強「存在感」與「歸屬感」

使用者要對一個社交產品產生長期黏著度，必須滿足兩個條件：一是「存在感」；二是「歸屬感」。而匿名社交在「存在感」方面，天然就很差，因為使用者不使用真實身分，那麼該如何提升使用者的存在感？如何提升使用者的歸屬感？

人類表達在需求情境上確實可以分為三種：一是可公開；二是不可公開但和朋友說；三是類似匿名爆料，想捅出來或想發洩出來，但又不想別人知道是我說的。使用者還是有匿名發言的需求。那麼 Yik Yak 需要解決的核心問題是什麼呢？

Yik Yak 採取了分組的地理分配法，比如你是一個大學生，軟體就會按照大學邏輯組織的內容來分配資訊，如果你是同一所大學的人就可以在群組中發言，否則就只能觀看不能發帖和評論，這種方式大大的拉近了使用者間的距離，使用軟體的使用者能及時收到自己相關的推播，增強使用者黏著度。

早期的時候，Yik Yak 遇到了許多問題，在使用者極少的情況下，自我監督機制等同無效，很多人惡意發布一些負面內容。Yik Yak 除了透過地理圍欄技術禁止中小學生使用外，系統還會過濾掉真實姓名，如果你的一條 Yik Yak 被踩了五次，那麼它就會自動銷毀了。而且對非本地內容，使用者無權評論，生產資訊的行為必須與當前位置綁定在一起。

隨著隱私安全事故發生的頻率越來越高，人們在分享私人資訊時越來越慎重。輿論對資訊安全的爭論陷入白熱化，匿名社群網路卻搭建了安全的平台，讓人們安心分享資訊。借助匿名社群網路，使用者的資訊不但更加私人化，而且他們發出的資訊也無法再反向連結到本人。使用者在鍵盤上敲出文字，發布到網上，沒有人可以找他們。匿名社群媒體創造了一個完美的平台，為客戶提供了安全共享資訊的環境。

## （二）基於 LBS 系統的匿名社交

Yik Yak 的立身之本就是基於 LBS 的匿名社交功能，它可以透過手機內置定位軟體來獲取你當前兩千五百米範圍內的其他使用者所發布匿名消息，Yik Yak 允許使用者「偷窺其他學校使用者發的消息，但是只看不能發。Yik Yak 能夠基本反映發文者所處的文化氛圍，所以距離不同個體文化之間的差別很大。儘管有地域的差別，但也值得注意同質性：一個發最多「消息」——百分之七十左右都表達了這個意思「我一個人在寢室，空虛寂寞，希望有能跟我說說話，可能的話來點身體接觸」。

匿名社交是此款軟體脫穎而出的最可能因素，透過匿名方式使用者，可以寫自己在普通社群平台上不願意或者說是不敢於寫出的話語，能夠更加真實的反映自己內心的想法。當然這也是發洩內心不滿的一個極好途徑，將自己心中的怨恨說與其他陌生人來分擔自己的壓力，這也使使用者對於軟體有著更加大的需求。不可否認的是，因為監管總是滯後於消息，因此軟體中必然存在性與暴力等，但對學生來說是禁區但又是內心最原始渴望的資訊，這也會吸引不少的學生使用者下載並使用，再加上周圍的使用者年齡層與自己相近，軟體也成為了使用者相約的起始點。

## （三）個性化郵件開啟快速擴張之路

二〇一四年的 Yik Yak 以擴張為核心。Yik Yak 將每個校園學生組織及其學生領袖的頭銜和郵件地址資訊製作成表格，每週二布魯克斯·巴芬頓就會向已登記的學生發出幾千封個性化郵件，其中包含了多種多樣的笑話。

精心籌備的電子郵件推廣活動以詼諧幽默打開了新的校園市場，先是在喬治亞州理工學院的徹底「淪陷」，然後是喬治亞大學。此後，Yik Yak 就開始了飛速擴張之路，成功俘獲了美國一千六百個校園。

（四）充滿爭議的未來

Yik Yak 禁止高中生使用的措施的確消除了很多欺凌現象，但並非全部。透過使用關鍵字和名稱定位，這款應用已經添加了社群警戒工具，可標誌出種族歧視、女

**創客未來**
動手改變世界的自造者

性歧視及攻擊性發帖。

大學校園中也開始出現同樣欺凌問題和恐怖威脅，許多教授呼籲大學關閉 Yik Yak 應用，有的大學甚至已經禁止了它。大學生們對 Yik Yak 的看法也多種多樣，田納西大學大四學生艾米‧克內克特（Aimee Knecht）承認，她經常使用 Yik Yak，學校裡使用 Yik Yak 的群體也很龐大，Yik Yak 上的內容尖銳幽默，坦誠直白。一般來說，人們喜歡大家心知肚明但在公共場合不敢說的東西。

Yik Yak 甚至已經成為大學校園中的警報系統。當佛羅里達大學一名學生去年秋天在校園中開槍時，許多人都是透過 Yik Yak 獲知的。不過，阿拉巴馬大學四年級學生薩曼塔‧傅爾翰（Samantha Fulgham）認為，大部分學生似乎都在使用 Yik Yak，但是主要用於欺凌。Fulgham 曾卸載 Yik Yak 兩次，因為她總覺得閱讀其中的內容有種道德負罪感。

「Yik Yak 已經背負著不少罵名了」，二十一歲的傅爾翰（Fulgham）說：「這是個透過非常殘忍的事物進行網路欺凌的地方。我感覺它本來想成為機靈的匿名 Twitter，但現在卻變成了校園謠言傳播的平台。」

儘管充滿爭議，但最好的投資總是充滿爭議的。

## 四、創客商業模式分析

一個成功的商業模式，不僅需要一個獨一無二的價值主張，還要有多元化的收入流，以及充足、強大的創造能力。以下就 Yik Yak 公司價值戰略模式、市場行銷模式和盈利收入模式進行分析，如表 9-1 所示。

### 表 9-1　Yik Yak 商業模式創新分析

| 商業模式 | 特　徵 | 描　　　述 |
|---|---|---|
| 價值策略模式 | 地理位置＋匿名社交＋用戶評級＋標籤 | Yik Yak的立身之本就是基於LBS的匿名社交功能，內容行銷的關鍵是了解你的目標受眾，加上精準的定位，是建立用戶忠誠度的最佳途徑，透過Yik Yak最終你的追隨者轉變為顧客。 |
| 市場行銷模式 | 線上＋離線 | Yik Yak的設計團隊既具有想像力又洞悉學生的需求，他們在線上的宣傳大多集中在以吉祥物為主線的宣傳畫中，透過吉祥物的一舉一動來介紹軟體，而這個吉祥物的設計又符合大多數青年人的需求，因此上線之初便獲得了絕大多數使用者的好評，各類吉祥物的衍生消費也隨之而來。 |
| 盈利收入模式 | 相對健康 | Yik Yak現有25名員工以及350多名校園大使。經營成本集中在線上的伺服器維護更新與離線的市場拓展中，創意成本與人力成本是離線成本中最主要的兩部分，總體來說，Yik Yak的線上與離線成本仍然維持在一個相對健康的水準。 |

## 五、啟示

　　Yik Yak 獲得十萬美元的種子投資，和資金相伴的前提是解決其導致的高中欺凌問題。兩位創始人接受提議，並提出了一個瘋狂計畫：對所有高中生關閉 Yik Yak，儘管知道高中生可是 Yik Yak 的主要使用者。儘管這樣可能讓它們犧牲了許多增長空間，但卻確保了它們的應用被正確使用。它們願意以損失使用者的代價換取建立更安全的環境，這是一種有遠見的想法。

　　常人看來矽谷是科技創業者的天堂，這裡有行業大亨，有無數的技術大牛，有企業發展所需的一切元素。但是 Yik Yak 卻選擇不走尋常路，在美國高校取得巨大成功後，創始人布魯克斯‧巴芬頓和泰勒‧德羅爾仍堅守家鄉喬治亞州，保持低調，遠離公眾視線。

　　他們不願去北加州，遠離科技媒體，沒有成為矽谷初創企業的一部分並不是什麼怪癖，這正是他們的祕密武器。由於遠離矽谷，他們不了解之前位置社交產品的失敗經歷，因此他們沒有清晰的藍圖，也無所畏懼。

　　與傳統社群網路當年起步時的狀況一樣，匿名社群網路現在也正處於萌芽期，

但是這類應用的發展潛力非常巨大，因為匿名使用者的言論背後存在或多或少的合理性。企業對這種能夠給予使用者安全感的平台有強烈的需求，借助這個平台，企業就能夠了解使用者的反饋，從而將這些使用者意見付諸實施。

提到 Yik Yak，首先要提的自然是匿名。匿名使 Yik Yak 的社群在內容上充斥了酒精、大麻、性趴等資訊。Yik Yak 上面的酒精、大麻、性趴，所謂的很黃很暴力，在西方的文化世界裡並不算黑暗面、負能量的東西，這些對它們的文化來說是比較正常的，Yik Yak 只是降低了社交壓力，釋放了他們的人性，使他們追求人性本質，釋放人們對社交（群聚）的追求，解放孤獨。所以，Yik Yak 的投資人，DCM 的 David 看好匿名，是因為匿名能夠釋放人的本性而非匿名可以做那些黑暗面的事。年輕人是天真、可愛的，他們富有情懷，追求美好事物。Yik Yak 的成功是因為它抓住了匿名社交近兩年來最為活躍的主題——在匿名的基礎上融入了 LBS 定位，滿足了高校互聯網使用者保護隱私和尋找同伴兩個看似有衝突的要求，因此能在短短時間內猶如病毒爆發一般擴散到美國大多數高校。

在產品設計上，它們的這種新潮理念展現得淋漓盡致。它們沒有提供簽到或者附近地圖，而是採用 Reddit 式的資訊流解決位置問題。它們專注於交流，而不是遊戲，這也是為什麼大學生被 Yik Yak 深深吸引。

透過分析可以看出，Yik Yak 的成功絕非只是站在了風口這麼簡單，無論是它的商業模式設定，還是軟體的核心競爭力，都可以看出創始人不一般的眼光魄力以及對於學生心理的洞察，最終讓 Yik Yak 沒有埋沒在茫茫匿名社交 APP 大海中。只要 Yik Yak 團隊能夠維護好軟體並做好內容監管，我相信 Yik Yak 仍然有廣闊的市場等待開發。

盈利收入模式不清晰，這是 Yik Yak 的首要問題。和許多科技類創業公司一樣，沒有任何收入來源。考慮到 Yik Yak 上內容的性質，是否放廣告是一個需要慎重考慮的決定。目前，兩人只想著擴大 Yik Yak 的市場，將觸角伸向大學校園外和海外，就像 Facebook 的發展軌跡一樣。

　　二○一五年，Yik Yak 正在測試在其平台上上傳照片功能，這項功能可能會與其盈利模式有關。從長期來看，照片功能最終會給 Yik Yak 盈利帶來幫助嗎？這個問題的答案似乎是肯定的，因為它很可能會吸引更多使用者使用，繼而為 Yik Yak 帶來更多廣告收入。但是，Yik Yak 必須證明自己有一套行之有效的方法來保護使用者的隱私安全，廣告主才會投放廣告。

# 第十章
# Serengetee——全球布料口袋的新時裝

你參加過海外遊學嗎？看看外面的風景，遇見不一樣的人和事，領略異域的文化，是走馬看花似的「到此一遊」還是真正有所收穫呢？

幾個年輕大學生參加一項由維吉尼亞大學主辦的環球學習課程，在一艘船上度過了四個月，欣賞從印度到摩洛哥一路上的風景。基於興趣愛好，他們每到一個港口都會收集當地的特色布料，最終收集了超過五十碼（約四十二平方公尺）的布料。而這來自不同地區的布料背後本身就代表一個個民族與地區的豐富歷史與文化，他們別具心裁的將這些布料做成口袋，縫製在各式的 T 恤上，讓熱愛旅遊、關注異域風情的消費者挑選，你喜歡哪個國家或哪個風格的面料就選哪個。

在感受世界多姿多彩與美好的同時，他們也感受了社會的貧困與骯髒。他們將所得利潤分出一部分回饋給布料來源地。旅途中迸發創意，個性化訂製和慈善行銷相結合，從一家小的服裝網站開始，自籌資金，開創了動機導向的服裝銷售新模式，並迅速成為全球成長最快的時尚品牌之一。

## 一、公司背景

Serengetee 成立於二〇一二年，在全世界各地收集有當地特色的布料，並且把這些布料設計成 T 恤上的一個口袋。透過這些口袋，其客戶可以找到跟自己興趣相同的人。

Serengetee 很快便成了全球成長最快的時尚品牌。Serengetee 擁有強大的粉絲群，其目的是幫助改變全世界人們的生活。Serengetee 的布料來自全球七大洲，風格迥異，品類繁多。Serengetee 提供的產品包括 T-shirt、帽子、包、耳機貼、外

衣、童鞋等八大類。

## 二、創客介紹

　　創始人傑夫・施泰茲（Jeff Steitz）、瑞恩・韋斯伯（Ryan Westberg）和內特・霍爾曼（Nate Holrerman）是在一次海外遊學課程中獲得靈感的。三位大學生創辦 Serengetee，不到一年時間就已經獲得了十六萬美元的收益，同時，也受到了越來越多的關注。

　　遊學結束後，他們突然有了一個創業的想法：「有一天，我們坐在台階上，看著所有的布料，突然意識到，這些布料不是一文不值的廢料，而是創意的起點。」傑夫・施泰茲回憶道：「我腦子裡一直有很多零散的概念，布料啊，T 恤設計啊，創業啊，這些零散的概念在這一刻連成了一條線。」就這樣，三人合力打造的服裝網站——Serengetee.com 上線了。

## 三、案例分析

　　他們的創意其實很簡單，就是把從世界各地收集來的布料做成 T 恤或者背心的口袋。但就是這樣簡單的理念，以其有趣的故事和個性的設計，吸引了眾多年輕人的喜愛。自推出以來，Serengetee.com 在 Facebook 上很快就獲得了超過三萬名的粉絲。

　　把自己打造成為一個個性化，並且關注社會的企業，周圍人會為你傳播「福音」。試想一下，一件生活必需品的普通 T 恤，在其上面可以有一個相對個性化的圖案，而且每個圖案都有其固定的含義，更重要的是買這個 T 恤衫還可以同時做善事，如此產品消費者是非常願意為其買單的。慈善＋可持續的新型創業模式使 Serengetee 擁有了企業的美譽度，可謂一舉三得。

　　在服裝設計方面，他們別出心裁的將這些布料做成口袋，縫製在各式的 T 恤上。讓熱愛旅遊、關注異域風情的消費者挑選，你喜歡哪個國家或哪個風格的面料就選

哪個。「Wear the World」是他們的口號，他們希望透過這個小小的口袋，將他們的顧客與世界各地連接起來。如今，他們已經收集了二十八個國家的布料，他們的最終目標是收集到來自一百個國家的布料。

### （一）注重產品背後的每一個故事

Serengetee 對布料的要求是大膽、可機洗、色彩鮮明、具有獨特的民族風格。儘管提供的 T 恤樣式普通，但是縫上一個極富「故事」的口袋後，T 恤頓時就有了不同的個性。他們所製作的每一個圖案背後都有它獨特的故事，或者是對某一個國家的情懷，或者是對某一個事件的關心，或者是對某一個國家的貧窮的關注。

以各種各樣的故事為背景，一件簡單的 T 恤卻凝聚了有相同志向的人們，他們共同關注著同樣的事情，這樣的 T 恤就成為他們認識彼此的橋梁。

在市場細分方面，Serengetee 關注年齡（人口要素）、文化素養和社會意識三個方面。人口要素方面，年輕（十八～三十五歲）是 Serengetee 的主要目標群體，在官網以及廣告宣傳方面都可見端倪；在文化素養方面，Serengetee 更加關注有一定文化素養（社群大學以上）的人群，更能夠理解和認同 Serengetee 的文化理念以及品牌定位，並且能夠形成產品—宣傳的閉環，在長期的口碑宣傳中更加深化品牌定位；在社會意識方面，Serengetee 由於自身的慈善戰略定位，目標群體也是活躍於慈善與社會活動的人群。

在 Serengetee 的網站上，對服裝的展示均為顧客的真人秀，而這些「模特」容易引起同為顧客的共鳴：他的身材好像跟我差不多，衣服看上去挺不錯。這樣的故事會不會讓你覺得，穿上他們的衣服，就有了一種跟隨著他們環遊世界的感覺？會不會手癢癢也想買一件來試試？那就買一件吧，因為你買下的不光是一件衣服，還獻出了一份善心。

具有同理心和熱情的打入目標群體中的銷售團隊讓 Serengetee 的銷售渠道切入度和成功率都大幅度提高，線上直銷的模式也讓整個渠道更加容易控制。

## （二）心懷天下、個性十足、充滿著故事的企業

儘管是一家小企業，但三位創始人卻心懷天下。他們認為，所有人都是這個世界的公民，他們希望自己能夠為推動這個世界的進步，哪怕只是很微小的一份力量。

慈善行銷成功的關鍵在於這是不是一個「有吸引力」的主張？

每個衣服口袋上都有一個 Serengetee 的圖案，這源於公司創始人曾經與某一地區的社會事業相聯繫。客戶個性化的襯衫，標準顏色和口袋樣式，代表著你正在支持一項事業，而且為解決一些全球性的問題做出了貢獻。

在 Serengetee 創立時就確立了一個規矩，它們不單單是一個盈利企業，更加是一個有社會責任的企業。它們在全世界各地採購，親眼看見採購的每一塊布料所在地的問題以及背後的故事，所以它們也會根據不同地區的情況進行慈善之舉，在 Serengetee 的網站上有「災難救濟」、「扶貧」、「孤兒關懷」等圖案的慈善主題。透過這種方式，希望能與關心這些主題的顧客一起，為世界各地需要幫助的人付出自己的一份愛心。

同時，它們還希望能盡量減少汙染，推行可持續發展計畫。Serengetee 的所有衣服包裝原料均為廢棄的信封。將來它們還試圖打造一個「租用」計畫，顧客只需付十美元的年費就可以「以舊換新」。而所有換回的舊衣服將會被回收利用。傑夫·施泰茲提出，他們希望透過這個計畫嘗試著改變人們對衣服不能穿就得扔的觀念，避免衣物因被當成垃圾而造成的汙染和浪費。

作為一個互聯網企業，Serengetee 非常注重客戶體驗以及社交功能。它們會邀請每一個圖案的買家分享其試穿效果的照片，透過這樣的方式讓外國年輕人感覺到很酷，讓年輕人認識彼此。

Serengetee 的這些行為與想法，都獲得了大量粉絲的認可，一個有社會責任感、心懷天下、個性十足、充滿著故事的企業，怎麼會不令人心生歡喜呢？

### （三）訂製化產品引入慈善鏈

Serengetee.com 上平均每件 T 恤的售價為三十二美元。相比起 T 恤衫的製造成本，這屬於暴利，然而很多年輕人卻願意為此買單，原因在於其更多是傳遞理念以及其品牌價值觀。穿上 Serengetee 所代表的是消費者對每個圖案背後故事的關注或認同，而且在購買的時候，他們付出的金錢也會實實在在的去幫助故事所代表的人群。這也是 Serengetee 作為一個新興企業能脫穎而出的原因。

Serengetee 的產品價值模式主要為：訂製化的產品和慈善鏈。國外年輕人的價值觀是要夠酷，單一的品牌價值已經不能滿足這一需求。而 Serengetee 在全球範圍採購特殊的布料，把這些布料應用在每個標準化的產品上，使其產生自己的特色。更多的是把標準化的產品進行袋子的訂製化，客戶可以選擇自己喜歡的圖案訂製出有個性的產品。

將生產的所有產品進行分割，將擁有共性的部分進行標準化，例如 T 恤衫、背包的基本零件，然後把訂製圖案的部分也進行標準化，例如 T 恤衫可以訂製的是口袋，那就把有圖案的部分全部按照口袋大小進行裁剪，再配以基本 T 恤衫，組裝成一件訂製的 Serengetee。把整個業務流程的訂製標準化，使業務更容易開展，客戶下訂單難度大大降低，能在不傷腦筋的情況下進行產品訂製。

同時，公司十分注重深挖每個布料採購地的問題，例如貧窮、戰亂、環境汙染等社會化的問題，使消費者能夠從購物中關注到這些問題，並且把產品利潤用於慈善活動，使產品價值增加了慈善價值。這樣消費者在購物的同時也可以對世界性問題加以關注與直接資助，增加產品的附加價值，提升產品的社交價值。因為消費者可以在產品的訂製中清晰的分辨出有相同價值取向的人，從而產生社交價值，所以，Serengetee 的圖案更多的充當了一個圖騰的角色，「信仰」相同圖騰的人們能從其中找到價值所在。

近年來，它們還啟動了一個名為「當週面料」的公益項目，將當週的收益百分百捐出，這一項目迄今已籌得超過十萬美元善款。Serengetee 還提供了十種帶有公

益目的的產品,包括動物、藝術與文化、減災、教育、環境、健康、貧困等。

在傳統主流經濟理論看來,企業是一個純粹的經濟實體,為股東盡可能多的創造利潤是企業管理者的唯一責任,企業承擔社會責任必然導致成本增加和市場競爭力的削弱。而波特(Porter)卻認為,企業戰略性實行慈善事業有助於企業發展,更有利於改進整體競爭環境。將慈善捐獻以及世界文化的「無償」傳播作為戰略模式,在波特原有理論的基礎上更進一步發展,原本的輔助性戰略成為企業主要戰略。

## 四、創客商業模式分析

Serengetee 主要針對的使用者群體是具有社會責任感的活躍的大學生群體。因為了解每一塊原料產地的背後故事,所以它們會根據不同地區的情況進行慈善之舉,倡導環保,減少汙染,推行可持續的發展計畫。

構建一個擁有慈善和可持續使命的公司。Serengetee 在戰略上吸取了 TOMS 等成功商業模式的經驗,與麥可‧波特(Michael E‧Porter)提出的戰略性企業慈善模式融會貫通。以下就 Serengetee 公司價值戰略模式、市場行銷模式和盈利收入模式進行分析,如表 10-1 所示。

### 表 10-1　Serengetee 商業模式創新分析歸納表

| 商業模式 | 特　徵 | 描　　述 |
|---|---|---|
| 價值策略模式 | 慈善＋可持續＝新型商業模式 | 將所得利潤分出一部份回饋給布料來源地。如今,他們還啟動了一個名為「當週面料」的公益項目,將當週的收益百分之百捐出。 |
| 市場行銷模式 | 文化行銷 | (1) 給予產品、企業、品牌以豐富的個性化的文化內涵;<br>(2) 強調企業中的社會文化與企業文化,而非產品與市場;<br>(3) 公益性。將文化有機融合行銷,就像將鑽石鑲進白金戒指,形成「1＋1＞2」的社會價值。 |
| 盈利收入模式 | 產品訂製化＋慈善鏈條 | 產品的成本由基本部分和訂製部分組成,基本部分可大批量生產,在價格上很有優勢,而且議價力強,訂製部分主要為不同布料的附件。銷售利潤穩定在60％～80％!成本只有百分之二三十!而市場行銷廣告成本幾乎為零。 |

## 五、啟示

　　Serengetee 將目標消費者群體定為在校學生，這也充分考慮了美國的國情。美國的年輕人講究「酷」，意思就是在基本物質層面上，大部分年輕人都已經得到了滿足，他們已經轉而追求精神上的滿足。社會事業對他們的吸引力是很致命的，試想一下，穿著 Serengetee，代表著自己關心太平洋瀕危絕種鯨種群的安危，而且也的確有部分利潤捐給了愛護動物協會去保護鯨，這是多酷的一件事！

　　第一，它抓住了人們要與眾不同的觀念。任何成衣，無論其價格多貴，都會存在一個批量生產類同產品，導致人們很容易「撞衫」。而 Serengetee 可以在同一個款式上，選擇自己喜歡的圖案，這樣類同性就會低很多，從而達到輕訂製的效果。

　　第二，它給每一個圖案都賦予了一個故事，這個故事或者是愛國情懷，或者是同情弱者，或者是保護環境。這就在無形中提高了產品的內涵，也使消費者增加了談資。

　　第三，Serengetee 能把拿出利潤做善事的事情落實，並且不斷向消費者公告拿了多少利潤做社會事業，提高了品牌美譽度和知名度。

　　透過建立自營網店，實現一站式訂製、選款、付款等購物服務，在網站上能夠看到每一個圖案背後的故事、關注的社會事業，以及購買相同圖案的人的評論、照片。並且還有分傭模式。如果一個消費者購買了公司的產品，可以推薦朋友購買，被推薦者可以獲得幅度較大的優惠，推薦者也可以獲取一定的利益。

# 第十一章
# Shake Shack——「慢快餐」的創新休閒飲食方式

　　據說去 Shake Shack 吃一頓漢堡，和參觀自由女神像與登上帝國大廈一樣，是人們來紐約旅遊的必經之地。一位電視台記者對等餐的人群進行採訪，問其為什麼不去麥當勞排隊？麥當勞和 Shake Shack 的區別是什麼？消費者回答道：「大概就是希爾頓和汽車旅館的區別吧。」不管你們信不信，反正我是信了。

　　Shake Shack 是一家源於美國的漢堡快餐連鎖店。Shack 是「小屋、棚屋」的意思，似乎顯示著這家企業的起點「很草根」。最開始，它只是在麥迪遜廣場公園（Madison Square Park）賣熱狗的小推車。二〇〇一年—二〇〇四年，Shake Shack 越來越受歡迎，最終改造成了一間小吃店。Shake Shack 的經營思路比較獨到，它一反傳統美國快餐連鎖店快速攻城掠地、分店遍地開花的做法，至今全球才有六十三間分店。但它的每一間分店，尤其是起源地——麥迪遜廣場公園旗艦店門口顧客大排長龍的景象，卻成為該企業標誌性的一景。前不久 Shake Shack 預期估值九億美元，在紐約證券交易所成功上市。它是如何憑藉創新的商業模式，在充分競爭的美國快餐業市場中謀求生存空間的呢？讓我們一起來研究。

　　最開始 Shake Shack 只是一個在麥迪遜廣場公園買熱狗的小推車，卻大受遊客和周圍居民的喜愛一直排隊，一排就是十六年，Shake Shack 也早已蛻變，如今已是漢堡高大上的代名詞，而且每間門市的平均價值可達一千零七十萬美元，是麥當勞的四點三倍。不過到二〇一〇年前，Shake Shack 在全紐約也僅有三家店。如今，在中東地區，以及土耳其、倫敦、莫斯科和杜拜等國家城市都有 Shake Shack 的連鎖店。品牌旗下有六十多家餐廳，其中十六家位於紐約市區。Shake Shack 計畫在

未來依然保持穩健的擴張節奏，其 CEO 戴維·斯威漢姆（David Swinghamer）說，「我們的目標並不是開盡可能多的店，如果無法將事情做對，那我們寧可不做」。它目標為一億美元的融資的一個原因也是為了擴展新店。

## 一、公司背景

Shake Shack 的雛形是麥迪遜廣場公園內的一輛熱狗販賣車。二〇〇〇年，紐約市政府整頓重建麥迪遜廣場公園。USHG 首席執行官丹尼·梅爾（Danny Meyer）大力推動麥迪遜廣場公園保護協會（Madison Square Park Conservancy）的成立。協會成立後第一件事便是主辦藝術展，向公眾展示重建公園的決心和努力。作為這次藝術展的配套設施，聯合廣場餐飲集團 USHG（Union Square Hospitality Group），旗下餐廳十一麥迪遜（Eleven Madison）調來一輛餐車，在公園裡賣熱狗。這輛熱狗販賣車生意很好，於是，紐約市公園與娛樂管理局與 Shake Shack 簽訂合同，讓它留在公園裡。

二〇〇四年，紐約市計畫在麥迪遜廣場公園設立一個固定的餐飲販賣亭，公開招標。丹尼·梅爾的方案中標，當年七月，首家 Shake Shack 門市開張。最初它們並未打算往快餐連鎖店方向發展，只打算將之獨立打造成具有區域特色的餐廳。但隨著這家門市的生意越來越好，Shake Shack 的品牌知名度逐漸打開，慕名而來的食客排起了長龍，經營團隊看到了市場前景。

二〇〇八年至二〇一三年，Shake Shack 先後開了十三家分店。美國知名美食網站「每日餐飲」（The Daily Meal）公布二〇一三年度美國最佳一百零一家餐廳排名，Shake Shack 位列第十一名。二〇一四年，Shake Shack 增加十家公司運營門市。同年，開始向海外拓展，在全球包括中東、土耳其、倫敦、莫斯科與杜拜等九個國家和地區三十四座城市開設分店。

二〇一四年十二月二十九日，Shake Shack 正式向紐約證券交易所提交上市申請文件，股票代碼「SHAK」，計畫融資一億美元，用於擴展新店。招股說明書中表

示，公司希望未來新開設的大部分門市的年營業額都能達到兩百八十萬～三百二十萬美元。二〇一五年一月二十八日，Shake Shack 將首次公開募股的發行價定價區間上調到每股十七～十九美元，按此時最高發行價計算，該公司估值逼近六點七五億美元。而每家 Shake Shack 門市的平均市值可達一千零七十萬美元，差不多是麥當勞的四點三倍。

二〇一六年七月，Shake Shack 在韓國首爾江南區開業了。本次開業的是繼二〇一五年日本東京兩家門市後的第三家亞洲門市。

## 二、創客介紹

創始人丹尼·梅爾被譽為餐飲界鬼才，在創立這家漢堡店之前就是美國非常有名的餐飲家，成立了聯合廣場餐飲集團 USHG，旗下有 11 Madison Park，Gramercy Tavern，BlueSmoke 等高檔米其林餐廳。單是他持有的 Shake Shack 股份就價值一點五億美元，也是 USHG 投資組合中最大的資產。可見，這位漢堡店的創始人一點也不「草根」。

在 Shake Shack 誕生時，梅爾的餐飲集團已運營了十五年，而他本人也有二十年的餐飲業管理經驗。

在未來 Shake Shack 依然計畫保持穩健的擴張節奏。「我們的目標並不是開盡可能多的店，如果無法將事情做好，我們寧可不做。」CEO 戴維·斯威漢姆如是說。

## 三、案例分析

六十三家門市，對一間快餐連鎖店來說，規模並不算大；但正是這六十三家店，二〇一四年給該公司帶來了約八千萬美元的收入。其曼哈頓各門市在上一財年中平均實現了七百四十萬美元的營業額。

從有形產品來說，Shake Shack 提供給顧客的是漢堡、熱狗、薯條、奶昔、啤酒等美國式快餐，並且根據不同國家、地區的市場屬性，提供地域差別化的飲食組

合。另外，Shake Shack 致力於「健康、精緻」的快餐，漢堡是先下單再製作的，取材於天然材料，包括無激素和無抗生素牛肉。

從無形產品來說，Shake Shack 提供給顧客的是優質的用餐體驗。門市標誌和裝潢設計出自全球頂級設計師波拉・舍爾（Paula Scher）。開放的裝修風格，混合材質搭建的棚屋，綠色和白色營造出休閒清新的氛圍，近百分之六十是露天座位，看上去不輸給任何一家高端餐廳，這樣的用餐環境讓顧客能像享受下午茶那樣，悠閒的享受精緻的快餐美食，堅持不懈的排隊、等餐更彰顯出自身對精緻生活的追求。

此外，Shake Shack 還不定期舉辦小型音樂會、派對來聚人氣，旗下的健身俱樂部會定期組織活動，更讓顧客感受到高端的消費品質。

### （一）快餐也能吃出精緻感

在傳統快餐的理念中，速度就是一切：自主點餐、流水作業加工出標準化的食物，餐廳空間狹小、裝修千篇一律，實用且節約，吃完就走。傳統快餐提供了快捷的服務，但忽視了顧客享受美食的氛圍。

這種「快捷服務」模式的門檻低、可複製性高，企業無須很大規模也能照搬。因此，「麥當勞式」快餐店在消費者心目中已沒什麼新鮮可言，反之成了過時的代名詞。

Shake shack 正是瞄準了市場開始厭倦傳統快餐的「快捷服務」模式，對生活品質有更高要求，因而提出休閒快餐（fast-casual）概念，區別於以往快餐（fast-food）的概念。它有著路邊快餐的便利性，又區別於其他高端餐廳，同時又比傳統快餐店更注重消費體驗和食品口味，標榜「快餐也能吃出精緻感」；它不僅僅滿足消費者果腹的需要，還創造了一種新的休閒方式。而在特別的日子，例如十週年店慶中，請來多位世界頂級餐廳的知名主廚助陣，有助於提高這家漢堡店的身價以及在消費者心目中的形象。

Shake Shack 的設計先聲奪人。它憑藉突出的個性、混合材質的金屬棚屋，設

計師傑姆斯・瓦恩斯（James Wines）獲得了國家設計獎的二〇一三年終身成就獎。一直以來，這個建築設計默默的為公司的發展服務，打造出品牌的調性。

美國老牌設計諮詢公司 Pentagram 掌舵了作為 Shake Shack 的第二次品牌設計高潮。作為廣場 Conservancy 項目內容一部分，首席設計師波拉・舍爾（Paula Scher）重新設計了 logo、標識、包裝袋以及制服。也由此有了金屬品牌名帶來的現代感與霓虹燈啟發下的新圖標設計，讓 Shake Shack 既融入城市景觀又不失獨特性，成為 Shake Shack 性格的一部分。

儘管 Shake Shack 的定價令許多顧客在評論中大呼「expensive」，但這樣並不妨礙大都市中追求時尚、緊貼潮流的年輕一代對這家漢堡店趨之若鶩。

### （二）勇於創新、推出新品

Shake Shack 碾壓麥當勞的地方，在於它能提供更精緻的漢堡。要抓住心，必先抓住胃。Shake Shack 十年如一日的勇於創新、推出新品。由於隸屬於 USHG，得以將高檔餐飲的經驗用在快餐製作，它的漢堡曾被紐約時報評為「最美味的漢堡」，獨家醬汁深受消費者好評。標榜為優質休閒餐連鎖餐廳，而 Shake Shack 一直致力於解決一個問題，那就是如何做更好的漢堡？

Shake Shack 代表了一種食品改良趨勢。有沒有更健康、最大限度的優化配方？它離健康潮流走得很近，而且注重食物品質，比如人道養殖而非速成牛肉，讓人從不失望的飽滿味道。Shake Shack 把現代感體現在了維持高品質的食物上。首席設計師波拉・舍爾說，儘管和麥當勞兩者具有同樣的現代化氣質，但麥當勞作為一九五〇年代後漢堡業的模範，將其運用在生產低檔食品生產上，而 Shake Shack 則是堅持在摩登語境中的一九五〇年代品質。

比如：Shake Shack 賣早餐，並不是換湯不換藥的迷你版快餐，而是推出素食漢堡，主材料不是常見的豆蛋白而是蘑菇，在菜單上能看到被稱作「經典菜單」的推薦，包含漢堡包、紐約式的熱狗、薯條和同名奶昔等。

你會發現，Shake Shack 在每個分店的菜單都不盡相同，因為實行區域化差異，除了每家分店都售賣的固定菜式 Shack 漢堡（Burger）和薯條（French Fries）外，其餘會根據分店所在社群的核心屬性進行設計。例如：麥迪遜廣場公園是一個遛狗公園，所以公園裡這間旗艦店的菜單特設小狗餐（Pooch-ini），內容是「狗餅乾 + 蛋奶糊 + 花生醬」，令人覺得非常可愛貼心。

### （三）抓住顧客從眾和獵奇的心態

作為一家路邊攤漢堡店（Roadside Burger），顧客未必要站在 Shake Shack 門口露天裡等餐。傳統快餐店的等餐隊伍如果太長，難免怨聲四起，一旦處理不好，將演變成公關危機。Shake Shack 注重門市管理的優化，抓住顧客從眾和獵奇的心態，提升顧客等餐體驗，令顧客心甘情願的排長龍。

首先，店裡有專門的攝影鏡頭檢測隊伍長度，一旦出現人數激增的情況，就開闢新的點餐窗口，將排隊時長控制在半小時左右。然後給每位排隊的顧客派發一個手機大小的點餐器，輪到了點餐器就會發光，這樣避免了顧客因為擔心錯過取餐而擠在服務窗周圍。

有意思的是，Shake Shack 的店員還會適時跟顧客們互動。要是人太多店員忙不過來，就會調侃道：「對不起呀，人太多，都是因為你剛才吃得太好才引來的！」從而營造出輕鬆幽默的氣氛，化解不滿情緒。

### （四）在社群平台晒美食是件很「酷」的事

Shake Shack 一直採用自營的模式，用了十年時間才在紐約開設了三家分店，用了十四年時間才在全球擁有六十三家門市。Shake Shack 那綠白相間的品牌標識在每一個開店的城市並非大街小巷都能見到，但開店地點都選在社群集中的區域，商業密度高，人流量大。

傳統快餐連鎖店提高知名度的手段往往是把錢砸在大眾媒體上，大量投放廣告，而 Shake Shack 卻巧妙運用社群平台大賺人氣和口碑。走小眾路線和運用自媒體的

宣傳策略,也符合其自營連鎖店的模式。

　　晒美食是當今年輕人覺得很「酷」的事情,許多光顧過 Shake Shack 的年輕人會像展示最新、最炫的科技產品一樣,在 Facebook、Twitter、Instangram 等社群平台上展示 Shake Shack 的食物照片。Shake Shack 在 Instagram 的公眾帳號,目前粉絲量超過十四萬個。在每一幅「晒」食物的照片下,都有成千上萬的「按讚」和評論。而每到一個新的地方開分店,就算沒有做宣傳,Shake Shack 也能迅速火爆起來,例如:杜拜的分店開業當天就刷新了單店銷售紀錄,一天賣出了一千個漢堡。

　　在選擇合作明星方面,Shake Shack 請來的都不是「大眾臉」,而是某個領域有號召力的傑出代表,例如:地下搖滾樂團或小眾話劇先鋒演員,他們可能不為大眾所熟悉,但在其圈子裡卻有一呼百應的影響力。邀請這些明星到任何一家分店開一場小型音樂會,就能製造出足以引爆社群平台的話題,根本用不著靠大規模開店來提高知名度。

## 四、創客商業模式分析

　　雖然隨便一份漢堡、薯條加奶昔套餐都要賣二十美元,但消費者甘願排長龍也為其買單。如此之高的市場認可度,得益於 Shake Shack 在充分競爭的美國快餐業市場中進行精準的定位,結合其依託於 USHG 的資源優勢,從菜單開發、經營管理到廣告宣傳,開拓出適合其自營連鎖店模式的發展道路。以下就 Shake Shack 價值戰略模式、市場行銷模式和盈利收入模式進行分析,如表 11-1 所示。

表 11-1　Shake Shack 商業模式創新分析歸納表

| 商業模式 | 特　徵 | 描　述 |
|---|---|---|
| 價值策略模式 | 「慢」快餐健康精緻休閒快餐 | Shake Shake一直致力於解決一個問題，那就是如何做更好的漢堡。堅持選用新鮮、有機、非轉基因，而非大規模產自工廠流水線的冰凍肉蔬。雖然定價是普通漢堡的一到兩倍，但迎合當今市場對有機食物的需求。 |
| 市場行銷模式 | 自營連鎖＋少量加盟 | Shake Shake目前的銷售主要靠實體的直營店和少數的加盟店，包括美國本土門市36家，海外門市27家，成功融資後將增加到450家。 |
| 盈利收入模式 | 實體店銷售 | (1) 透過實體店銷售獲取資金收入；<br>(2) 銷售禮品卡；<br>(3) 銷售周邊商品，例如，T恤、棒球帽、手錶、杯墊等。 |

# 五、啟示

## （一）休閒快餐迎合了人們追求高品質生活的需求

在行業環境方面，美國快餐業發展到今天已形成了一個充分競爭的市場，過去規模化、標準化的快餐經營模式提高了企業的運作效率，降低了成本，卻犧牲了食物的口味，甚至顧客的消費體驗，逐漸令消費者厭倦。自一九九〇年代以來，美國社會新興起一批年輕、收入穩定、豐厚的階層，他們往往單身或來自有雙收入、無子女的家庭，習慣外出就餐或叫外賣。而他們對高品質生活的追求也體現在對食物的要求上面，這些緊貼潮流、追逐時尚的消費者對價格較不敏感，而更在意食物和餐飲環境的品質。休閒快餐（Fast-casual）概念的快餐店應運而生，並持續快速發展，既滿足了以上消費人群青睞小眾精品餐飲的心理，也滿足了快節奏生活的需求。但在與傳統 Fast-food 快餐店的競爭中，其市場份額至今仍有很大的提升空間。

## （二）從眾心理和獵奇心態，是「慢快餐」受歡迎的原因之一

跟一般快餐踐行「就餐速度快」的模式不同，Shake Shack 的創始人丹尼・梅爾主張的是「慢快餐」。事實證明，注重消費體驗和食品口味，為 Shake Shack 在早已充分競爭的快餐市場中謀求到了生存的空間。

在顧客的評價中，就餐環境和菜品口味是頗受肯定的兩樣。隊伍長度和上餐速度總是剛剛好，Shake Shack 用了很多措施保證排隊的舒適感。消費心理學家指出，從眾心理和獵奇心態，讓人們願意花時間排隊去購物。但考慮到長期戰略，Shake Shack 必須找到將自己和更多本土化的漢堡品牌區別開的優勢。

### （三）快餐品牌是否能夠代表潮流

一九五〇年代迅速發展的麥當勞代表了典型的美國文化，那是由於一九四〇年代汽車餐廳的模式使餐廳食品價格低廉，但人力資源成本越來越高。於是麥當勞兄弟做出了一系列的改革，比如：縮短服務速度以增加產量，將原來的服務員點餐模式改為顧客直接到廚房窗口自助點餐；縮減菜單控制成本；用一次性的餐具替代原有餐具；降低食品價格；創造以兒童為主的新型顧客；生產線般的食品生產及服務方式；並且嚴格了工作程序等創造了一種新的模式化經營方式。在歷史上麥當勞也曾這樣塑造了美國文化，但是現在顯得過時。

並不是快餐市場萎縮，根據 NPD Group 的調研報告，美國快餐連鎖的整體客流量和去年基本持平，但休閒快餐客流量，比如 Chipotle Mexican Grill 和 Panera Bread 平均增長了百分之八。

就產品本身而言，年輕人更在乎的是品牌能夠代表潮流，足夠令他們興奮，而且他們以品牌忠誠度為傲。事情的真相是，吃 Shake Shack 才會顯得更酷。

# 第十二章
# NatureBox——提供健康零食的訂購配送服務

　　如果你是一個零食控，也許你會喜歡在一個合理的價格內尋找罕見而又好吃的零食。但是這個世界的零食非常的多，而個人所能接收到的資訊非常有限。以在美國為例，消費者可以前往社群食品商店 Trader Joe 尋找，但並不是每個角落都有一家這樣的分店。而且由於美國地廣人稀，要前往零食商店選購喜愛的商品，有時是一件相當麻煩與不方便的事情。

　　在這種情況下，NatureBox 就因其獨特的優勢吸引了一定數量的使用者打開了市場。它們主要代理銷售營養學家所認證的健康食品，並以「訂閱盒子」的方式寄給顧客。每個月都會根據季節和健康均衡挑選五種不同的零食，並把它們裝到可回收的點心盒子裡面。盒子裡面的零食有些來自本地種植者，有些可能來自獨有的食品供應商。如果消費者想收到一份這樣的「盒子」，只需要到它們的網站支付十九點九五美元。

　　它們的目的很簡單，為顧客提供當地雜貨店無法購買得到的好吃而又健康的零食，並提供一個健康的飲食方案。NatureBox 並不僅僅滿足於此，它們還嘗試與當地的農戶與食品供應商合作，期望能獲取更好的材料來源從而提高寄送零食的稀缺性與質量保障。

## 一、公司背景

　　NatureBox 稀奇健康零食訂閱服務網，是一家幫助消費者挑選健康零食的創業公司，成立於二〇一一年，主營業務是將精心挑選的健康零食每月按時寄送給使用者，其官方網站於二〇一二年一月正式上線，是 O2O 模式下的一個成功運營的案例。

自從二〇一二年一月分推出以來，NatureBox 的使用者人數每月增長百分之五十～百分之百。BarkBox 的訂戶人數在一年內從一千五百人增長至五萬五千人。二〇一五年被三十 Under 三十雜誌評定為最佳、最有前途的企業，成為美國成長最快的食品品牌之一。

NatureBox 直接與客戶建立聯繫，用數據完善個人服務體驗。採取按月訂購的模式，所有的產品都由最高質量的原料製成，絕不含高果糖漿、反式脂肪、人工色素、人工香料和人工甜味劑。會員還可以進行自定義體驗：如使用原料、口味等關鍵字在一百多種零食中進行挑選。

在公司剛剛成立時，NatureBox 就曾獲得八百萬五十美元 A 輪基金，用於改善其數據分析的基礎設施和增加客戶認購。二〇一四年四月獲得了由 Canaan Partners 領投的一千八百萬美元 B 輪融資，原有投資者包括 General Catalyst 和軟銀資本也參與到了這輪投資中，使該公司獲得兩千八百萬美元的總投資。同時，在這輪融資過後，來自 Canaan 的合夥人戴維·李（David Lee）將加入 NatureBox 董事會。

同時，公司還宣布，前沃爾瑪網站的運營副總裁米內什·沙阿（Minesh Shah）將任運營副總裁，前 Bonobos 公司高級技術總監戴維·李（David Lee）將擔任其技術副總。繼 General Catalyst Partners 牽頭的兩百萬美元種子期投資之後，NatureBox 已在過去七個月裡籌集了總數為一千零五十萬美元的資金。

二〇一五年，Capital 領投的三千萬美元 C 輪融資。此輪融資後，NatureBox 融資總額達到六千萬美元。針對此輪投資，Global Founders Capital 合夥人丹·瓊斯（Dan Jones）表現出十足的信心：「我們十分看好 NatureBox 的前景，目前 NatureBox 已經引發了行業內的廣泛關注。相信它擴寬業務範圍之後，整個食品行業都會為之震動。」

據悉，此輪融資將用於把 NatureBox 的「直視消費者」模式擴展到新的業務領域。對此，NatureBox 的聯合創始人、CEO 高塔姆·古普塔（Gautam Gupta）解

釋道：「這筆資金將有助於鞏固我們在網路零食零售市場上的領導地位，讓我們能透過更多的銷售渠道、在更多的場合、更廣闊的市場裡服務於更多的消費者。這是我們一直以來的目標，而這筆投資加快了我們追逐夢想的步伐。」

## 二、創客介紹

NatureBox 的聯合創始人是高塔姆·古普塔（Gautam Gupta）和陳觀勝（Kenneth Chen），他們發現現代人吃零食的花費是三十年前的三倍以上，這些零食容易使人變得更加肥胖，而健康的零食可以在一定程度上避免肥胖症發生。在高達六百四十億美元的健康零食市場上蘊含著商機。這正是如今社會生產力過剩，人類生活更加富足，因此更加追求生活質量與體驗的一種表現。

「我們解決了一個難題，把更好的零食直接送到了人們家門口，讓那些愛吃零食的人感到無比幸福。」NatureBox 的阿曼達·納蒂維達（Amanda Natividad）說道。二〇一三年該公司出現了二十倍的增長，公司網站、部落格流量也在穩定的增長，這表明，越來越多的人開始對健康飲食感興趣了。

Naturebox——一種全新的訂購服務，按月訂購健康零食已經獲得了六千四百萬美元融資。到目前為止，它們已經在控制食品科學和不健康添加劑方面有所建樹，而且開發出了一百三十多種小吃，可以裝載一百萬個貨櫃。公司聯合創始人兼 CEO 高塔姆·古普塔說，其產品開發生命週期平均為三個月。

與直接從第三方渠道進貨的競爭對手不同，NatureBox 從開始就決定打造自己的品牌。它們直接與種植戶和獨立食品生產商進行合作，為使用者提供健康零食。正是得益於這種差異化訂製，在過去的兩年，NatureBox 已經呈現出相當不錯的發展態勢。

在二〇一二年年末，出貨量達到五萬盒，並在隨後的二〇一三年出貨量超過了一百萬盒。其一半的訂購使用者集中在美國中西部地區，在那裡有豐富的有機市場，而且 Whole Foods 超市也不多，競爭並不激烈。讓自己的產品和競爭對手不同，有

助於企業獲得競爭力。

# 三、案例分析

無論男女老少大家都喜歡吃各種類型的零食。許多女生的包裡起碼有一半塞的是零食：糖、洋芋片、飲料、水果……女生大多難在在零食和身材之間做決定，最後，大「嘴」拗不過胳膊，還是吃了零食。零食毀身材，這又為各位愛美的女生們造成了無盡的困擾。

那有沒有什麼方法不毀身材呢？那就是天然食品、健康食品！這種零食，即可以解嘴饞，又能保持身體健康，各位宅男宅女肯定非常喜歡！

## （一）聚焦於零食，稀奇與健康

NatureBox 的零食看上去非常誘人，對於一些宅在家不想出門但是又想一飽口福的宅男宅女們更是無法抵擋天然健康零食的誘惑！正是遵循著這種思路，NatureBox 應運而生，並且用事實證明這是一片尚待開發正在擴展中的大好市場。

聚焦於零食，而 NatureBox 業務最能吸引顧客的就是稀奇與健康這兩個特點。稀奇的零食是指有些零食並不是我們經常吃到的諸如洋芋片、豬肉脯之類在超市與便利商店比比皆是的常見零食，而是 NatureBox 嘗試與當地農戶與食品供應商合作以獲取更好的材料來源從而生產出的非常健康的零食，部分零食可能是我們平時無法購買得到的。

其產品迎合了如今社會的主潮流即追求健康，而且從 NatureBox 收到的零食盒子中的零食都是經過營養學家認證的健康零食。NatureBox 可以為客戶快遞一整個月的零食，只要二十美元！

NatureBox 配送的可不是我們在超市貨架上可以買到的薯條、洋芋片、牛肉乾之類的零食，NatureBox 供給客戶的可是純天然、營養豐富的零食，還附送當月食品配料表，說不定可以改掉各位老饕們的飲食惡習！

在美國，人們大多住得比較分散，想去購物商場至少也需開車一定時間，NatureBox 選擇快遞送上門不得不說是一種非常討巧的做法，更何況它們選擇的是營養師認證的健康零食，避免了大家在健康方面的擔憂，並且這也是那些選擇困難症人群的福音。

### （二）優化訂購盒子服務

在零食業，每個品牌都面臨一個重要的挑戰，那就是確保零售的貨架空間，這是產品面市成敗的關鍵。「我們認為，與其花好幾個月的時間到零售連鎖店推銷，還要受制於銷售我們產品的零售商，不如透過直銷的方式來掌握自己的命運並縮短面市的時間。」古普塔說。

透過這種線上離線結合的銷售方式，使用者只需在網站上做出選擇並完善配送資訊，即可收到選擇的健康零食。NatureBox 透過這種方式打造了完整的閉合產品鏈，降低了銷售成本，直接對客戶負責，更容易了解與滿足客戶的需求從而改善服務。「當我們建立與消費者的關係，將來我們可以賣給他們更多的產品，以較少的資本創造一個較大的業務，因為我們建立了這種分銷渠道和滿足需求的方式。」

在公司剛剛成立時，使用者每月向 NatureBox 支付二十美元，就能收到一個裝滿零食的盒子。而現在，除了二十美元的選項，使用者還可以在三十美元十包零食，或者五十美元二十包零食這兩個選項中進行選擇。

目前，NatureBox 有超過一百三十種不同的健康零食供使用者選擇，現有產品也在持續更新。同時，NatureBox 也推出了更具體的訂製方案選項，如素食或無穀膠食品。使用者還能將自己想吃的食品加入願望清單，NatureBox 將會將之加入以後將寄送的箱子裡。

因為 NatureBox 的堅果是以主要會網購的群體和熱衷零食與傾向於健康飲食的家庭為消費群體，以提供健康堅果改變人們的生活為遵旨，因此屬於較為特別的供應商品。因為主要是以堅果類食物為主，NatureBox 建立了嚴格的產品線，從供應、

加工、銷售都是有指定的合作夥伴和嚴格的監督，力爭將 NatureBox 打造成零食業中最健康的品牌和食品業中最美味的健康食物。

自從二〇一二年一月分推出以來，NatureBox 的使用者人數每月增長百分之五十～百分之百。NatureBox 聯合創始人兼 CEO 高塔姆・古普塔認為，這個領域的爆炸性增長顯示，互聯網市場正在不斷變化。他說：「電子商務的第一波浪潮主要集中於消費者可以在亞馬遜網站等任何地方都能買到的產品。然而我意識到，電子商務的第二波浪潮將集中於你無法在其他地方買到的產品。」

正是基於此，NatureBox 才一直致力於為顧客提供當地雜貨店無法購買得到的好吃而又健康的零食。個人認為，目前來看 NatureBox 是 O2O 模式下的一次成功嘗試。

作為一個主營業務為零食的公司必須尊重一些規則，零食業任何產品都不能價格過高。但是根據 NatureBox 產品的理念，在定價策略上它們採取了聲望定價法，在零食業建立了健康零食的口碑和聲望。由於健康零食這一領域之前還屬於空白領域尚待開發，最先進入市場的也就最容易建立起口碑聲望。基於競爭採用市場平均價格法，NatureBox 在市場平均價的基礎上根據聲望定平均價格偏高一點的價格。在日益關注並重視健康飲食的今天，健康的確很重要，保證食品的健康很難得，而為了健康買單也是大家普遍願意接受的事情。

### （三）獨到之處的創新

不可否認，如今 NatureBox 已經取得了不錯的成績，但也仍有很多事情可以繼續做。據其 CEO 高塔姆・古普塔稱，公司計畫擴大工程師隊伍，提高網站的數據分析能力，並透過演算法給使用者匹配合適的產品。

NatureBox 的使用者群體根據年齡與性別區分，對每一個年齡層特定性別的使用者進行研究，可以發現其更加偏好的零食習慣，結合當代的大數據分析與數據挖掘技術，即可對這部分人群進行更加精準的推薦與零食寄送服務。

同時，NatureBox 還計畫用新獲得的投資進行新產品的研發，以及擴展市場業務。「我們希望能控制並真正打造獨一無二的客戶經驗。」古普塔解釋說。

由於產品以及產品理念，推廣過程都比較新，NatureBox 首先採用推式策略，將廣告策略與人員推銷相結合。在最初制訂財務計畫時，透過銷售百分比法確定廣告預算，選用網路、電視媒體報紙雜誌以及電子郵件等方式進行廣告推銷。在銷售季節高峰期以及各種打折促銷會員制等方式的配合下，進行促銷戰略的調整和進行。

不得不說，在創新方面，NatureBox 確實有其獨到之處值得借鑑。NatureBox 創立了一個食品品牌及使用訂購箱（Food Brand&Subscription boxes）作為其直銷渠道，線上離線充分結合，從而打造完整的銷售鏈與產品鏈，避免不必要的麻煩，將一切成本都控制到最低。正是迎合了使用者潮流，使 NatureBox 成了一個目前來看成功的弄潮兒，為快速消費品（CPG）行業帶來一些創新。

### （四）訂購服務初探

如今在國外市場，各種形式的訂購箱，也稱為驚喜禮盒，很受歡迎。雖然已經有很多較為成功的傳統供應商，如沃爾瑪全球連鎖超市等，但是當卡夫咖啡、Savorfull，甚至沃爾瑪這樣的公司尚在致力於對現有產品進行管理和包裝的時候，NatureBox 卻採用了不同的方法，開發了自己的營養師認可的小吃，如「生活調味料盒子」。

## 四、創客商業模式分析

結合三要素商業模式分析模板對 NatureBox 公司進行了具體分析。按照該模型，商業模式由三個層面的要素構成，分別是價值戰略模式、市場行銷模式和盈利收入模式。NatureBox 商業模式創新分析如表 12-2 所示。

表 12-2　NatureBox 商業模式創新分析

| 商業模式 | 特　徵 | 描　述 |
|---|---|---|
| 價值策略模式 | 直銷＋內部研發＋種植戶供應商參與 | (1)透過電商的方式，跳過分銷等環節，直接到達消費者，節約成本；<br>(2)整合供應鏈資源，不斷開發新品種，採取內部研發＋種植戶供應商參與的模式，保障品質；<br>(3)整合客戶資源，透過數位管道取得顧客資訊及有關產品的回饋。 |
| 市場行銷模式 | 按月支付模式 | (1)上游外包，嚴格監控，控制成本，確保食品安全；<br>(2)直銷出售，保障控制，縮短產品面市時間，直接與消費者建立連結，繞過零售店舖環節，無須支付零售商的提成。 |
| 盈利收入模式 | 控制成本＋內外融資 | (1)在高達640億元的健康零食市場，Naturebox精耕細作，採取預付的銷售模式，盒子訂閱服務20美元/月，透過利用顧客的資金，緩解生產經營中的資金需求；<br>(2)控制生產、倉儲、研發、配送的成本；<br>(3)4輪融資拓寬業務規模以及範圍。 |

# 五、啟示

隨著人們對健康飲食搭配的日益需求，在美國，Naturebox 作為一種創新的飲食形式，一出現立刻風靡起來，受到人們的歡迎和追捧。它以固定的 box（禮盒）形式搭配出不同的營養小吃組合，並且按月配送至使用者家中。這種方式立刻獲得了關注和成功，這種省時省力省心的食品禮盒，為平時上班忙碌的上班族和為家庭飲食搭配所擔憂的主婦提供了健康而安全的食品購買方式，很大程度的符合了現代人的飲食需求。

NatureBox 的成功主要可以歸功於以下幾個方面。

(1) 全民關注健康的需求日益增加。人們越來越關注自身健康，越來越關注自己所吃的東西是否健康。像美國、加拿大這樣的橄欖形社會，大部分人都是所謂的中產階層，食品的支出在他們收入裡占的比例非常的少，所以多投入一些在健康食品上，不是什麼難事。

(2) 緊緊抓住鄉村使用者的需求。大部分人都想買更好的健康食品，特別是健

康的零食。但美國和加拿大都是國土面積非常龐大的國家,而很多人又不是生活在大城市裡,而是生活在只有幾千人口的小城鎮上。這些生活在小城鎮的人,他們買其他的東西都非常方便,因為基本上一般的城鎮都有超市,買一些生活日用品什麼的沒有什麼大問題,但是想要買好吃又健康的零食就沒有那麼容易了。而 NatureBox 正是看到這個痛點,讓使用者線上就可以購買一百多種健康零食,所以一推出就非常受歡迎。從 NatureBox 的數據上也可以看到百分之六十以上的訂單都來自美國的西北部的小鎮。

(3) 借力社群媒體。NatureBox 的發展還得益於它們非常善於利用社群媒體,它們在 Facebook 上有上百萬的粉絲。同時它們還和各類 YouTube 上的達人,特別是時尚健康類的達人合作,讓他們給自己的粉絲推薦 NatureBox,有這些達人的背書,粉絲們紛紛買單。可以說善於利用社群媒體,是 NaturBox 比其他競爭對手發展得要快速的一個重要的原因。

(4) 產品物美價廉。NatureBox 的零食每盒有五包各類零食,不到二十美元。零食可以說是非常好吃,二十美元的價格對比商店裡其他零食算是非常便宜了,同時還送貨上門。

(5) 運用大數據來為使用者服務。NatureBox 在技術上也有非常深厚的積累,它們會根據使用者的反饋、使用者購買行為等數據加工,分析,預測來推出新的口味的零食,這些口味基本上都是基於深度分析使用者數據後為使用者度身打造的,這樣使用者會覺得這些零食就是自己需要的。

(6) 付款模式暗藏玄機。NatureBox 付費方式和其他電商公司不太相同,它們是讓使用者直接用信用卡付費,每個月授權從信用卡中扣錢。這裡其實暗藏玄機,因為當你授權之後,如果你不在網路上取消授權,NatureBox 基本上每個月都會自動從使用者的信用卡上扣錢,然後給你把零食郵寄過來。

在綜合商業模式概念和要素分析的基礎上，根據包含三要素的商業模式分析模型對 NatureBox 分析之後，認為 NatureBox 作為一家初創公司具有良好的發展潛力：在今後的發展過程中，可利用當今社會的一些前線技術對目標客戶進行更加精準的定位與分析，從而實現精準行銷；不斷開發新類型的健康零食，提供更多選擇的可能性，並提供不同的零食組合，例如兩種風格零食的組合驚喜禮盒，進行更好的市場調查明確消費者需求，讓消費者的反饋參與到產品的進一步完善中，為消費者帶來更好的定付服務，從而進一步擴大市場與公司規模，實現更大規模的營收。

# 第十三章
# Spotify──全球最大的正版流媒體音樂服務平台

在過去，如果你想要錄製一張唱片，必須先組建一支樂隊，然後聘用相關職員，並建立一個音樂工作室；但現在，你只需要一台電腦和一名歌手就能做到。在高科技產業格局中，Google 提供搜尋，Facebook 提供身分，亞馬遜提供零售，而 Spotify 提供音樂。Spotify 的目標並不是一個單純的音樂播放器，而是透過免費點播的方式，讓使用者合法獲得歌曲，最終創建一個完整的音樂生態系統。

正如創始人丹尼爾‧艾克（Daniel Ek）所預測，或許一個全新的時代即將到來。在這個時代中，你甚至都不必決定自己想要聽什麼樣的音樂，相關技術即可根據你身處何地來完成這個任務。當你去聽演唱會時，智慧型手機會打開預設的列表，創造演唱會上歌手正在演唱的歌曲的錄製版播放列表。而在未來的某一天，或許認可還可錄製高質量的演唱會版本。

## 一、公司背景

Spotify 是全球最大的正版流媒體音樂服務平台之一，二〇〇八年十月在瑞典首都斯德哥爾摩正式上線。經過近十年的運營，Spotify 在世界上五十八個國家和地區開展運營，擁有超過六千萬的使用者，其中三千萬為付費使用者。

Spotify 提供的服務分為免費和付費兩種。免費使用者在使用 Spotify 的服務時將被插播一定的廣告。而付費使用者則沒有廣告，且可以擁有更好的音質，在移動設備上使用時也可以擁有所有的功能。擁有海量的合法音樂數據，Spotify 並不出售音樂，而是出售瀏覽權。數家主流唱片公司都是 Spotify 的商業合作夥伴和股東。同時 Spotify 還是一個具有社交性質的音樂平台，營造了一個小型的音樂生態圈。

Spotify 在音樂版稅上投資巨大，二〇一四年淨虧損一點六二億歐元，這也是 Spotify 最後一年披露財務業績。Spotify 二〇一四年營收為十億歐元，較二〇一三年的七點四七億歐元增長了百分之四十五。Spotify 面臨越來越多新挑戰者的競爭壓力，包括蘋果。蘋果在去年推出了流媒體音樂訂閱服務和全天候互聯網無線電台。

目前 Spotify 的融資總額超過十億美元，投資方包括 Founders Fund、Accel Partners、Technology Crossover Venture 以及 KPCB 等。作為蘋果音樂（Apple Music）和 Pandora Media 的主要競爭對手，Spotify 在二〇一五年六月的估值為八十五億美元。二〇一六年三月，Spotify 獲十億美元可轉債融資，二〇一六年三月三十日消息，據《華爾街日報》網路版報導，知情人士稱，流媒體音樂服務 Spotify 已透過發行可轉換債券的形式從投資者手中籌集了十億美元資金。對陷入虧損的 Spotify 來說，這筆融資能夠為公司發展提供資金支持，但是也包含了一些嚴格的保證條款。知情人士稱，私募股權公司 TPG、對沖基金 Dragoneer Investment Group 以及高盛旗下客戶參與了對 Spotify 的投資。這輪融資的協議已經簽署完成。

## 二、創客介紹

出生在斯德哥爾摩郊外的丹尼爾·艾克有著一張娃娃臉，童年時艾克玩過一款電腦遊戲，後來這款遊戲不知為何壞掉了，於是他就問母親該怎麼做，後者回答道：「我不知道。為什麼不自己想辦法解決呢？」後來，他就真的自己解決了。

十四歲那一年，艾克就透過自學的方式學會了足夠多的編程技術，開始為朋友們製作網頁，每次收費五千美元。這項業務發展得如此迅速，以至於他不得不聘用同班同伴來幫忙。他甚至還說服藝術和電腦老師相信「Photoshop 實際上是一種藝術」，然後跟同伴們一起用學校的電腦來工作。賺到的錢，艾克則將其中的大部分都用來購買影片遊戲和電腦設備。

十六歲那年，身為電腦極客的艾克曾申請入職 Google，但遭到了回絕，原因是他沒有大學學位。艾克（Ek）回憶道，「那件事情讓我有些難過，當時的想法是我

會給他們點顏色看看，我要創造自己的搜尋引擎！」

　　高中畢業後，艾克進入瑞典皇家理工學院就讀工程學。八週後，他意識到整個第一學年將會完全以教授理論數學為重點，於是他輟學了。最後，總部位於斯德哥爾摩的網路廣告公司 Tradedoubler 要求他開發一個程序——能向它們匯報那些已與它們訂立合同的網站情況。艾克開發的程序非常高效，這家公司在二〇〇六年向他支付了約一百萬美元，用以購買該程序的使用權；他透過出售相關專利而又賺到一百萬美元。

　　然後便一發不可收拾，二十三歲的艾克已經是個千萬富翁，但這並不能給他帶來滿足感。艾克開始與 Tradedoubler 董事長馬丁·洛倫松（Martin Lorentzon）交往，洛倫松是一位經驗豐富的矽谷老將（曾在互聯網搜尋引擎公司 Alta Vista 任職），他於二〇〇五年將 Tradedoubler 上市，自己從中淨賺七千萬美元。他當時已不再參與公司的日常運作，因此也覺得無聊且漫無目的。

　　為了尋找生存的目的，他們想出了一種聽音樂的新模式，那就是 Spotify。這是一種數字流媒體服務，這種服務已經讓音樂行業重新具備了生存能力。在他們看來，音樂行業中存在一個悖論：雖然消費正在增長，但銷售額卻在下滑。他認為，之所以會出現這種情況，是因為有網路盜版行為存在。於是，艾克就跟他的合作夥伴、瑞典企業家馬丁·洛倫松一起，為使用者尋找一種新的方式，讓他們能合法的透過互聯網獲取音樂。艾克花了兩年時間與音樂公司展開周旋，每週都會造訪許多大型唱片公司，直到這些公司最終同意授予 Spotify 音樂播放權為止，代價是 Spotify 需要與其分成收入。二〇〇八年，Spotify 終於得以正式上線。

　　洛倫松和艾克都處於一種與眾不同的狀況下：前者不再需要錢，而後者不再在乎錢。於是他們決定不管盈利，一心旨在實現顛覆性創新。他們的目標是音樂。

## 三、案例分析

　　作為流媒體音樂服務商，Spotify 創建了一個可使唱片業免受盜版及 iTunes 影

響，而且可使用 Facebook 的免費平台。Spotify 已經得到了華納音樂、索尼、百代等全球幾大唱片公司的支持，其所提供的音樂都是正版的，不過 Spotify 只提供線上收聽，不能下載音樂。

## （一）志存高遠，海量合法數據領航

Spotify 起源於瑞典，這個國家可謂是現代流行音樂的重要發祥地之一，隨著互聯網的發展，免費的盜版音樂唾手可得，音樂行業受到了極大衝擊，越來越多的唱片公司面臨難以盈利的風險。但與此同時，諸多流媒體音樂服務商也飽受盜版的詬病，版權訴訟是他們要面對的重要經營風險之一。在服務商尚未發展到一定體量時，盜版問題似乎可有可無，但當產品具有了品牌效應，擁有了大量的使用者群後，盜版問題就成了這些服務商不得不去洗白的原罪。

長期以來，瑞典這個國家一直是盜版的溫床。面對這一問題，Spotify 從一開始就選擇了正版化之路。它向數家主流唱片公司交納巨額版權費用，獲取大量的正版音樂數據，為使用者提供更多選擇。Spotify 已經得到了華納音樂、索尼、百代等全球幾大唱片公司的支持，其所提供的音樂都是正版的，不過 Spotify 只提供線上收聽，不能下載音樂。這款軟體除了可以在電腦上使用外，也可以在手機上使用。與競爭者蘋果的 iTunes 相比，Spotify 操作流暢、使用方式更加簡便，可選擇曲目也多出不少，最重要的是，Spotify 是可以免費使用的。如此一來，這種不用花錢又不存在法律和道德風險的網路音樂傳播方式，自然大受歡迎。

擁有海量的合法音樂數據，Spotify 並不出售音樂，而是出售瀏覽權。數家主流唱片公司都是 Spotify 的商業合作夥伴和股東。同時 Spotify 還是一個具有社交性質的音樂平台，營造了一個小型的音樂生態圈。因使用免費，受到廣泛好評。

透過瀏覽使用者的歌曲收聽方面的元數據，Spotify 能夠判斷出各種特性，包括：主流程度——你聽的歌曲有多流行？新鮮度——你是否更喜歡新鮮出爐的音樂？多元性——你對新歌曲的接受程度如何？你每隔多久給你的播放列表添加歌曲？熱門

程度——在潮流引領者當中,你播放的歌曲有多熱門?可發現性——你聽的歌曲多久之後流行起來?

Spotify 的 Taste Profile 工具會針對上面的每一項指標對你的聽歌習慣進行測量,然後拿你跟其他使用者比較,再得出諸如「你聽的歌曲新鮮度比平均水平高出百分之六點六」的結論。這些數據有助於 Spotify 判斷是該給你推薦主流音樂,繼續推薦經典音樂還是呈現最新的歌曲,是否應該借助你的專業品味給其他使用者推薦熱門音樂。憑藉著優秀的數據和資訊分析能力,Spotify 優秀的黏住了使用者。

### (二)構建雲端音樂管理平台助跑

Spotify 是一個合法(有版權)獲得和管理你的所有音樂的地方。有了 Spotify,你不再需要 iTunes,你找到你喜歡的音樂(Radio、Browse、Discover whatever),然後按個讚或者加個星,它們就會被添加到了你的加星歌曲列表,喜歡的歌曲列表或者是自己創建的歌曲列表。想聽時,點擊就行了。很明顯,Spotify 是建立在雲上的,客戶端也好,下載/離線音樂也好,都只是這個平台的一種擴展。Spotify 是想成為管理你全部音樂的一個平台,而這個平台是完完全全構建雲端的。

Spotify 具有獨特的流媒體技術構架。除了單純依賴伺服器,Spotify 採用快取和 P2P 網路分享分流,最大限度的降低了伺服器成本,提高了音樂播放流暢度以及使用者體驗。Spotify 適用於 PC 以及幾乎所有行動平台,使 Spotify 服務更易瀏覽。Spotify 擁有龐大的音樂庫。Spotify 的線上歌曲數量比其競爭對手要多。同時,擁有龐大音樂庫的 Spotify 只需整合智慧匹配功能就可以提供個性化的電台服務。

針對使用者,Spotify 提供免費和收費兩種模式。免費使用者可以免費聽歌,但必須忍受每三首歌就插入一則廣告,收費使用者可以透過每月繳納十美元的方式,免除這種干擾。透過這種收費模式,Spotify 可以透過廣告商投入和使用者繳費的方式獲取收入,填補版權費用的支出,同時向使用者提供更多音樂選擇。

### （三）專注音樂社群平台

Spotify的優勢在於它的點播式流媒體競爭者的關注點都不在音樂方面。蘋果透過音樂軟體來賣 iPhone 和 MacBook，Google 音樂想以此把使用者留在自己到處都是廣告的系統內，亞馬遜讓使用者交九十九美元的年費然後「免費」聽歌這樣就能讓他們買更多東西。Spotify 專注於音樂，並定位於社交音樂平台，來留住使用者。

Spotify 具有交互性。你可以收藏諸多音樂家的多張唱片，同時使用者也可以自行創建歌單，其網站上已經有超過十億份歌單，相當於流媒體世界的唱片。目前，Spotify 大約有兩千萬首歌曲，每天新增兩萬首。但是要維持快速的增長，Spotify 就必須引來 Pandora 面向的「探索型」聽眾。Spotify 透過力推歌單來做到這一點。

在不斷完善產品和服務的同時，Spotify 用新穎的內部管理機制，很好的平衡了快速發展和公司管理的穩定推進。Spotify 將內部分為三十個 mini 創業團隊，透過部落（tribes）團隊（Scrums）章節和公會（chapters 和 guilds）三級組織結構模式來進行接觸，據 Spotify 的內部調查顯示，這種工作進程讓團隊保持了新鮮感、敏捷性，在公司的員工與業務都呈快速增長的情況下，員工們的滿意度卻在持續上升。

### （四）跨界合作，社群黏著度轉營收

Spotify 和許多其他行業的公司開展合作，藉以此舉擴大自身的業務範圍和影響力。

早在二〇一一年，Spotify 就與 Facebook 合作推出新的社交音樂平台，使用者可直接透過 Facebook 欣賞音樂，實時查看好友正在聆聽的音樂，使用者可透過個人主頁左邊欄的音樂標籤進入。那裡，使用者可以看到自己聽過的所有唱片、最常播放的唱片，以及每張唱片的播放次數。

Spotify 也在尋求將其服務推向汽車，二〇一四年十一月，Uber 和 Spotify 合作後，允許 Spotify 的付費使用者（每月支付十美元）將自己音樂庫中的音樂傳至 Uber 的汽車中。

從 Spotify 的角度來說，這是進入車內收聽音樂這一利潤豐厚的市場的一步舉措，把他們的業務從工作地點或家裡收聽音樂，拓展到車裡也收聽。目前至少在美國市場，車內收聽占據主導地位的依然是廣播電台。

目前，Spotify 已經與福特和沃爾沃達成了合作意向，將在所銷售的新車中加入流媒體音樂功能，與 Uber 的合作則是它們進一步推廣的手段。Uber 方面則認為，此次合作將增強使用者的體驗。使用者可以在乘坐過程中選擇自己喜歡的音樂，也能吸引 Spotify 的使用者選擇 Uber 的服務而不是其他競爭對手的服務。

再如，Spotify 和星巴克也計畫展開合作。Spotify 服務將於二〇一五年秋天起，率先在全美約七千間星巴克門市上線，每位店員皆可取得 Spotify Premium 訂閱使用者資格，此舉將使 Spotify 使用者數一口氣增加十五萬人。

夥伴可使用該服務為所屬門市建立音樂播放列表，而顧客也可隨時隨地透過星巴克行動 App，收聽星巴克門市的播放曲目。Spotify 和星巴克為打造獨一無二的音樂生態系統，除了串聯星巴克門市外，也串聯其會員獎勵計畫「My Starbucks Rewards」（MSR）約一千萬名會員，以及 Spotify 共六千萬名使用者。以後 Spotify 的使用者也能跟星巴克 MSR 會員一樣，在星巴克消費所累積的星星，可用來訂閱 Spotify Premium 服務，而這也是星巴克首度將 MSR 計畫開放給第三方參與。此外，星巴克 MSR 會員可登入 Spotify 參與編輯門市的音樂播放列表。

當你查看朋友的播放列表，用滾石（Rolling Stone）、音樂排行統計榜單「公告牌」（Billboard）及音樂網站 Last·fm 等應用程式發現新的音樂，建立自己的虛擬點唱機。最後當你希望能隨身攜帶這個虛擬點唱機時，Spotify 向你收費來提供這種攜帶便利——每月支付十美元便能使你購買在自己的移動設備上獲取音樂收藏的便利。這正是艾克套住你的地方。

這種模式已經證明，它可以挽救瑞典的音樂行業。在艾克的瑞典，有三分之一的人已成為 Spotify 使用者，其中有四分之一透過付費獲得高級服務。據索尼音樂瑞典公司總經理馬克·丹尼斯（Mark Dennis）表示，當 Spotify 於二〇〇八年推出時，

它獨力遏制了瑞典音樂業長達十年不間斷的營收下滑趨勢；二〇一一年，瑞典音樂行業看到了自柯林頓政府以來的首次增長，其中 Spotify 在音樂總銷售額中占百分之五十的份額（相比去年的百分之二十五有明顯增長）。

## 四、創客商業模式分析

堅持以產品為核心，Spotify 不斷透過各種方式加強使用者體驗。它在眾多流媒體音樂服務市場中找準了其定位，堅持走正版路線，並透過基礎服務免費增值服務收費的形式，形成了其基本商業模式。同時它的數據和資訊分析能力構成了其最重要的競爭優勢。以下就 Spotify 價值戰略模式、市場行銷模式和盈利收入模式進行分析，如表 13-1 所示。

表 13-1　Spotify 商業模式創新戰略分析

| 商業模式 | 特　徵 | 描　述 |
|---|---|---|
| 價值策略模式 | 定位於社群音樂平台 | 跨平台，使用P2P技術，使線上播放異常流暢。音樂曲庫相當豐富，支援線上點播極易社會化音樂特色。透過軟體收聽音樂全部都是免費的。 |
| 市場行銷模式 | 跨界合作社群黏性轉盈收 | 秉承了互聯網時代優秀產品所信奉的理念：產品即行銷，和許多其他行業的公司開展合作，藉由此舉擴大自身的業務範圍和影響力。 |
| 盈利收入模式 | 免費服務的廣告收入＋付費用戶的訂閱收入 | 付費用戶每個月須支付最多10美元的包月費，即可在Spotify網站上享受無廣告的聽歌服務。平台發布以來，Spotify用戶中的付費用戶數量和免費用戶數量占比一直穩定在25％與75％。儘管目前Spotify仍在虧損，但是它堅信隨著用戶數量的增加，盈利並不遙遠。 |

## 五、啟示

第一，創新性運營模式。普通使用者在免費收聽的功能的同時，也會隨機性的插播廣告（商家廣告）。這比一些傳統的頁面廣告效果更好，廣告商家自然會出大價錢，更願意合作。

第二，多平台無縫性。利用成熟的 P2P 技術手段實現即點即播，來實現使用者

不需要下載即可在 PC、Mobile 等多平台進行同步收聽，面對國外版權很強大的這種情況，現在透過技術手段實現使用者無縫性。

第三，社群化分享＋團隊。社群化已經被很多成功的案例所證明。Facebook+Spotify，就是社群化＋團隊運作成功的體現。

但是，成本和盈利始終是 Spotify 面臨的困境，這也是整個流媒體音樂服務行業都會面對的問題。根據 Spotify 最新的財報顯示，二〇一五年 Spotify 百分之八十九點九的營收僅來自百分之三十一點四的使用者。其訂閱使用者貢獻了十九點六億美元，但這家流媒體巨頭僅僅從免費使用者那裡獲得了二點二二億美元的營收。不少人認為 Spotify 的免費增值模式是一條代價極高的發展道路，甚至是一步險棋。根據報告顯示，儘管 Spotify 的虧損速度已經放緩，但是淨虧損仍舊達到了一點九四億美元（一點七三億歐元）。據 DMN 的報導，截至目前為止，Spotify 的總虧損已經達到了七億美元。而且據 MIDiAResearch 的研究表明，Spotify 模式的短板遠沒有想像中那麼簡單。根據報告顯示，近三年 Spotify 的平均使用者淨利持續下降，已經由二〇一三年的四點二美元下滑至去年的三點四十五美元。

然而值得注意的是，現在當人們談論一家公司的價值時，很少會去看這家公司的銷售業績究竟有多少，取而代之，更重視一家公司究竟有多少使用者會持續使用相關數據。因此，當一家公司能夠充分利用數據使自己的資料庫個性化時，那麼它將會創造出一個更好的使用者體驗，而這個優秀的使用者體驗能夠吸引數百萬的使用者，更能吸引投資人，幫助企業發展壯大。雖然 Spotify 始終處於虧損狀態，但並未影響投資者對它的信心，它的使用者數據也始終處於快速增長中，未來有良好的發展前景。《富比士》雜誌如此評價 Spotify：它像 iTunes 一樣快速，像 Napster 一樣量大，又像 Pandora 一樣便宜，沒有理由不吸引人。丹尼爾則這樣解釋 Spotify 的快速增長之道：「只要把付費音樂做得比盜版還便捷，那麼我們就成功了。」

最後不得不提到 Spotify 定位與其他音樂軟體的區別。使用者不使用 Spotify 的

最大的原因：試圖管理使用者的全部音樂卻非常強硬的挑戰著使用者一直以來下載音樂自行管理的習慣。但也是因為行走在雲端化的道路上，Spotify 才能有相對低廉的版權價格。

# 第十四章
# Birch Box——美妝送上門的化妝盒

你願意嘗試支付十美元,讓每月有數件高級化妝品試用裝禮盒寄上門嗎?

BirchBox 搭建的就是一個試用和零售相結合的平台,集合八百多個品牌,將它們的試用裝按月寄給訂閱使用者,使用者試用後如果覺得不錯,可以在 BirchBox 上購買正裝。網站與超過八十家高端化妝品零售商合作,在紐約開設了第一家離線體驗店,打通線上離線。Birchbox 目前擁有超過四十萬訂閱使用者,已經進行了多輪融資,前途光明。Birchbox 主要關注男女生活用品領域,消費者可以在繳納每月十美元(或每年一百一十美元)的會費後,會員會收到經過「個性化篩選」的化妝和美容產品的樣品。每個會員每個月至少會收到四個化妝品樣品,或者可以在它的網站上直接購買男女生活用品(如化妝品、枕頭、襪子、刮鬍刀一類)。

## 一、公司背景

美國化妝品和個人護理網站 BirchBox 於二〇一〇年九月上線,為使用者提供按月訂購化妝品小樣的服務。使用者每月支付十美元(或者每年支付一百一十美元)費用,每月可以收到包含了四～五件高級化妝品試用裝的禮盒,當消費者對小樣滿意後,可透過 BirchBox 進行訂購,參加線上活動的積分,也可以獲得折扣。

二〇一〇年九月,Birchbox 在紐約正式上線。成立之初,採取會員按月訂閱的運營模式;最初只服務女性使用者。二〇一二年 Birchbox 推出了針對男士的 Birchbox Men 盒子,使用者人群範圍擴展至男性,邁出化妝品範疇的第一步。隨後 Birchbox 收購了 JolieBox,業務拓展至歐洲。

二〇一〇年十月,Birchbox 獲得了 FirstRound Capital 和 Accel Partners 領

投的一百四十萬美元。

二〇一一年九月，Birchbox 獲得了一千零五十萬美元的 A 輪融資。

二〇一二年，公司把人群範圍擴展至男性，同時公司的地域擴張至歐洲。BirchBox 和八百多個品牌的試用裝按月寄給訂閱使用者，使用者試用後如果覺得不錯，可以在 BirchBox 上購買常用裝。

二〇一三年，BirchBox 公布的女性會員數達到八十萬人，男性會員的數量沒有公布。BirchBox 打算把新的融資花在以下幾個方面：①市場行銷，加大行銷推廣；②移動端布局，完善 APP 產品體驗；③發力男性護理市場。

二〇一四年，二〇一四年完成了第二輪融資，融資額為六千萬美元，Birchbox 本輪融資由 VikingGlobal Investors 領投，本輪融資之後，其估值將接近四點八十五億美元。融資後，BirchBox 將加強移動端布局，完善 APP 產品體驗；部署離線門市，探索 O2O 發展。BirchBox 宣布，將在紐約建立它的第一家離線門市；新店預計在五月或六月開業。這是之前作為純互聯網公司的 BirchBox 首次嘗試離線門市，其線上離線如何配合受到關注。和很多其他品類的產品不同，化妝品類的產品有離線的門市更能讓消費者信任，離線門市也可以提升線上網站的知名度，開始嘗試 O2O。

目前，Birchbox 擁有兩百五十名員工，年收益八千萬美元以上，和全世界超過八百個品牌進行了合作。創始人卡蒂亞·波尚（Katia Beauchamp）認為，Birchbox 必須全球化，提供全世界都會喜歡的東西。Birchbox 將進入第三個領域——家庭、娛樂、設計類物件等。

## 二、創客介紹

來自哈佛大學商學院的卡蒂亞·波尚和海莉·巴納（Hayley Barna）創立了這家公司。卡蒂亞·波尚，哈佛商學院碩士，創立 Birchbox 時二十七歲，在校期間曾在 Digital Distribution（數字發行公司）和 Estee Lauder（雅詩蘭黛）工作

過，當時她就意識到那些發放的免費試用品非常可惜，不能為公司帶來多少收入。Hayley Barna，哈佛商學院碩士，創立 Birchbox 時二十六歲，曾在一家對沖基金公司實習，並曾在 Bain&Company（貝恩諮詢公司）擔任助理顧問。她們的創意來源於巴納的一個好朋友莫麗‧陳（Mollie Chen），作為一個美妝編輯，莫麗‧陳常常邀請巴納去測試一些頂級的美妝產品，巴納靈光乍現，每個女性都渴望變得更美，她們是否也是非常願意來體驗一下這些頂級的美妝產品？因此，巴納設想了基於精選的「訂閱模式」，來讓更多女性能夠體驗高級美妝用品。

上線前她們用了兩個月時間對兩百名客戶和八個品牌進行了測試，主要調查兩方面：一是客戶透過試用樣品進而發生購買行為的比率；二是客戶是否願意為這些試用樣品付費，調查結果證實了巴納的想法。

## 三、案例分析

Birchbox 是一種新的訂閱式體驗行銷模式，它採取訂閱＋訂製的運營模式，最大程度滿足使用者在細分領域（化妝品和護膚品的消費）上的需求。BirchBox 幫助使用者發現適合自己的化妝品，並以極低的成本試用體驗，並且能夠方便的在線上進行購買。

使用者註冊 BirchBox 的時候，需要填寫一份調查表，創建屬於個人的電子檔案。這份檔案包括了使用者對於化妝品的使用偏好，以及個人在化妝品方面的一些針對性的特點和問題。因此，每一次寄送的訂製小樣套裝，都是根據這份電子檔案量身訂製的，並且會附上專家給予的使用建議。

BirchBox 幫助使用者以低廉的價格，獲取為自己量身訂製的高檔試用品禮盒，幫助消費者在眾多化妝品品牌和門類當中找到適合自己的產品，同時也滿足了女性在化妝品的消費上「喜新厭舊」的消費特性，在節省使用者開支的前提下，滿足其嘗試新產品的訴求。如果使用者在體驗試用裝之後感到滿意，還可以直接在網站上購買正裝。

平台上，優選零售市場上表現較為出色的中高端化妝品和護膚品品牌，提供試用小樣。這樣的品牌（產品）結構使平台具備兩大對使用者來說非常重要的價值。其一，由於這些化妝品的正裝通常價格高昂，對使用者來說，「試錯」和「嘗鮮」的成本都很高，而現在能夠以每月十美元的，非常低廉的價格嘗試最新的並且是經過初步篩選的小樣，無疑減少了消費者的消費成本。其二，對於那些對中高檔化妝品的正裝價格望而卻步的使用者，BirchBox 給他們提供了一個體驗中高檔化妝品的機會，也是為商家培養潛在客戶。這就是 BirchBox 的客戶價值所在。

## （一）精益實踐，拓展多品類平台

透過投遞試用品進行產品推廣一直是化妝品零售商們喜愛的方式手段。但對於一些針對性較強的產品，難免遇到樣品投遞不準確的情況。針對特定使用者群，根據顧客不同喜好進行產品介紹、試用、購買的行銷方式，無疑藉著網路的便利找到了最方便的實現模式。

和其他訂閱類電商網站相比，BirchBox 提供了一種讓人們「找到他們不知道他們想要的東西」的方式並透過這種方式實現使用者與品牌的連接。最初 BirchBox 僅僅選擇了八個品牌和兩百名使用者，試驗化妝和護膚品品牌商是否有興趣得知自己的「樣品投資回報率」。結果是樂觀的，同時 BirchBox 還替化妝品和護膚品公司解決了精準投遞的問題，大大提高了行銷的效率，節約了人力成本。

訂閱：Birchbox 採用註冊會員機制，透過關於時常美容方面的權威建議、精挑細選的個性服務贏得使用者的好感和信任，從而維持數量穩定、質量上佳的使用者群。此外，預付費的模式也可以保證充足的現金流。

精選：Birchbox 為使用者提供量身訂製的禮盒。網站會要求使用者填寫一張調查表，包括個人對於化妝品的喜好、個性特點等內容，以此創建個人檔案。每個月，Birchbox 的工作人員會根據檔案精選樣品，同時附上產品介紹、使用說明及美容建議，準確投遞上門。這樣，就把使用者從面對琳瑯滿目商品卻無從下手的窘境中解

救了出來。

線上商店：Birchbox 禮盒提供的僅是樣品。如果使用者試用後覺得效果不錯，可以在 Birchbox 的網站上購買全品，並可以使用積攢下的平台積分得到一定優惠。事實上，這也是一種「先用後買」的方式，Birchbox 的使用者數保持急速增長。對使用者來說，Birchbox 的價值體現在划算、貼心、值得信賴等多方面。

對會員來說，不論是抱著試用，還是想體驗下大牌產品的目的，支出一筆小錢——每月十美元（每年一百一十美元），就可獲得多種高端化妝品，何樂而不為。每個會員都有專屬於自己的美妝檔案，每月收到的禮品都是以該檔案資訊為依據，很多時候每次收到的禮盒都是驚喜。對會員來說，與其在商場瞎逛，聽一個銷售員喋喋不休誇耀一瓶售價為一百美元的保濕噴霧的種種好處，還不如花幾美元試用下小樣來得簡單直接。同化妝品小樣一同送到使用者手中的，還有美妝建議和使用說明，用來幫助使用者更好的理解產品。

顯然，化妝品和護膚品只是 BirchBox 的第一步，我們在近兩年可以看到海莉‧巴納和卡蒂亞‧波尚開始將業務領域拓展向茶葉、日用品等品類進行銷售，並且同樣獲得了不錯的回報。例如二〇一二年十一月，Birchbox 進入家庭領域，提供家庭所需的聚會娛樂、裝飾類物件等。例如只需五十八美元就能獲得一個辦各種聚會和晚會所需要的裝飾、廚具、美食等全能家庭娛樂包裹，這個包裹名為「home deco box」。

### （二）風口浪尖的戰略選擇

BirchBox 的大戰略主要是四點：一以貫之的訂閱模式、O2O 嘗試、拓展全球市場、開發移動端業務。我們可以看到，BirchBox 的每一次戰略選擇都是在時代的風口浪尖上，在某種程度上，它引領著美妝電商的發展方向。

二〇一四年，Birchbox 在戰略上走出了一步新棋：在紐約上東區開設了第一家離線體驗店。這一步是在風口上的，時至今日，幾乎所有的電商巨頭都想將渠道拓

展到離線。而這個開設離線門市的舉措，在戰略層面和行銷層面的意義遠遠大過在銷售層面的意義。

離線門市的功能雖然現在看起來是化妝產品的體驗，但它能夠發揮的實際功用還是一個未知。然而在戰略意義上，它可以實驗多種離線門市為線上帶來的價值。它可能是一個物流配送點，若可以成為使用者自提訂閱包裹的離線物流配送點的話會極大節省物流配送的成本。將門市放在紐約上東區名流雲集的地方，本身的廣告價值也是不言自破。

拓展全球市場這個戰略選擇基本上也是消滅模仿者和跨區域的競爭者。在BirchBox 拓展歐洲市場上的重要舉措中，關鍵的一項就是收購 JolieBox。這是一個成立在法國，幾乎和 BirchBox 如出一轍的網站，連名字都非常相似。

移動端的布局是其在 B 輪融資之後做出的表態，基於目前使用者的網路使用習慣和移動端購買頻次的提升，開發移動端市場是緊隨時代的明智之舉。

## （三）內容行銷做到極致

美妝不是你將產品放到使用者面前就可以結束服務的。不同的產品有不同的使用技巧，不同的組合也能產生不同的功效。在行銷的過程當中，這些實用的乾貨還是吸引粉絲高密度關注的最重要的原因。除了和品牌合作，提供官方的指導建議之外，積極的徵詢美妝達人的建議，重視使用者的個性化反饋也非常重要。

Birchbox 最強大的行銷手段就是把內容和商業結合完美結合，借助社會化媒體的力量，使用富媒體去傳播優質內容。Birchbox 的內容總監莫麗·陳認為，原創的內容是獨特的價值所在。優質的實用內容是獲得使用者信任、同使用者保持交流的絕佳方式。在部落格中，名人和髮型相關的內容占據統治地位，由淺入深是比較好的呈現方式，此外影片指導也備受歡迎。

使用者在收到禮盒之後自己會生產內容，如曬照片、拍攝影片短片、寫試用心得等，並將這些內容發布到社會化媒體上進行傳播，這些心得會讓他們的粉絲產生

很大的購買衝動,從而訂閱 BirchBox 的小樣。

Birchbox 團隊精心運營官網部落格,其內容著眼於最新流行趨勢解讀、美妝建議提供等,有精心撰寫的產品描述、流行趨勢解讀;Birchbox 的開箱影片、試用報告四處流傳……此外,使用者的力量不可忽視。在 Birchbox,會員除了自發分享開箱影片、試用報告外,還把自己的朋友、朋友的朋友……源源不斷拉進來,這些都是 Birchbox 將內容和商業相結合的具體實踐。

除了在自己的網站開設部落格,討論美妝話題之外,Birchbox 在 Facebook、Twitter、Foursquare、Youtube 和 Pinterest 等均有官方帳號,還同大量部落格作者有著直接聯繫。部落格作者的存在讓其訂閱量自然增長,Youtube 影片幫助吸引使用者的眼球、幫助使用者了解產品,而 Pinterest 這個令人驚嘆的網站幫助 Birchbox 最多(詳見本書第八章介紹),按照季節、種類區分產品,採用細分受眾、交叉促銷和各種直接間接的銷售手段。

### (四) 專心做好訂購式體驗行銷平台

Birchbox 並不是自己研發出這麼多的化妝品,而是透過和品牌商合作,把他們的產品寄給會員試用,這樣就節約了自己的成本,降低了風險,專心做好平台。

Birchbox 每個月向自己的會員收費一定數額的會員費,這是一筆很大的現金流,從而保障了 birchbox 的運營現金流。和傳統的基於訂閱模式的服務相比,它賣的是樣品,只要使用者訂閱了 Birchbox,它的商業鏈中的第一步就完成了。一旦使用者喜歡上某款樣品並進行購買,這個商業鏈的第二步就又開始了。有數據表明,在之前一年裡,有百分之四十的使用者走到了這個商業鏈的第二步。

在會員急劇增長的同時,和 Birchbox 合作的品牌也在不斷增加:最初,他們二〇一一年八月分,同八十多個高端零售品牌有合作;如今,這一數字是一百三十多家。那 Birchbox 對於其合作商的價值是什麼呢?

優質使用者:先試後買是化妝品行業最常用的行銷方式,為此零售商會採取專

櫃贈送或者隨時尚刊物附贈的方式，但往往送出樣品不少，花費不菲，成效甚微，有時候還要冒著被專櫃導購人員私吞的風險。相比之下，Birchbox 聚攏的十萬多名會員資源，他們年輕、時尚，擁有潛在高消費能力，毋庸置疑，是待開掘的金礦。

精準投放：結合 Birchbox 為使用者提供的量身訂製服務，零售商可以向使用者針對性投放樣品，並且能很容易的追蹤、研究使用者行為，從而進一步促進銷售。

高轉化率：一系列貼近使用者核心需求的舉措使 BirchBox 擁有高到驚人的回購率和重複購買率。電商的轉化率能夠達到百分之一點五～百分之三，廣點通投放百分之一的轉化率已是非常優秀的表現。而 BirchBox 能夠做到的數字居然是百分之二十，有百分之二十的訂閱者會在我們的網站上購買整裝化妝品。不僅回購率高，顧客的忠誠度也非常高。

所以，不少零售商爭著搶著向 Birchbox 提供樣品。在為 Birchbox 禮盒提供唇膏、眼影等小樣後，銷售額有了明顯增長。Birchbox 在造福於使用者、零售商的同時，也將自己發展壯大，並占據制高點，引領一時風潮。

Birchbox 每天贈送的小樣品，由品牌商提供。有時候，零售商會直接贈送小樣，而這類產品利潤空間在百分之五十～百分之八十。除此之外，Birchbox 的成本主要集中在物流上。儘管 Birchbox 沒有公開其具體收入情況，但僅僅看第一類收入，以其目前的四十萬名付費使用者來看的話，其一年的收入也將達到四千八百萬美元。獨特的商業模式使 Birchbox 能夠保證其豐厚的利潤。

# 四、創客商業模式分析

Birchbox 讓發現化妝品的過程變得廉價而有趣，並且為愛美人士提供化妝品領域「發現、試用、購買、學習」一條龍服務。透過 Birchbox，訂戶不僅能節約發現優質美妝用品的金錢、時間和精力，還能學到許多關於美妝的知識，從而成為一個真正的美妝達人。這種新的商業模式（訂閱式體驗行銷）在化妝品行業是一個非常棒的模式，它顛覆了傳統化妝品市場的銷售模式，從而更好的促進了化妝品的銷售。

**135**

以下就 Birchbox 公司價值戰略模式、市場行銷模式和盈利收入模式進行分析，如表 14-1 所示。

表 14-1　Birch Box 商業模式創新分析

| 商業模式 | 特　徵 | 描　述 |
|---|---|---|
| 價值策略模式 | 樣品＋建議指導＋正品套裝 | 讓顧客體驗試用，容易得到客戶的信任，貼心實用的建議和指導，進而增加忠誠度；喜歡某一個樣品，可以直接在平台上購買，非常便利。 |
| 市場行銷模式 | 訂閱＋精選＋線上商店 | 化妝品電商平台同質化非常嚴重的時候，Birchbox走出了一條差異化的道路，採用會員試用訂製的方法，個性化提供樣品給會員試用，比其他平台更容易獲得顧客的信任和忠誠度。 |
| 盈利收入模式 | 基於訂閱＋銷售分成 | 主要的盈利模式包括兩方面，一是基於訂閱的每月10美元（男士為20美元）的收入；二是線上商城出售的商品的分成收入。儘管Birchbox沒有公開其具體收入情況，但僅僅看第一類收入，以其目前的40萬名付費用戶來看的話，其一年的收入也將達到4800萬美元。 |

## 五、啟示

作為化妝品訂閱式購買的開山鼻祖，Birchbox 最大的優勢在於其擁有穩固的本土市場和大量優質的國際合作夥伴。在其初創之時，化妝品領域訂閱業務還是一片空白，而這個領域又存在極大的市場前景，所以其發展的速度達到了驚人之快。

Birchbox 一開始的目標市場非常清晰，就是有一定購買能力的女性白領，她們對於美有很高的追求，並且能夠為這個追求付費，所以她們更容易成為付費會員，然後對這群人提供中高端品牌的化妝品，注重產品的質量，獲得使用者滿意度。

BirchBox 合作的多是一線的國際品牌，其平台售賣的產品本身就具備國際屬性，所以拓展全球市場也是勢在必行的一步。

BirchBox 開拓了美妝訂閱式購買的空白市場。抓住了追求優質生活的中高階層女性的需求，並且極力滿足她們對於美妝的各種偏好。在品牌紅利消失的時候，其多品類、多品牌的平台價值和價格優勢將成為獲得使用者非常重要的因素。

憑藉其開山鼻祖的地位和順利的融資狀況，BirchBox 開始擴大業務版圖、全球

布局、移動端開發和 O2O 的嘗試，它的每一項不僅對它本身具有非常重要的價值和意義，對這個美妝電商行業的發展和探索都具有很高的借鑑意義與價值。在談及公司未來的發展時，Beauchamp 表示，公司需要更多資金來擴大規模，謀求更進一步的發展：要成為整個電商行業的核心，我們需要擴張，擴張需要資金。Birchbox 會將購買更多的電視和雜誌廣告曝光，以及將業務擴展到除美國、西班牙和法國之外的更多國家市場中。不僅如此，CEO Beauchamp 還透露，Birchbox 現在掌握了足夠詳實的使用者喜好相關的數據，有計畫利用數據分析和挖掘，推出自己的產品線。Birchbox 還將在紐約曼哈頓島上開業一家實體店，用於研究使用者的購物習慣。

對 Birchbox 的各方各面總結一下，我們可以發現，Birchbox 正是打消了使用者對於化妝品電商無法親自試用的遺憾，將方便、超值的試用裝送到使用者的手中。而 Birchbox 還承擔了化妝品品牌和它們行銷對象的連接職能，而使用者幾乎是主動掏了錢「被行銷」，這在過去可是不敢想的。如果說 BirchBox 有什麼弱勢，鑑於目前能夠收集到的資料，我們可以看到它具有很強的可複製性，在歐洲、東南亞甚至美國本土有幾十家模仿者，其中幾家在美國之外的市場經營狀況也很不錯，對 BirchBox 下一步的全球拓展造成一定的威脅。

其創始人在訪談中也坦言，在創業的過程當中，BirchBox 的發展速度是她們沒有預料到的，因此在迅速的發展之中，她們的業務觸角在商品領域和地域都伸向了更廣闊的疆土，然而在自身團隊的建設中卻有些疏忽。忙碌的工作使她們沒有更多的時間去發掘合適的人才，這對公司長期的發展來說是一個很大的隱患。

**創客未來**
動手改變世界的自造者

# 第十五章
# Warby Parker——時尚眼鏡的體驗購物服務

在眼鏡電子商務新創公司 Warby Parker 成立之前，美國市場僅有百分之一的眼鏡是透過線上銷售出去的，因為眼鏡行業的特殊性，顧客更願意選擇在實體店試用、選擇併購買眼鏡。而 Warby Parker 創立不久之後，就因為九十五美元的復古眼鏡架打響了名聲。

號稱要顛覆傳統眼鏡行業，Warby Parker 繞過傳統廠家供貨渠道，透過網路銷售的方式，以極低的價格打破了美國眼鏡市場的壟斷，於美國紐約開業第一年（二〇一一年）售出十萬副眼鏡。

二〇一五年二月，Fast Company 公布二〇一五年全球前五十大創新企業名單，評選標準包括企業的商業模式、是否具有永續發展的企業精神以及創新文化等。二〇一五年第一名由 Warby Parker 拿下，就連蘋果都屈居第二。阿里巴巴則緊緊黏在蘋果之後，奪下第三。第四名為 Google，後面跟著的是近來聲勢越來越旺的 Instagram。是什麼原因使 Warby Parker 榮居榜首？讓我們一起來看看。

## 一、公司背景

美國眼鏡電商網站 Warby Parker 成立於二〇一〇年年底，以網路銷售直接提供消費者質量佳＋低價商品，並串聯虛擬＋實體試戴服務刺激消費者購物。它的口號是 ANew Concept in Eyewear，專門銷售眼鏡以及跟眼鏡相關的佩戴物品。其特色是銷售價格極其低廉，號稱是要顛覆傳統眼鏡行業。

Warby Parker 在創立之初，曾獲天使投資一百五十萬美元，二〇一一年進行 A 輪融資，Warby Parker 在 B 輪四千一百五十萬美元到帳不到一年的時間裡，C 輪又

斬獲 Tiger Global Management 領投的六千萬美元融資。二〇一五年又融資一億美元 D 輪融資，在此一輪融資中，公司估值達到了十二億美元，是二〇一三年時公司估值的兩倍多。Warby Parker 也因為最新這一輪融資而躋身十億美元私營公司行列。

## 二、創客介紹

Warby Parker 由四位聯合創始人尼爾・布魯門索（Neil Blumen thal）、戴夫・吉爾博（Dave Gilboa）、安迪・亨特（Andy Hunt）及傑夫・麗影（Jeff Raider），四個從沃頓商學院畢業的年輕人懷著對《垮掉的一代》作家傑克・凱魯亞克深深的敬意，決定用他日記中提到的兩個人名：扎克・帕克（Zagg Parker）和瓦爾比・派克（Warby Pepper）來命名即將創辦的新公司。Warby Parker 誕生了。

Warby Parker 的 CEO 尼爾・布魯門索作為當下美國最出名的創業家之一，能將創業的方向放在眼鏡行業上，做出如此出色的成績和公司，這源於他豐富多彩的經歷和明確的人生規劃。在大學畢業後，尼爾・布魯門索進入了 VisionSpring 做管理工作，這是一家以為開發中國家提供眼鏡援助的慈善機構。在這家慈善機構的單位，讓尼爾・布魯門索對於眼鏡有了更深入的理解和調研。當他著手開辦屬於自己的公司後，回到美國進入了沃頓商學院，接受了完整的商業思路培訓。

在美國，配鏡基本在兩百美元以上，而類似 Prada 這樣的眼鏡則更貴。當時還是沃頓商學院學生的戴夫・吉爾博調查後發現，眼鏡行業絕大多數的成本都源於高昂的渠道費用以及授權費。眼鏡製造商 Luxottica 壟斷推高了行業價格，儘管 Luxottica 製造的品牌和價位層眾多，但材料類似，而在成本的差異上也並不大。這意味著，眼鏡行業存在可以創業的空間。

基於戴夫的調查，Warby Parker 由四位聯合創始人開始設計眼鏡款式，最初的二十七個眼鏡款式都是四位創始人自己設計的，每一款設計都有一個特殊的名字和名字背後的意思。Warby Parker 找到 Luxottica 在中國的代工工廠，他們選擇採用

與 Luxottica 同樣的材質製作自己設計的眼鏡。在眼鏡生產出來之後，把眼鏡分發給商學院同學免費試戴，作為第一批市調使用者，讓他們免費試戴，並對眼鏡的設計和服務提出意見和建議。

# 三、案例分析

WarbyParker 以做工精緻、時尚復古但價格低廉的眼鏡，透過互聯網直銷結合部分離線分店的模式顛覆傳統眼鏡行業，但是僅憑這些點想挑戰整個眼鏡行業似乎遠遠不夠。正是因為 Warby Parker 在各個環節的出色發揮，讓這家新創公司在四年內賣出了一百萬副眼鏡。

為了改變眼鏡這種低頻消費品的客戶購買習慣，Warby Parker 推出了顛覆性的免費離線免運費試戴五副眼鏡的政策。這個手段巧妙抓住了客戶對於「免費」的嚮往，將大量試用客戶轉換為最終消費者。當然透過減少單品數量以減小倉儲成本，以及以平面媒體為主導的行銷模式，也讓這個大膽的手段成了可能。

## （一）小切口撬動大市場

眼鏡行業因為大型集團的壟斷以及複雜的產業鏈，眼鏡價格居高不下。生產和設計成本僅占售價的一小部分，時尚品牌的授權費、地面連鎖零售商的分成等構成了眼鏡零售價絕大部分，其中絕大部分被轉嫁給了消費者。普通鏡架的發貨價是三十元，而零售指導價卻能高達八百六十元，這已經成為眼鏡行業的普遍現象。

在這個產業鏈的下游，消費者面臨難以接受的價格，終端的零售商卻從中獲取不太多的利潤。尼爾‧布魯門索將目光放在了存在巨大價格差的行業上，如果能透過互聯網直銷解決大量的渠道費用，就能將更多的精力放在推廣和設計上。

Warby Parker 認為，眼鏡不該是如此高價的產品，低廉的價格也可以有精品。他們希望提供消費者一個價格合理、質量優良、有型的設計款眼鏡。Warby Parker 的網站非常簡單，分男款和女款。絕大多數眼鏡都是九十五美元，並只有精挑細選

的二十七款眼鏡，不同的季節會根據不同的主題改變眼鏡的配色和款式。

　　透過互聯網垂直銷售來賣眼鏡，改變的是客戶的購買習慣。因為眼鏡這種傳統商品，絕大多數客戶都必須實體體驗過，並經過當場的驗光、調試才能買到心儀適合的眼鏡。對於這點，Warby Parker 首先推出了虛擬試戴功能，透過攝影鏡頭採集人的臉部資訊，進行眼鏡的簡單試戴。然而，這項服務在剛推動時，發生了一些與顧客預期不符的情況，其原因在於眼鏡和臉部的比例還是會有誤差值，造成顧客實際戴起來的感覺不太一樣。因此，Warby Parker 在日後隨即增加兩眼瞳孔距離（papillary distance）的測量功能，讓顧客能更精確且有效的佩戴到自己理想的眼鏡。

　　為了進一步優化顧客體驗，讓顧客願意透過網路選購產品，Warby Parker 特別推出在家試戴（home try-on）服務。顧客可以在網上選擇五副眼鏡，一次免費寄送五副，並且可以在五天之內任意試戴，直到顧客做出選擇。將試戴的五副眼鏡寄回公司（同樣免費寄回），選定自己最喜歡的一款，從網上下單，配鏡完成後，再次免費送上門。如果沒有一副喜歡的眼鏡，也可以免費退貨。

　　在這個過程中，儘管寄送存在成本，但鑑於美國高價格的眼鏡環境，以及對使用者零風險的承諾，Warby Parker 的使用者體驗得到了極大提升，這也成為了 Warby Parker 模式上的基礎優勢。看似簡單的模式其實與平時我們接觸的電商大不一樣，這種零風險的承諾，對顧客來說無疑大大增加了彼此的好感和信任度，而且在試戴期間，顧客向自己社交圈諮詢意見的過程，無形中就又給 Warby Parker 做了推廣。

　　試用期間，顧客可以詢問身邊的人或者是將自己試戴的照片上傳至社群網站，而這些動作除了能讓顧客從中獲取相關建議，公司也能藉此推廣品牌加以行銷，增加顧客口耳相傳的機會。此外，如果顧客有任何問題，也能聯絡公司服務人員來協助挑選鏡框，以利做出明確的購買抉擇。

　　免費購物，免費家裡試戴，免費退換。顧客沒有任何風險，Warby Parker 的銷

量迅速提升。產品其實沒有變，只不過商家做了零風險承諾。

### （二）慈善與創業並行，提升企業影響力

四位合夥人的初衷就是要成立一個有社會責任感的生活風格公司。Warby Parker 發現全球有近十億的人無法獲得眼鏡，這表示全球有百分之十五的人口無法有效學習或工作。

為了協助改善因無法取得眼鏡，而造成低效工作或學習的現象，Warby Parker 與非營利組織 Vision Spring 合作提出了買一捐一的計畫：消費者每購買一副眼鏡，Warby Parker 就捐出一副眼鏡給需要的人。除了捐獻以外，它們也訓練落後地區的低收入人士，從事基礎的視力檢查與視力保健倡導，並在當地以合理的價格販賣眼鏡。

當客戶看到簡約精緻時尚感十足的主頁，搭配反抗精神（rebellious spirit）的自我定位以及「買一副，捐一副」的慈善主題時，很難不為之一震。這種講故事形式的策略不僅僅為 Warby Parker 這個品牌注入了新的生命力，最重要的是建立了它在顧客心中的正面形象。

如果一家公司把捐贈出百分之十的收入用於研究，人們很難從中感受到激情。而如果你把眼鏡戴到一個貧窮孩子的臉上，這就產生了一個很直接的聯繫。把捐贈者和接受者聯繫起來，這在心理上是一個聰明的策略。

讓客戶進一步的說服自己，更應向這家企業購買產品，因每一次的購買行為並非只是在購買眼鏡而已，也間接的幫助了需要幫助的人，無形的提升了 Warby Parker 產品的附加價值。到目前為止，Warby Parker 已經捐贈出了一百多萬副眼鏡。

### （三）精明的定價及 4P 策略

Warby Parker 的眼鏡單一定價，價格為九十五美元，在美國眼鏡基本為兩百～三百美元一副的環境下，價格優勢明顯，而這與國家視力保護計畫協會（National

Association of Vision Care Plans）所制定的平均價兩百六十三美元，已有明顯的區隔。

Warby Parker 在最初為眼鏡定價時存在這樣一段故事：當創始人帶著自己的想法去找沃頓商學院的教授傑莫漢‧拉祖（Jagmohan Raju）打算將售價定到四十五美元時，拉祖否定了他的定價。拉祖認為，這樣的想法很好，但四十五美元的定價會讓他們得不到絲毫利潤，因為他們將沒有錢進行品牌推廣和建設，不僅他們自己賺不到錢，投資人也賺不到錢，而且將價格定太低，顧客也會懷疑產品的質量。

拉祖認為，顧客會給 Warby Parker 貼上不想要的標籤。因為很多公司都在賣便宜的眼鏡，任何人都能從網上花九十九美元買兩副眼鏡。但顧客會有種「眼鏡的質量並不是很好」的感覺。Warby Parker 的目標是創造一個新的價格區間，使它們的價格在有競爭力的同時還不至於太廉價。

沃頓商學院的行銷學教授大衛‧貝爾（David Bell）擔任公司定價模式和需求分析方面的顧問，他解釋了將價格定到九十五美元的大眾心理學原因：「當你將價格定到三位數時，顧客心理會有點猶豫。雖然定價九十九美元會讓你得到四美元的額外利潤，但聽起來不像是優等品。而九十三美元又像是沃爾瑪的標價：過於精確了。」

市場分類為有眼鏡需求與沒有眼鏡需求的兩部分，眼鏡包含普通眼鏡、太陽眼鏡與單片眼鏡。現代人不一定有近視才會戴眼鏡，有些視力正常的人為了服裝搭配需求也會購置幾副眼鏡，而太陽眼鏡則是一直以來都是時尚人士必備的單品。以下分析一下 Warby Parker 的 4P 策略。

產品（product）。Warby Parker 的鏡框為復古的風格，目標為年齡二十五歲以上，喜歡復古風格且不想花大錢購買眼鏡的人。精挑細選二十七款式，選用耐衝擊（impact-resistance）、超疏水塗層（super hydrophobic）——水滴在鏡片上會在表面形成水珠，使鏡片較易清理、抗 UV400、抗反射的防刮鏡片，也有創新的鏡片設計如三重漸變式鏡片（triple-gradien tlenses）等；鏡框材質選用最好的日本鈦金屬或是義大利的傳統醋酸纖維框。

價格（price）。Warby Parker 運用垂直化模式，除去了中間商環節，自行找合作廠商、自己設計以及網路行銷等方式，將原本中間廠商的層層剝削成本大幅降低；再者，Warby Parker 以網路銷售為主的模式作為切入點，大幅度省去了租金與相關業務成本，並將利潤壓縮至百分之三十以下，使它們可以用市場售價同等級眼鏡六分之一的價格販賣眼鏡。

它們的定價也經過深思熟慮的，前面章節有介紹，在此不一一贅述了。免費家裡試戴服務雖然第一次獲得客戶的成本較高，一旦在 Warby Parker 產生了購買行為，就易於養成利用這個渠道採購眼鏡的習慣。擁有你個人的所有數據，Warby Parker 只需給你提供滿意的產品即可，後續的成本可以遞減。

渠道（place）。二〇一三年四月，Warby Parker 的第一家展示間於紐約成立，這讓顧客能到現場親自體驗，以滿足他們多元的購物需求。一來是為了讓試戴眼鏡的途徑更加多元，二來是因為 Warby Parker 發現顧客仍傾向於面對面選購的方式，因此才有了設置實體店面的構想。第一間實體店面位在紐約的蘇活區，目前共有三間店面與五間展示中心。雖然到實體店面參觀、消費的客人不少，不過主要還是以網路銷售為主。

促銷（promotion）。主要透過找名人戴它們的眼鏡以及買一捐一的方式。根據 Nielsen（二〇一三年）的一項研究，全球有百分之四十六的顧客願意為商品付額外的錢，以資助公司回饋社會，買一捐一既達到回饋社會的目的，也使消費者更願意掏出錢包。

Warby Parker 善於利用媒體報導進行推廣。起先由著名男士時尚雜誌 GQ 對 Warby Parker 進行報導，隨後，又有多家雜誌跟風。一時間，Warby Parker 銷售瘋漲，一個月之後，Warby Parker 已經將所有的商品賣到斷貨。

此外，Warby Parker 善於製造話題。曾在愚人節當天，它們推出了一項有趣的眼鏡訂製服務 Warby Barker——為你的寵物狗狗訂製眼鏡。這是設計師專為狗狗設計的五款經典復古風格眼鏡，狗主人也可以獲得與愛狗的配套款！一個小創意為

Warby Barker 免費贏得不少新聞版面。Warby Barker 成為第一家為狗訂製眼鏡的電商，這個新奇的舉措讓 Warby Parker 進一步提高了知名度。

# 四、創客商業模式分析

　　Warby Parker 的核心理念就是提供高質量且價格合理的眼鏡給消費者，同時期望能對社會有一些貢獻，因此它們的產品定位為平價、有公益心兼具時尚的精品眼鏡。以下就 Warby Parker 公司價值戰略模式、市場行銷模式和盈利收入模式進行分析，如表 15-1 所示。

表 15-1　Warby Parker 商業模式創新戰略分析

| 商業模式 | 特　徵 | 描　述 |
|---|---|---|
| 價值策略模式 | 體驗式＋時尚眼鏡 | Warby Parker產品定位為平價、有公益心兼具時尚的精品眼鏡。固定價格，單一定價，一副95美元，分男式和女式兩款，每款分為近視鏡和太陽鏡兩種產品。 |
| 市場行銷模式 | 垂直電商＋線上品牌＋實體39家零售店 | 免費購物，免費家裡試戴，免費退換。透過零風險承諾，極度優化顧客體驗。採用減法原則，一次寄送五副眼鏡，Warby Parker的成功靠的是它完美的用戶體驗，大家買的不是眼鏡，而是服務。 |
| 盈利收入模式 | 眼鏡銷售 | Warby Parker仍然以眼鏡銷售為主要利潤和利潤源，並沒有拓展出更多的利潤源。銷售通路分為線上和實體店 兩個部分。 |

# 五、啟示

　　Warby Parker 將眼鏡定義為時尚眼鏡，將自身的顧客定位在某一特定商品的範疇，並加入自身品牌的元素設計，從自己設計自己生產到網上直銷，繞過傳統銷售渠道以及與入口電商巨頭的正面競爭，讓自己的產品線變得獨一無二，在短短兩年時間就成為第一家估值一億美元的線上眼鏡品牌。

　　Warby Parker 是線上時尚品牌塑造的先鋒。與傳統壟斷行業競爭，一個最大的挑戰就是如何成功塑造自己的品牌。傳統品牌在衡量自身競爭力時一般會考慮三個要素，價格優勢（cost leadership）、產品區別（product differentiation）和垂

直市場（niche m arket）。可以說，Warby Parker 在這三方面都做得非常出色，再加上它的理念與很火的精益創業（the lean startup）非常吻合，都是先推出市場試用原型，之後再慢慢根據市場客戶的回饋進行及時的更新迭代。每副售價九十五美元，在傳統大型眼鏡連鎖店最普通的一副眼鏡也要三百美元的襯托下，看似很不靠譜，但當客戶在 Warby Parker 簡約精緻時尚感十足的主頁上四處瀏覽的時候，當客戶看到 Warby Parker「反抗精神（rebelliousspirit）」的定位以及「買一副，捐一副（buy a pair，give a pair）」的慈善主題時，很難不為之一震。這種 story-telling 形式的策略不僅僅為 Warby Parker 這個品牌注入了新的生命力，最重要的是建立了它在顧客心中的正面形象。

　　Warby Parker 的行銷推廣方式包括口碑行銷、社交行銷和慈善行銷。在 Warby Parker 成立之前，美國市場僅有百分之一的眼鏡是透過線上銷售出去的，因為眼鏡行業的特殊性，顧客更願意選擇在實體店試用選擇併購買眼鏡。Warby Parker 的第一招──體驗式送貨上門，這種對顧客來說零風險的承諾，無疑大大增加了彼此的好感和信任度，而且在試戴期間，顧客向自己社交圈資訊意見無形中就又給 Warby Parker 做了推廣，這種「口碑行銷（word of mouth）」的策略實屬精彩，憑藉互聯網更加有創意的達到了效果。初創公司涉足慈善領域的並不多，更何況是眼鏡行業，Warby Parker 第一個做到了。根據它的調查，全世界有將近十億的人需要眼鏡卻沒有辦法得到，這是一個令人震驚的數字，透過 Warby Parker 的慈善合夥人，以「買一副，捐一副（buy a pair，give a pair）」的方式將眼鏡送到那些需要的人手中。這是一個絕佳的品牌行銷的方式，以一種行善的身分。

　　垂直化＋線上品牌是其優勢。這種垂直化的商業模式透過自身創意十足的商品設計（product differentiation），讓自己的產品線變得獨一無二，加上自身線上品牌故事背景的生命力注入，無疑大大培育了顧客的忠誠度。隨著人們審美觀點的改變和時尚概念的普及，越來越多的人開始追逐個性化飽滿的商品，開始強調品牌對商品的重要性，這樣的大環境，對於垂直化的電商品牌，具有相對於傳統電商來

說很強的價格優勢。

全球眼鏡（eyewear）市場產值約有兩百五十億美元，目前仍然呈現穩定成長的狀態。二〇一三年，全球眼鏡市場產值較前一年上升了百分之四，而鏡片類產品依舊為最大宗。各地的銷售情況，西歐地區的成長率普遍低於平均，甚至負成長；不過中國、印度、俄羅斯、泰國等新興市場的成長率皆超過百分之十五。由於科技產品的發達導致生活形態改變，以及高齡化帶來的老年人口的視力退化問題，預估往後的眼鏡市場產值會持續成長。

價值創造是服務創新得以成功的不二法門，不論是重視產品使用經驗還是重視服務的過程，我們都相信服務創新來自提供消費者全新的服務體驗與旅程設計。Warby Parker 因為準確的垂直品牌定位和有效的行銷方式，成功在短短的四、五年時間就成為一家估值十二億美元的線上眼鏡品牌。但累積起的經濟規模及品牌知名度是否能抵抗後進競爭者（如 Ditto.com）的追逐、搶占市場，將是其無可避免、亟待解決的課題。

# 第十六章
# Stitch Fix——按月訂購時裝的個性化體驗服務

到實體店買衣服，基本上就是從一列一列目不暇接的商品中挑衣服，然後去燈光昏暗的試衣間試穿，再排隊等著結帳。如果回家之後覺得不滿意，就再回店裡、再次排隊、退貨。雖然目前大多數的購物交易仍屬於這一種，而且實體商店的交易額占總交易額百分之九十以上，但這種傳統的體驗，已經不再能滿足目前越來越多顧客的需求。

Stitch Fix 透過提供性價比極高的造型服務，幫助目標客戶做出更適合自己的服飾選擇，並透過大數據、雲端運算、統計回歸分析等一系列技術手段，為消費者提供個性化需求，用較低的成本取得個人化體驗、透過管理策略來降低複雜度，從而提高客戶的購物滿意度。

## 一、公司背景

作為一家技術創新驅動的女性服飾網站，Stitch Fix 是一個按月訂購服裝服務商，成立於二〇一一年，致力於向女性客戶提供個性化的購物體驗。使用者註冊成為會員，大約花十分鐘的時間回答關於個人喜好及風格的問卷，提供自身的尺碼、身型、風格、購物預算和生活方式等相關資訊。Stitch Fix 公司將根據客戶的特點，精心為其挑選五件服裝和配飾產品，在指定時間內打包寄送。在試穿之後，留下和購買自己喜歡的東西，不喜歡的東西將被退回。

Stitch Fix 從兩百多個品牌商處採購衣服和首飾，其中有六家是獨家為它們服務的，衣服的均價是五十五美元。透過整批採購服飾，然後以零售價出售，公司百分之八十六的商品都能以未經打折的全價出售。

Stitch Fix 擁有零售行業經驗豐富，享有最高知名度的大咖，包括前沃爾瑪首席運營官麥可・史密斯（Michael Smith），董事會成員更是由在絲芙蘭、蓋璞、香蕉共和國等擔任過關鍵職務的重量級人物組成。另外還從 Netflix，NIKE，Crate&Barrel 等著名企業招來了數據分析、運營、商品和市場的高級管理人才。

在二○一三年二月 A 輪融資中，Stitch Fix 獲得由 Baseline 公司和光速創投融資的四百七十五萬美元，當年十月又獲得了風險投資機構 Benchmark 注資的一千兩百萬美元。

到二○一五年為止，Stitch Fix 已獲融資四千六百八十萬美元，其中大部分是二○一四年七月的 C 輪融資三千萬美元，投資方有 Benchmark、Western Technology Investment、Lightspeed Venture Partners 和 Baseline Ventures，估值已經達到將近四億美元。

## 二、創客介紹

Stitch Fix 公司有著極強的融資能力，這跟其創始人卡特里娜・雷克（Katrina Lake）的哈佛 MBA 背景及以技術創新為驅動的戰略發展模式密切相關。卡特里娜（Katrina）本科畢業於史丹佛大學，曾在 Leader Venture 工作。二○○九年在申請哈佛商學院的論文裡，她就描述了這個創業方案，進入哈佛後，她一邊讀書一邊準備創業，畢業前一個月，Stitch Fix 第一箱推薦商品正式送出。畢業後，她來到舊金山設立了自己的公司。

開始業務發展比較緩慢，經過一年多的時間，當她們獲得 A 輪投資時，使用者數僅有一萬多名，但過去幾個月業績增長迅速，如今已達到五萬名。員工人數也從五十人增長到近兩百人。

這個新穎的商業模式吸引到 Netflix 數據科學與工程部門前任副總裁埃里克・柯爾森（Eric Colson）和沃爾瑪網站前任 CEO 邁克・史密斯（Mike Smith），加入Stitch Fix 後，他們分別負責公司的數據分析和運作。

# 三、案例分析

　　Stitch Fix 的定位為消費者的個人造型師或購物師，不過客戶不需要親自和真人打交道，也不會被收取高昂的造型費用。該網站側重於為年輕女性客戶服務，它的大部分商品的價格都屬於中等偏上的範圍，而且很多單品都出自於設計師新秀之手。

　　創始人卡特里娜·雷克（Katrina Lake）不但有深厚的零售知識，而且在史丹佛大學累積了關於回歸分析和計量經濟的深厚知識。她認為，某個人是否喜歡某件服飾，應該會有一些客觀因素、一些非客觀因素。而她就用以下方法，將所有因素整合成一個極為創新、由科技推動的個人化生態系統。

## （一）科技推動個人訂製化生態系統

　　首先，訂製化增加結合數字體驗的需求，平衡藝術與科學、主觀與客觀的關係，就像是現在許多個人化的電台服務（如喜馬拉雅）一樣，Stitch Fix 也會隨著顧客使用次數越多而效果越好。透過演算法，能夠先行提出建議供造型師參考，造型師再透過自己的個人經驗和知識，為顧客管理安排這些建議，最後精簡成每批送貨只有五件服飾。而隨著顧客每次購買、回答問題和造型師溝通，之後送來的服飾也會越來越符合顧客需求。透過有意義的管理策劃，來降低複雜度。

　　除了能夠減少顧客需要做選擇的選項數目，卡特里娜（Katrina）也希望建立一個模式，協助顧客找出在約會、面試時「讓自己感覺更有自信」的服飾。對時間有限的顧客來說，這些無形的服務有更高的價值。

　　其次，公司將演算法與造型師的主觀判斷進行了有效的融合。Stitch Fix 運用科技、數據科學，結合演算法與人的判斷，擴大「訂製」的規模化。公司根據多樣來源的資訊所提出的建議，資訊來源包括顧客調查、Pinterest 討論板、天氣模式，或是顧客個人和造型師的溝通。卡特里娜認為，公司這套模式之所以能成功，主要歸功於從這些資訊得到的演算法，以及演算法背後的資料科學家。

　　卡特里娜（Katrina）聘用了數據科學家艾瑞克·柯爾森（Eric Colson）擔任

首席分析官。柯爾森曾任職於線上影片公司奈飛（Netflix），協助公司根據使用者先前的選片紀錄，在畫面上跳出建議的影片清單。卡特里娜表示：「艾瑞克是獨一無二的。」而且柯爾森了解，他協助建立的那套演算法奠定基礎，以提供 Stitch Fix 想要帶給顧客的價值。柯爾森說：「我們做的不是銷售，而是找出關聯性。」換句話說，要先讓顧客從 Stitch Fix 得到價值，Stitch Fix 才能從顧客得到價值。

同時，如果使用者表示想要試試新風格，造型師就知道可以跳出這位使用者平常的服裝舒適圈，建議新的風格和設計，進一步為這位使用者量身打造訂製化選項。

再次，公司對於未能成交的訂單給予高度關注。如果顧客沒有購買公司為他們精心挑選 Fix 裡的任何一件服飾，Stitch Fix 會想要知道原因，或許是透過調查，甚至是顧客特別留給造型師的意見，來了解顧客為何不買。卡特里娜表示：「真的沒想到顧客願意向造型師提供這麼多資訊。」他們提供的不只是「我討厭條紋」或是「我穿藍色不好看」之類的資訊，而是全然坦誠，像是減重的歷程，甚至是早在通知家人之前，就先告訴造型師她懷孕的消息。「顧客願意分享這麼多，就覺得標準變得更高了。」卡特里娜認為，顧客願意提供這些資料和其他資料，Stitch Fix 就有責任好好運用，讓下一次的 Fix 更符合需求。

最後，公司效仿 Google 在內部建立了完整、高效的生態管理系統。除了服務顧客，Stitch Fix 還進一步改變商業模式，照顧另一個沒有獲得足夠關注的客戶群：造型師。卡特里娜發現，許多造型師都希望工作時間更有彈性，也希望能遠程上班。於是卡特里娜創造出這樣的環境，讓這些造型師盡情發揮。工時和上班地點都有彈性，因此 Stitch Fix 有更多人才可供挑選，能找出最佳的造型師；有些人雖然受過完整的教育及培訓，也很有心想做好，但若不是 Stitch Fix 提供這種機會，很可能無法進入職場。卡特里娜以其他公司做不到的方式來滿足造型師的需求，因此得以創造出更完整的生態系統，有助於公司的成長和發展。

### （二）頂尖造型師是 Stitch Fix 的核心亮點

　　由科技推動的個性化私人訂製服務，是不是只有喜歡嘗鮮的人會支持呢？事實絕非如此。Stitch Fix 公司在成立初期就對市場進行了細分並鎖定其目標客戶群，其目標客戶為二十～四十歲的年輕女性，這類客戶有如下特點：年輕群體更喜歡且容易接受一種新的購物方式；處於事業成長初期，沒有過多的冗餘時間來進行實體購物；有較強的消費意願並有一定的消費能力；對於流行時尚的敏感度很高；願意對自己的購物體驗和心得進行分享；等等。

　　Stitch Fix 公司根據目標客戶的這些特點，不斷的優化自身的運作流程來為顧客提供更好的服務。由於她們工作繁忙無法經常逛街購物，卻又希望穿出個人風格，Stitch Fix 能幫助她們輕鬆掌握最新的時尚動態，並提供頂級、便利的個人訂製化購物服務。

　　此外，顧客也可以透過 Stitch Fix 網站提供的購物設計，選擇按月定時收貨機制，每月定時收到個人包裹，達到輕鬆購物的目的。這既能為女性顧客們節省時間，也能帶給她們驚喜、愉悅的購物體驗。

　　據統計，使用者至少從百分之八十的盒子中購買了一件或一件以上的商品。百分之八十這個數字在按月訂購行業算是非常高的了。這基本上歸功於 Stitch Fix 高效的推薦、分享機制。如果客戶對私人訂製有更高的要求，公司也可根據客戶需求提供高級別的訂製服務，這會為公司實現較高的利潤，但公司的營收戰略仍是以走低價訂製服務路線為主。

### （三）縮短個性化訂製的週期

　　Stitch Fix 在訂製化服裝行業走了一條極端的路線。任何一個顧客，只需要一週內就能拿到所需的衣服，而傳統模式下卻需要三～六個月。生產的每一件衣服從生成訂單前就已經銷售出去，這在成本上只比批量製造高百分之十，但收益能達到兩倍以上 Stitch Fix 的完善的大數據資訊系統，目前每天能夠完成兩千件完全不同的

訂製服裝生產。

訂製的第一步是量體採集數據下訂單。量體過程只需要五分鐘，採集十九個部位的數據。然後顧客對面料、花型、刺繡等幾十項設計細節進行選擇，或讓系統根據大數據分析自動匹配。細節敲定，訂單傳輸到數據平台後，系統會自動完成版型匹配，並傳輸到生產部門。

每一位工人都有一台電腦識別終端，這是他們工作最依賴的工具，所有的流程資訊傳遞都在這上面進行。接到訂單後，他們會核對所有細節，然後錄入到一張電子標籤上，這張電子標籤是這套衣服的「身分證」，將伴隨這套衣服生產的整個過程。

Stitch Fix 是有了訂單以後再去採購，否則採購來的就是庫存。儘管平均單價在七十美元左右，不打折全價銷售，但其每月的庫存有效性卻高達百分之九十。

### （四）供需精準，體驗驚喜有趣味

由於 Stitch Fix 在行業內屬於標準的制定者，且其品牌已被目標客戶所廣泛接受，這對行業的新進入者來說是一道無形的壁壘，競爭者很難透過技術創新及行銷手段來顛覆 Stitch Fix 公司的行業領先地位。

目前，Stitch Fix 與超過兩百家品牌進行合作，其中還有六家是專為 Stitch Fix 獨家訂製的，從這些合作品牌商家中為顧客挑選商品，保證每個 Stitch Fix 盒子中的五個商品有百分之三十都是獨一無二的。當使用者願意為 Stitch Fix 挑選的服飾付費時，這部分資金中有一部分就流入網站合作的這些品牌服飾商的口袋裡，這是 Stitch Fix 的上游採購成本支出。

在女裝市場裡，從年齡的角度上看，以下兩個年齡層是 Stitch Fix 的主要市場。

十八歲～三十歲。該年齡層的消費群體是服裝消費的最主要的群體，是消費群體中服裝購買頻率最多、總體購買金額較多的群體，其中女性人口略多於男性。該群體的特點是：具有一定的經濟基礎，很強的購買慾望，時尚，追求流行、個性，敢於嘗試新事物，容易接受各種新品牌。群體中很大一部分人容易衝動購物。這是

目前服裝品牌最多、競爭最激烈的細分市場。

三十～四十五歲。該年齡層的消費群體是服裝消費的主要群體，是消費群體中購買單件服裝價值最高的群體，也是消費群體種經濟基礎最為雄厚的群體，有較強的購買慾望。但該群體大多數人的人生觀和價值觀已相對成熟，因此對風格、時尚有自己的喜好，其中相當部分人已有自己喜好的品牌，對新品牌的接受程度較低，購物理性居多。

Stitch Fix 的特點是給女性消費者帶來收到未知禮物的驚喜感，增強了購物的趣味性。推薦商品反映了使用者的個人趣味，無論是由專業造型師挑選，還是透過演算法實現，商品的平均售價都是六十五美元一件，符合大多數女性衝動購物的心理價位區間。

Stitch Fix 的獨特之處在於它為消費者提供的消費體驗，使用者都會期待收到的包裹中有什麼讓人驚奇的東西。這個體驗就像小孩子收到聖誕禮物一樣。

### （五）口碑行銷與大數據相結合

這種模式解決了訂購消費的一個經典問題，那就是如何獲得客戶。Stitch Fix 的使用者會主動的將它推薦給她們的朋友，口碑行銷是其促銷推廣的主要方式。

第一，顧客會在社群網站發表心得文章，分享自己的購買經驗與記錄，並將此服務推薦給其他人。再加上多數顧客分享時會將試穿後的照片放上去，這對 Stitch Fix 來說，就是絕佳的口碑宣傳方式，因為這些照片的主角是顧客本人，都是素人而非專業模特兒，這讓其他顧客更容易感受真實感，也更信任其所呈現出來的效果。

客戶使用 Stitch Fix 服務的過程首先是填寫大量的表格。這包含了消費者的形體，喜歡的風格和購物預算。問題細緻到消費者的身高、體重以及出去約會的次數，喜歡哪種風格的首飾，喜歡哪種風格的衣服穿在身上的各個部位。網上會要求做選擇題，哪些是消費者喜歡的風格，哪些顏色和風格是不喜歡的。

這個調查表格涉及的問題使消費者感覺到自己好像在填一個網上的約會表格，

正是如此詳細的問題，才使 Stitch Fix 的分析專家們能夠為消費者挑到一件滿意的產品。

在調查的結尾，消費者被要求選擇在 Pinterest（第八章有介紹）上本人喜歡的風格，這還能直接連結到消費者本人的社交主頁。

第二，選擇郵寄的時間，並且支付二十美元的費用。二十美元這是消費者至少留下一件產品的保證金，一個星期以後，消費者就收到了一個神祕包裹。

比如：在這個盒子裡有一條灰色的牛仔褲（八十八美元）、一條圍巾（三十四美元）、一件寬鬆的紅色毛衣（五十八美元）、一件輕薄的外套、一件黑色的 V 字領裙子八十八美元。還準備了一個盒子裝不需要的產品郵寄回去，並且還有一張小紙條寫明了消費者的風格，以及郵寄過來的衣服怎麼搭配好看。

比如：某消費者在試穿了這些衣服以後，有點失望，因為 T 恤對她這種嬌小的身材來說顯得太長，黑色裙子的面料很薄，顯得廉價以及做工差。但是她看中了褲子和外套，決定保留這兩件產品。

第三，當消費者試穿完所有產品以後，登錄 Stitch Fix 網站進行結帳。填寫好選擇退貨的商品，並且填寫反饋。這家公司利用消費者的反饋資訊，更好的為她本人和與相似的顧客提供更好的服務，以便分析師更好的掌握消費者的喜好。

當然消費者需要購買大量服裝的時候，也能從分析數據系統中受益。消費者喜歡 Stitch Fix，在傳統的零售中，店舖知道有些東西賣得好，有些東西賣得不好，但是他們不知道為什麼。但在 Stitch Fix 的體系中是能夠快速知道原因的。如果一件毛衣賣不動，他們可以孤立的分析出來到底是顏色問題，還是尺碼大小問題或者是面料不合適的問題。

和其他提供按月訂購服務的商家一樣，Stitch Fix 的編輯會根據使用者提交的身形、風格數據判斷使用者可能適合的衣服，打包幾件寄給使用者，使用者留下喜歡的，不喜歡的寄回。不過 Stitch Fix 的獨特之處在於它還結合了機器演算法推薦。Stitch Fix 的另一個獨特之處在於它的編輯膽子很大，有時竟然敢推薦一些完全不是

使用者風格的服裝或配飾，不過推薦的成功率非常高。

## 四、創客商業模式分析

　　Stitch Fix 是以網路科技、數據分析科學為基礎，再輔助以時尚設計、個性化訂製為主要運營手段的網路平台服飾公司，其透過創新的商業模式運作成為了行業翹楚，獨特的商業運作模式對傳統行業的發展有著極高的借鑑意義。以下就 Stitch Fix 公司價值戰略模式、市場行銷模式和盈利收入模式進行分析，如表 16-1 所示。

**表 16-1　Stitch Fix 商業模式創新分析**

| 商業模式 | 特　徵 | 描　述 |
|---|---|---|
| 價值策略模式 | 私人訂製的管家式服務 | Sitch Fix衣服的平均價格大約為70美元每件，但公司現在每月能賣出90％的庫存，對愛美但囊中羞澀的女性而言，Sitch Fix絕對是上帝賜予的禮物。透過高性價比的個性化的訂製滿足了客戶對高端服務品質的內在需求。 |
| 市場行銷模式 | 按月訂購服務 | 選擇按月定時收貨機制，每月定時收到個人包裹，達到輕鬆購物的目的，這既能為女性顧客們節省時間，也能帶給他們驚喜愉悅的購物體驗。 |
| 盈利收入模式 | 線上銷售＋訂閱服務費 | Sitch Fix作為一個利用大數據和機器演算法並結合設計師的人為推薦為用戶挑選時裝的訂購類電商，其收入主要都是直接來自顧客購買Sitch Fix推薦的商品而支付的費用。當然，也有一部分收入是由於顧客對Sitch Fix推薦的衣服都不滿意而選擇全部退回時支付的運費和服務費，但這僅僅占了很小一部分，並且只是用於維繫公司配送成本。 |

## 五、啟示

　　對 Stitch Fix 案例來說，突出的特點有大數據的使用、個性化的訂製、訂閱銷售的銷售模式、口碑行銷模式及企業扁平化的管理模式。透過對 Stitch Fix 公司商業模式的分析，我們可以清晰的看到，其透過商業模式的創新實現了指數級的跨越式發展，並且以技術領先的發展核心作為核心驅動力，Stitch Fix 公司給潛在的競爭對手設置了無法踰越技術壁壘的障礙。在互聯網模式與傳統產業相結合的快速發展時代，Stitch Fix 公司的商業模式創新理念是值得相關企業進行認真研究和借鑑的。

Stitch Fix 為女性省去了逛街購物的累，又解決了網路零售看不到摸不著的虛。更重要的是，Stitch Fix 還為女人解決了選不好衣服、穿不好衣服、搭配不好衣服等難題。每個女人可能都需要一個穿衣顧問，來協助她購買衣服、搭配衣服，在生活中往往是由自己的閨蜜充當，但是大部分時候，閨蜜的時間有限能力有限。Stitch Fix 不僅僅是服裝零售商，更像是服裝穿衣搭配的綜合解決商，它聚合了大部分品牌的服裝資源，利用強大的數據庫為每位女性穿衣搭配指南。實體零售商可以轉型向 Stitch Fix 學習，不過更適合轉型的莫過於時尚雜誌，隨著平面媒體的沒落，時尚雜誌處於艱難的經營困境，但是如果時尚雜誌能夠利用強大的讀者資源，進行大數據分析，結合各大服裝品牌，為讀者或者粉絲提供綜合的穿衣解決方案，想必會是一種良好的轉型方式。

在個性化推薦機制方面，大多數服裝按月訂購網站採用的都是使用者提交身形、風格數據 + 編輯人工推薦的模式，Stitch Fix 不一樣的地方在於它還結合了機器演算法推薦。機器推薦主要是蒐羅使用者在網路上的各種痕跡分析使用者喜好，比如它會關注使用者在 Pinterest 上都分享了什麼。此外，Stitch Fix 的另一個不一樣的地方在於它的編輯膽子很大，有時竟然敢推薦一些完全不是使用者風格的服裝或配飾。它的推薦成功率非常的高。編輯根據使用者提交的身形、風格數據判斷使用者可能適合的衣服，打包幾件寄給使用者，使用者喜歡的買下，不喜歡的寄回。他們不會一味的迎合使用者的「喜好」，反而時不時的會給使用者寄一些他們認為使用者可能適合的服裝風格，並且在每寄去的一件服裝上都會附上推薦理由和搭配建議，讓使用者試試看。

# 第十七章
# Paperless Post——使用者自創賀卡的創意服務

相信你一定不會忘記，小時候，我們會懷著一顆天真無邪的童心，去為最喜歡的老師親自做一張賀卡，歪歪扭扭的寫上自己的祝福，然後偷偷的塞在講桌……而在科技和資訊資訊最為發達的美國，卻有一家公司，以信封和信紙作為切入點，成功吸引人們回歸到傳統信紙上，並利用其互聯網優勢，架起了信紙設計者和信紙使用者之間的橋梁，賦予了傳統信函新的活力，讓信函通信重新回到人們的視野和生活中來。這家公司的名字叫 Paperless Post。

## 一、公司背景

Paperless Post 創建於二〇〇九年，是一家專門訂製並發送電子版或紙質版賀卡的公司，提供線上訂製電子版與離線生產紙質版賀卡、信件、邀請函等服務。現已開發官方網頁與行動應用 App，擁有令人驚喜的設計功能，內置八十六款傳統背景圖案，可以上傳自己的圖片，其排版功能更是強大，可自由調整字號、顏色、字距、行距及整齊度。

此外，使用者也可以選擇成千上萬個免費模板，這些模板是由與 Paperless Post 合作的設計師原創設計，款款精美；或者是其他使用者共享的作品；如果選擇更高級或者紀念版的模板，則需要支付一定的費用。每次的訂製設計，Paperless Post 都會為使用者貼心的保存到個人作品庫，使用者也可以利用 Paperless Post 的社交功能進行分享，按讚與評論等經典功能也可以在 Paperless Post 裡實現。

Paperless Post 與信紙領導品牌 Crane&Co．合作生產線上離線結合的產品——紙質服務，設計好的作品可以列印，燙金、雕刻、圖版等多樣而先進的列印技術更

是將精美留在了紙上。Paperless Post 正在努力的設定新的現代通信標準，允許使用者在平台上自由的表達，並提高設計的效率。

二〇一三年 Paperless Post，獲得了紐約經濟發展公司的二十五萬美元，並因為發展離線的紙質信函服務，獲得了一千兩百萬美元的融資。二〇一四年，Paperless Post 募集了兩千五百萬美元。至今為止，Paperless Post 發送的賀卡數已經高達八千五百萬張，成為美國郵政服務公司的最大競爭對手，發展前景非常看好。

## 二、創客介紹

愛麗莎 ·赫希菲兒德（Alexa Hirschfeld）和她弟弟吉姆斯 ·赫希菲兒德（James Hirsch feld）是 Paperless Post 的聯合創始人。

創辦 Paperless Post 之前，姐姐愛麗莎曾在 CBSEvening News 裡有一份很安逸的工作。她看來比較年輕，外形甚至會顯得有點矮小，但她卻認為不會對性別歧視的幽默抱以嘲諷，同時也不會在早上醒來就想我是個搞技術的女生。她非常慶幸自己從技術隊伍的性別歧視中脫離出來，就把它單純當作一份技術工作，做自己喜歡的事情，不想性別問題。

愛麗莎還自嘲，「我一直都很享受別人在我跟前大搖大擺的樣子」。當談到與她弟弟一同工作的感受時，愛麗莎說，不會感受到什麼競爭和對抗。這是一份榮幸，它協助你摒除了溝通中的障礙，尤其是在公司運作過程中通常會遇到的那種，溝通常使事情水到渠成。

在公司最初起步階段，任何事情的節奏都很快。公司的經營者最大的挑戰是保持專注。在面對任何困難和挑戰時，必須有堅持的原則。而且你必須比你的公司成長得更快。保持年輕的活力，並時刻把握著方向。由此可見，公司的創始人應具備激情、活力、自信、專注、堅持原則等特質。公司的快速成長和成功運營也與之息息相關。

# 三、案例分析

　　據研究，人類最初的溝通是透過肢體語言進行的，至此先後經歷了 5 次革命性變化。第一次是因為語言的出現；第二次是由於文字的出現；第三次是因為印刷術的發明；第四次是因為電話電視等電子媒體的出現；第五次是因為互聯網的出現。

　　在商務領域中，電子郵件與傳統信函在對禮貌的重視程度上總體沒有顯著差異，但人們在傳統信函中的禮貌表達會更為客觀、正式、程式化，而電子郵件則更注重保持友好協作關係。因此，信紙作為信函內容的承載，其不僅僅只是紙張這麼簡單，其實際上還被賦予了文化、情感、禮儀等因素，對寫信者和閱讀者是一種超越文字本身的感受。

## （一）線上起步，又回到離線

　　實際上，Paperless Post 並不是首家提供信函模板服務的網站，早在它出現之前，就已有了 Evite.com 等類似的網站，但 Paperless Post 提供的服務是免費的。Paperless Post 的策略是優化已有的免費服務，將其做到極致，然後收取一定費用。至少從目前它成功能夠證明，任何創新或革命也不一定要有全新或者突破的 idea，只要你做得足夠好，同樣可對原本免費的服務進行收費。

　　Paperless Post 最早是做線上的電子郵件信紙服務，提供各種式樣的免費信紙模板供使用者使用，同時也提供更加高級和精美的信紙模板，供使用者支付「金幣」使用。在運營一段時間後，網站做了一次使用者調研發現，百分之六十的使用者更希望回歸用紙質來寄送信函。基於此需求，網站又重新回歸離線，提供紙質的信函模板供使用者使用，喚起了使用者對於傳統信函的記憶，找到了新的市場。

　　意識到使用者對信紙的需求和更高端的需求後，Paperless Post 開始與著名的設計師合作，將其作品放到網站上，收取一定的費用，並將收入與設計師進行分成。由此，設計師更有動力設計更受歡迎的作品，使用者能夠用上更加精美的模板，同時網站也能夠吸引更多的流量和更多的收入。其模式類似平台，有效連接起設計端

和使用端，使設計資源得到更充分利用。

此外，Paperless Post 還提供了信函的追蹤服務功能。當你使用網站的模板發送邀請郵件給對方後，你可以透過網站的追蹤服務功能，實時知悉對方是否前來，並進行有效管理。使用者不需要再次群發郵件或者不斷進行文本提醒。這也是透過使用者需求調研之後才開發的功能，目前該功能得到非常好的反響。

### （二）聯手引領潮流，聚焦化戰略創新

Paperless Post 不像其他新創企業，在快速成長之後會禁不住誘惑而貿然多元化。Paperless Post 依然堅持在信函服務的領域，從線上的電子模板，到離線的紙質模板，並縱深發展至信函服務過程中的追蹤和管理功能，Paperless Post 一直在信函領域進行深耕，聚焦在對於信紙設計有偏好以及希望在正式場合中對於信紙有一定要求的使用者，如婚禮、晚會等，不斷挖掘使用者的潛在需求並進行滿足，這是一種典型的聚焦化戰略，也體現了創始人不斷追求「極致」的原則和思想。

在戰略選擇上，Paperless Post 採取的是聚焦化戰略，立足於「互聯網＋」的電子商務模式，網頁和行動應用 App 兩大平台提供電子郵件服務，注入免費與共享的靈魂，糅合科技與設計，結合線上與離線，專注於設計美學提高溢價，拓展紙質服務增多營利方式。

Paperless Post 與許多引領潮流的設計師進行了合作，分享收入，這些知名設計師包括 J.Crew，Oscar de la Renta，以及 Kate Spade，他們都負責為 Paperless Post 網站進行模板設計工作。

Paperless Post 與信紙領導品牌 Crane&Co.合作生產線上離線結合的產品——紙質服務，設計好的作品可以列印，燙金、雕刻、圖版等多樣而先進的列印技術更是將精美留在了紙上。

Paperless Post 與美國服裝品牌 J.Crew 合作發布了一款新的賀卡，透過網上就可以發送邀請函。其合作系列花費了六個月的時間製作，包括電子版和紙質版的邀

請函,起步價為二十五美元,在 Paperless Post 官網有售。

其戰略創新可以總結為:優化已有的免費服務的策略,聯手能引領潮流的知名設計師,推出創新的紙質服務,將其做到極致,然後收取一定費用。

## 四、創客商業模式分析

Paperless Post 商業模式的精髓在於升級版本的免費模式——重視設計美學。大部分免費模板自由訂製功能帶來了巨大的流量;付費高級模板滿足了粉絲使用者的高端需求,增加了盈利;而紙質服務更是進一步拓寬了營收方式,不僅是電子邀請函的巧妙互補,更是線上結合離線的 O2O 典範。以下就 Paperless Post 公司價值戰略模式、市場行銷模式和盈利收入模式進行分析,如表 17-1 所示。

表 17-1　Paperless Post 商業模式創新分析

| 商業模式 | 特徵 | 描述 |
|---|---|---|
| 價值策略模式 | 專注在信函聯絡過程提供有價值的服務 | (1) 免費的電子信函模板服務;<br>(2) 是收取一定費用的高端電子信函模板服務;<br>(3) 實體的紙質信函服務;<br>(4) 線上邀請追蹤服務。 |
| 市場行銷模式 | 線上離線+分享+高端訂製 | 專注於設計美學提高溢價,結合線上與離線,拓展紙質服務增加盈利方式,此外,網站與設計端的收入分享模式,也能夠激發設計端的熱情,廣泛發動社會力量,為網站提供更好的資源。 |
| 盈利收入模式 | 網上的付費商品和服務 | 透過免費的信函模板首先吸引和聚集用戶,然後提供極致化的服務和體驗,吸引用戶付費使用更高階的產品和功能,而且並不是直接現金付費,而是轉化成其特有虛擬貨幣「Coin」的方式,來為用戶創造一種社區平台的虛擬交易體驗。 |

## 五、啟示

從文化的角度來看,傳統信函是帶有個性色彩的表達方式,賦有更多的精神寄託,而現代手機簡訊、電子賀卡所傳遞的節日問候越來越同質化,可以複製、粘貼,因而顯得雷同、無趣。傳統信函好比手工製品,電子郵件好比是從工業生產線出來的產品。而任何產品,手工製作的當然要比從生產線上出來的珍貴,因為手工產品

體現了行為者的思想、觀念和情感。當然，也要因人而異，如果一個人另闢蹊徑，花時間去原創一封電子郵件、簡訊，說不定也會取得特殊效果。

(1) 極致化的使用者體驗。Paperless Post 在服務方面力求做到使用者體驗的極致化，這種孜孜不倦的追求最終獲得了使用者的認可，並為網站帶來了使用者的忠誠和反饋。這就告知我們，不一定要追求業務的大而全，如果從一個點去不斷深耕，也能做出與別人不一樣的產品，並形成別人難以複製的核心競爭力。

(2) P2P 模式共享促發展。充分利用互聯網的優勢，直接點對點連接資源供給方和資源需求方，使閒置的資源得到充分利用，也使需求得到不斷滿足和新需求的持續觸發。Paperless Post 與資源供給方的收入分享模式促進資源的進一步開發和供給，形成「需求─供給─滿足─新供給─新需求─新滿足」並最終促進收入提升的良性循環。

(3) 不斷創造使用者價值。Paperless Post 不斷以客戶為中心，開展調研，挖掘使用者的需求，吸收意見，從而使網站服務和功能可以有針對性的不斷迭代更新，做到了真正圍繞使用者創造價值，這也能夠提高使用者的滿意度乃至忠誠度，並最終保障了收益的持續來源。這告知我們，使用者需求才是企業生存發展需要唯一關注的核心，只有為使用者不斷創造價值，才能獲得使用者乃至市場的認同和價值的反饋。

(4) 聚焦化戰略。與極致思維相類似，Paperless Post 只要認準了目標使用者和市場，就專注進行深耕，不斷挖掘使用者的需求並不斷滿足，在該市場領域中縱向發展，從而積累並擴大一批忠實的使用者，並將自己的產品和服務不斷做到極致，形成難以複製的核心競爭力。這告知我們，不必要盲目追求規模，專注、聚焦、極致，也能磨礪出屬於自己的鋒芒。

(5) 可優化空間。雖然與傳統郵政是競爭對手，但是否有這個可能：在一些環節上開展合作，將各自的優勢予以互補。例如：將線上的信函追蹤功能與

離線進行連接，在信函上賦予二維碼等方式，並利用其融資，為郵政提供掃描和追蹤設備，方便離線信函的追蹤，並將資訊傳遞至線上，使應用傳統紙質信函的使用者也能獲得線上追蹤的體驗，從而吸引更多的使用者參與傳統紙質信函的使用。

另外，畢竟傳統紙質信函還是會帶來環保主義者的一些質疑，因此網站在致力於開拓紙質信函市場的同時，也需要投入一定的資源開展公益宣傳和活動，在外界樹立正面的態度和形象，為業務的拓展創造良好的外部環境和輿論氛圍。

# 第十八章
# Zady——賣的不是服裝，而是品牌背後的故事

聽說愛馬仕的皮具之所以可以用於收藏，不僅是因為它甄選了全球最優質的皮料，更是因為它的染色工藝很特殊，從裡到外染色均勻，不僅僅添加染料，還會加入植物類的原料。因為植物的生長環境、水分、氣候都有變化，所以不可能做到一模一樣的。

草料餵養的牛隻其腹紋少於美國常見的強制餵食牛隻，再加上每張皮每一個部位都有著不同的紋理，就算兩個款式相同的提袋，它仍是獨一無二的。在這個快生產、快時尚的時代，卻有一個這樣的公司，它注重工廠員工的生存條件，注重古老技藝的傳承，勇於挑戰快時尚，讓消費者知道服裝生產的每一個細節。

你有沒有想過，你每一天穿的衣服都從哪裡來？紐約創業公司 Zady 認為，許多消費者非常關心他們購買的商品的起源，並提供時尚、可持續的、高質量的服裝原材料。Zady 是一個針對那群在乎購買物品來歷消費者的網上購物平台，Zady 講述的每一個產品是如何製造，包括像無論是本地採購、手工製作、環保意識，還是在美國製造的細節。每個品牌必須簽署原材料合同並核實它們的公司所在地、製造業名城和來源。

Zady，是一種高於功能性需求的精神價值需求的品牌模式。

## 一、公司背景

Zady 線上零售平台（又名 The Whole Foods of Fashion）是專為注重工藝和原創性的消費者打造的購物平台，目前以手工製作的服裝品牌銷售為主，透過透明化銷售，強調告知購買者衣服的製造地以及設計的相關背景資訊。公司於二〇一三

年八月開始運營,總部在美國紐約。

Zady 賣的不僅僅是服裝,而是服裝背後的故事。Zady 重視製造中的誠信與質量,為消費者獲取時尚且由高品質原材料,提供前所未有的通路。每一件產品,Zady 都會詳細告知它的生產過程:將貨品製造過程的各種細節,從產地到設計者/製作者到原材料來源再到配料的使用,鉅細靡遺的展現給使用者。

二〇一四年,Zady 獲得了 A 輪融資一千三百一十萬美元,同時收購合併了幾個比較小的服裝品牌,並與一些知名品牌如來自 Nashville 的牛仔服裝品牌 Imogene+Willie,洛杉磯的手提包品牌 Clare Vivier 和麻省的大衣製造商 Gerald&Stew art 等進行合作。

## 二、創客介紹

Zady 的創始人為索拉雅・達拉比(Soraya Darabi)和瑪克辛・貝達(Maxine Bedat),兩人都在效外長大,在孩童時期,索拉雅(Soraya)需要坐車前往阿米什村(Amish country)購置衣物,二人相識於明尼蘇達州中學,索拉雅的母親是進修學院的校長。索拉雅與該州的農場有直接合作,並推出了一個採用天然纖維並且與農場有著密切聯繫的自有品牌。為客戶提供高品質、純手工製造的產品,正是她們價值觀的一種體現。

創始人索拉雅・達拉比曾登上 Fast Company 雜誌「商界最具創造力人物」封面,她曾經在《紐約時報》(New York Times)數字合作夥伴與社群媒體部擔任經理,之後擔任 drop.io 的產品總監,後者是一家文件上傳和內容共享服務商,已經被 Facebook 收購。她還是美食應用軟體 Foodspotting 的聯合創始人之一,該軟體被蘋果公司(Apple)和《連線》(Wired Magazine)雜誌評選為「年度最佳應用程式」,並被美國訂餐網站 Open Table 收購。

與此同時,她的搭檔——另一位創始人瑪克辛・貝達是擁有國際外交和聯合國背景的律師,曾一手創建了致力於改變開發中國家工匠生活的組織——The Bootstrap

Project。隨後，她與尚比亞、塔吉克共和國和尼泊爾的手工藝人生活在一起，對服裝業的供應鏈非常熟悉，這為她創建 Zady 帶來了最初的靈感。

兩位創始人都有專長，非常擅長數位技術，與媒體打交道並了解國際的大環境。正是基於這種從業經歷和實業，兩位創始人發現了時尚潮流的變化以及服裝行業快時尚存在的一些問題。

瑪克辛在造訪尚比亞、塔吉克共和國和尼泊爾的手工業者後，她開始像關注投資回報率一樣關注企業的社會影響。尤其是當前快時尚企業對不同國家的工人生活、生存環境不負責任，使她們希望自己的公司能夠做的有所不同。

## 三、案例分析

Zady 旨在改變人們看待時尚的方式，特別是快銷時尚行業，讓別人相信，這個快生產、快時尚的時代會危害環境，危害我們的經濟以及那些畢生致力於為我們製作服裝的工人們。創始人非常專注於提供高品質、純手工製造的商品，而且這些商品都是在美國本土生產「made in america」，並極具環保意識，在她們眼裡，少即是多。

為了實現這個目標，索拉雅‧達拉比和瑪克辛‧貝達與業內專家進行交談，以盡可能獲取多的資訊，不斷會見未來的品牌合作夥伴、評論撰稿人和團隊成員，與媒體業專家、技術與創新愛好者、一流的設計思想領袖以及電子商務界的奇才進行思想的碰撞。

Zady 的主要特點是它從「快時尚」存在的弊端入手，針對快時尚企業中工人的生活條件差，帶來的衣服浪費、過時快、質量不好的缺點，它比較很好的突出了自己的優勢。反道而行，返璞歸真，認為快時尚是多變的，造成大量浪費，因而從產品質量和設計狠狠發力，確保產品的經典、耐用，並且確保整個生產過程的透明，倡導環保和人文關懷。這種回歸傳統和經典的做法，經久耐用，迎合了未來發展的一種趨勢。

### （一）手工製作，質量頂級，打造經典

Zady 遵循「物以稀為貴」的座右銘，堅持服裝手工製作，苛求產品的頂級質量。因此，對普通購物者而言價格可能有些高。一個米蘭產皮包標價近五百美元——與設計師奢侈品牌相當。但是，Zady 堅持自己的定價方針，認為真皮手提袋的工藝水平是其真正的賣點，認為自己的產品可以按「平均每次使用價格」來衡量。「錢花得擲地有聲」，但經久耐用。

實質上，Zady 信奉深受千禧世代喜愛的簡約哲學：購物貴精不貴多，款式要經典，不必跟風。這就是為什麼索拉雅（Soraya）和瑪克辛（Maxine）認為針織衫是作為 Zady 招牌貨的理想起點，因為針織衫是衣櫃中的基本配置，如果搭配得當，完全可以穿上好些年，用不著看每年冬季時尚流行趨勢的臉色。

### （二）以環保和人文關懷開拓市場

Zady 特別注重產品製作和銷售中的環保與人文關懷問題。例如：創始人索拉雅和瑪克辛曾飛往俄勒岡州，去看看那些為她們提供羊毛的羊隻。羊毛產自俄勒岡州沙尼克鎮（Shaniko）的 Imperial Stock 牧場，小鎮僅有三十七名居民。羊毛質量並非她們選擇該農場的唯一原因，該農場的保育技術也是一大因素。為了保持放牧草場的肥沃程度和植被需求，牧場需要穩定的供水，但這會極大的剝削當地的水資源。在 Imperial Stock，她們將雨水收集並重新用於灌溉（沙尼克鎮每年僅有約八三八二毫米的降雨量）。

除了回收水以外，該農場也讓食草動物持續啃食植物以促進植物根部生長。為了讓該品牌實現「可持續採購」這一崇高使命，兩人為這家企業制定了一些基本原則，其中一條是：公司將不會從未實施公平勞動標準的國家採購原料。

Zady 認為，「影子工廠」是良心企業的一大威脅。所說的就是那些在客戶考察期間表現得講道德、遵紀守法，但在客戶離開後漠視公平勞動指導方針的黑心企業。因此，Zady 的大部分的供應商都來自歐美，她表示在這些地區便於對供應商進行密

切監督。

## （三）產品的來源和製作過程透明

因為重視製造中的誠信和質量，Zady 為消費者獲取時尚且由高品質原材料製成的可持續生產產品資訊提供了前所未有的通路。對於每一件產品，Zady 都會詳細告知它的生產過程，一直到原材料是如何採購的，目的在於增進顧客與產品之間的感情。

Zady 平台在售的每一件貨物的設計者都對產品的來源和製作過程瞭如指掌。Zady 的打造者們會親自審查這些貨物，以可持續性作為主要標準，包括是否為本地產品、手工打造、使用高品質原材料和對環境是否友好等。欲加入平台的商家必須和官方簽訂一個合同來認證廠商地址、加工城市和原材料來源地的資訊。

## （四）搭建平台，全球甄選合作商

在公司發展早期，Zady 與在零售和品牌領域擁有豐富經驗的顧問斯蒂芬妮·西利（Stephanie Seeley）合作。作為全球最大貿易展會之一的高管，她接觸全球的設計師，並確切知道哪些人可以幫助 Zady。

Zady 與品牌合作夥伴的關係不斷發展和擴大，這些品牌的審美情趣和目標與 Zady 一致。目前 Zady 從不同的國家尋找品牌，遠至尼泊爾，近至加拿大，經銷超過七十個包括最頂尖的品牌。Zady 希望建立一個管理有序的平台。

同時，Zady 透過與合作商進行了創意行銷，宣揚自己的價值觀。例如：在二〇一三年聖誕節，Zady 依靠 V espas（偉士牌機車）為客戶遞送假期訂購的商品。傾心於比亞喬（Piaggo，義大利的一個汽車品牌）製造 Vespas 的傳統方式，Zady 考察了他們的一個生產基地，發現比亞喬的生產方式與 Zady 的價值觀之間產生了共鳴，一個奇異的合作關係由此而生。比亞喬以義大利經典踏板機車在紐約市派送 Zady 的加急訂單。Zady 認為，這是一種很好的行銷宣傳方式，雖然它對提高投資回報率沒有幫助，但是可為客戶帶來更愉悅的體驗。

**169**

目前 Zady 還在一些離線的宣傳上做了很多努力，實體店和快閃的合作店如雨後春筍一般湧出，Zady 不僅僅是一個線上平台，同時也是一個品牌的平台。離線的平台同時也是為 Zady 的理念和產品進行宣傳。環保、透明化都可以很好的植入離線實體店之中。

### （五）Zady 是一種生活態度

Zady 專注於提供高品質、純手工製造的商品，其創新視角在於透明化銷售，強調告知購買者衣服的製造地以及設計的相關背景資訊。它們銷售的不僅僅是一款產品，而是產品故事，代表了一種新的生活理念和價值觀。

快生產、快時尚的時代會危害環境、經濟以及那些畢生致力於製作服裝的工人們。Zady 希望我們的社會承認，還有一條比這個更好的道路：只向認真對待製衣，並了解和信任自己合作夥伴的品牌購買產品。Zady 在 Zady 官網上詳細描述了第一件 Zady 產品的製作過程，而其最偉大的目標就是也會效仿其他品牌。

從著名心理學家馬斯洛關於需求的金字塔的結構來看，當歐美已開發國家公民已經滿足了功能性需求、開始尋求情感精神層次上的滿足時，這一環境帶來了公益和環保等理想主義實踐的可能性。Zady 強調環保手工、產地、社會事業，因而能夠得到大眾的支持。Zady 的差異化在於敢於挑戰快時尚，不走奢侈化，做道德購物、透明購物，注重工廠員工的生存條件，注重古老技藝的傳承，注重工匠精神、細節、經典，注重環保，將從「農場」到「餐桌」發展成為從「農場」到「衣櫃」。

Zady 正在發起一項喚起全民意識的運動，這就如同在推銷世界各地知名設計師的時尚風格一樣。它不僅僅是一個科技行業的風險投資項目或是一家線上店面，它帶來的是一個綠色時尚的宏偉願景，是對日益興起的「有意識消費主義」的及時切入，使客戶能夠重新審視她們的穿著需求。

# 四、創客商業模式分析

Zady 選用的是產業鏈互動商業模式。「從農場到衣櫃」，它的產業鏈包含了原材料的養殖與獲取、產品的設計與生產、產品故事的設計與創作以及產品的銷售與服務。Zady 商業模式的差異化在於敢於挑戰快時尚，做道德購物、透明購物，相較於傳統的服裝製造商，更加注重工廠員工的生存條件和古老技藝的傳承，注重工匠精神、細節與經典，注重環保。以下就 Zady 公司價值戰略模式、市場行銷模式和盈利收入模式進行分析，如表 18-1 所示。

表 18-1　Zady 商業模式創新分析

| 商業模式 | 特徵 | 描述 |
|---|---|---|
| 價值策略模式 | 高品質產品＋背後的故事 | Zady提供了產品從原材料到生產的背後的故事，將商業與內容結合，創建一個可以幫助消費者去了解他們購買的產品的來源，乃至各種小細節的網站，以幫助消費者做出更好的選擇。 |
| 市場行銷模式 | 互聯網品牌行銷＋口碑傳播 | Zady傳遞每一款產品設計的品牌故事，Zady的行銷更多的是依靠互聯網的力量和口碑傳播，是一種整體產品創新的模式，同時滿足顧客物質和精神的需求。 |
| 盈利收入模式 | 產品＋內容營收模式 | Zady選用的是產品＋內容的營收模式，作為一家品牌化的電商平台，將產品與平台綁定，產品銷售收入是營利的主要方式。 |

# 五、啟示

Zady 的創新視角在於透明化銷售，強調告知購買者衣服的製造地以及設計的相關背景資訊。Zady 不以利潤最大化為目的，旨在改變人們看待時尚產品的方式，特別是快銷時尚行業。從原材料到產品的設計與生產，從進行品牌與產品故事的設計與創作到產品的銷售與服務，作為一家創新性的電商平台，Zady 選用了虛擬化的管理模式，進行跨越時間、空間和組織邊界的實時溝通與合作，以達到資源的合理配置和效益的最大化。

Zady 有兩條路需要走，兩條路相輔相成。電商平台傳統的宣傳不可或缺，需要工程師和運營團隊的大力配合；另一條路，則是產品線，配合電商平台提供更完善

的服務，應該說，這個團隊的管理相對傳統，需要與大量的農場、設計團隊等進行合作，讓產品更好的呈遞在消費者面前。

講述產品故事是非常重要的，也是人們願意花錢購買你產品的一個重要原因。這個案例最成功的地方還在於它市場定位做得比較好，採取了市場模式＋產品和價值模式相結合的一種方式。

產品和價值模式是一種載體，體現了 Zady 的生活理念和價值觀，體現的是一種生活方式。而這個是它真正的賣點，它挑戰快時尚實際上是一種生活觀念的定位，這個是它迎合了很多人這方面的一個需求，同時它透過採取透明的生產方式，資訊公開，也是一個創新，與以前的企業相比，她採取了完全不同的一種方式來贏取信任。Zady 倡的是一種做精品但不走奢侈化，一種道德購物和透明購物，她發起的是一場運動，非常注重工廠員工的生存條件，提倡人文關懷；注重古老工藝的一種傳承，支持相應的公益組織。還有就是注重工匠精神，她對細節要求非常高，提倡環保，這都是商業理念的一種創新。

# 第十九章
# PopSugar——一個整合的時尚品牌娛樂入口網站

女性市場往往是商家必爭之地。而女性使用者更注重搜尋和分享，也正是因為女性消費者特點鮮明的購物特性，各大電子商務網站也紛紛使出渾身解數來爭奪女性市場。要想做好這塊市場，不單純取決於某一個環節的勝算，而是取決於整體行銷的最終結果。

大洋彼岸的美國，有這麼一家網站，十年時間，從部落格起家，提供高質量的內容，透過資源整合、收購併購等方式，成為一個集生活、時尚、娛樂、電子商務於一體的時尚品牌娛樂入口網站。讓我們看看那些以往只被認為是女性特徵的東西，如何借助互聯網，成為全球女性生活方式第一品牌——PopSugar。

## 一、公司背景

PopSugar 創立於二〇〇六年，旗下有媒體公司 PopSugar、時尚購物平台 ShopStyle 和每月訂閱的禮物盒 Popsugar Must Have，是一個集生活、時尚、娛樂、電子商務於一體的入口網站。公司總部在舊金山，紐約、洛杉磯、芝加哥和倫敦都設有辦事處。

二〇一四年，PopSugar Inc. 把旗下時尚網站 Fashionologie 和 FabSugar、購物網站 ShopStyle、美容網站 BellaSuga，以及娛樂網站 BuzzSugar 等 15 個獨立涵蓋健康、明星、健身等內容的網站，整合併至主網站 PopSugar 擁有超過八千五百萬人的使用者，Popsugar 成了一個全球生活方式品牌。

公司成立之初由紅杉資本提供資金支持。二〇〇七年，PopSugar 收購時尚購

物平台 ShopStyle，二〇〇七年接受美國 NBC 投資，二〇〇九年紅杉資本回購其股份，二〇一一年紅杉資本追加了對 Popsugar 的投資，跟投的還有美國風險投資公司 IVP。自二〇一二年後，公司收購 Starbrand 媒體、FreshGuide 和 Circle of Moms。二〇一三年，正式更名為 PopSugar 有限責任公司，擁有超過三百名員工。現在，PopSugar 已經是個著名媒體品牌，由十二家獨立網站合併而成。它已經融資四千六百萬美元，並在持續增長。

## 二、創客介紹

創始人麗莎‧蘇格爾（Lisa Sugar）和布萊恩‧蘇格爾（Brian Sugar）是夫妻倆，丈夫布賴恩任公司首席執行官，妻子麗莎為主編。蘇加爾夫婦是流行文化網站 PopSugar 的聯合創始人，對他們來說，幸福婚姻的祕密就是將工作與生活混合起來，而非分離。蘇加爾夫婦二〇〇六年創建 PopSugar 時，是為了實現麗薩的願望，後者希望有一個部落格，將生活貼士與名人新聞結合起來，專注於將辦公室變成對家庭友好的地方。

這家以女性為目標市場的網站，內容涵蓋購物、健身、娛樂、美食、女性、居家、潮流、幼兒等，麗莎把她喜歡名人八卦的喜好轉化為了商業項目，並大獲成功。隨著網站的發展，公司接受了 Michael Moritz 的風險投資，並且收購了購物平台 ShopStyle，而後又收購了 Starbrand Media，Fresh Guide，Circle of Moms 等網站以豐富它的內容。

PopSugar 主要瀏覽者為十八～四十歲的女性，它所提供的內容或服務形式包括文字部落格分享、影片和購物搜尋引擎，因此它的收入來源包括廣告和電商平台，截至二〇一三年六月，該網站有兩千萬月獨立瀏覽量和五千萬的影片月瀏覽量，二〇一三年的收入達五億美元，是全美排名第四十七的網站。

# 三、案例分析

　　名人八卦幾乎是女性之間必談的話題，她們談論名人的穿著、名人的生活、名人的成就等，網站創始人 Lisa Sugar 就是一位很喜歡談論名人八卦的女性，她深知這其中的需求，因此，創立了 PopSugar 來滿足萬千女性這樣的需求，Popsugar 有她們需要的最新資訊，PopSugar 新穎獨到、充滿活力的訊息可以成為她們茶餘飯後的談資。

　　另外，美國的娛樂行業十分發達昌盛，人們也非常關注明星名人生活的各方各面，明星們的生活也有專業的渠道傳遞到人們那裡，讓人們能滿足其好奇心和獵奇心。

## （一）高質量內容依舊是王道

　　從名人八卦為內容起家，後來拓展到了如購物、健身、娛樂、美食、居家、潮流、時尚等領域，PopSugar 總是能在各個板塊發布有質量貼近生活的資訊，涵蓋年輕女性生活的各方各面，並且實用、新穎、觀點獨到，版面設計精巧有活力，吸引了大批年輕的女性使用者。她們在網站上看名人的八卦新聞，關注當下的潮流趨勢，學習如何保持好的身材，如何能把家里布置得更漂亮一些，如何能搭配嬰兒的食物等。

　　積累了一定使用者後，PopSugar 又收購了幾家相關的網站，包容了更多的高質量的內容，融入了購物搜尋引擎和電子商務平台，為使用者提供從內容認知到產品使用的一條龍服務，形成一個閉環。網站把形形色色的產品融入高質量、實用、新穎的內容中，透過良好的頁面交互提供給使用者，或者可以透過內容中的暗示指引使用者去利用網站的搜尋工具去搜尋相關的產品，形成完整的居家、生活、消費的生態鏈。

　　PopSugar 創立於二〇〇六年正值互聯網重新崛起的年代，經歷了二〇〇〇年的互聯網泡沫後，人們更加理性的看待互聯網產品，也慢慢開始重新給予它足夠的關注。PopSugar 作為細分市場的入口網站，很好的滿足了細分市場的需求，做到了大

型入口網站很難做到的事情，如內容的深度、及時，形式版面的新穎活力等，大型的入口網站很難滿足每一個細分市場的需求，這就給 PopSugar 留下了發展的機會。

人們對互聯網行業發展的信心的增加，使互聯網公司有更大的機會。

### （二）體驗是撬動消費的槓桿

在 PopSugar 創立之初，布萊恩和麗莎希望把網站打造成類似 Time Inc. 和 Conde Nast 康泰納仕的媒體集團。後來，夫婦二人發現影片內容可以為網站帶來大量瀏覽量，於是他們改變目標，以 ESPN 為榜樣，期望 PopSugar 能成為擁有涵蓋時尚、購物、明星、娛樂、美容、健康和美食等不同分支欄目的主樞紐。為此，PopSugar 引入了獨立的影片欄目，謀求更廣闊的發展空間。

根據美國網路流量統計公司 Comscore 的數據，專門面向女性群體的網站流量，去年高速增長百分之三十五，高於任何其他類別的都網站。此外，女性網站的瀏覽量比去年同期高出百分之二十七。以上數據向人們揭示，互聯網的「粉色時代」到來了，女性網站成了互聯網的主導力量。

提升使用者體驗值是女性網站成功的關鍵因素。女性消費的盲從性、衝動性為女性網站帶來了源源不斷的利潤。對於購物，大多數女性都有著天生的熱情，她們時而感性，時而精明，時而理智，時而衝動，「因為喜愛所以購買，因為需要所以渴望得到」。而網路成為她們最佳的抒發訴求、滿足需求的空間。

PopSugar 創造了一個類似 Fackbook 的 Blog 群，只要註冊為 PopSugar 的會員，就能夠獲得一個屬於自己的 Blog，女性可以把自己的喜怒哀樂寫在上面，更關鍵的是 PopSugar 擁有分類的版塊，女性網友可以暢所欲言，交流各種化妝技巧、服飾髮型等。

作為挑剔且衝動的女性消費者，最為在意的恰恰是體驗。超脫於產品和服務之外的體驗經濟，如今已經越來越受到歐美電商行業的追捧。一般來說，女性使用者更樂於分享自己的網購商品和購物心得，女性在消費過程中極其看重意見領袖及已

有使用者意見，尤其是針對化妝品、服裝等網購消費主項。女性使用者更加注重達人推薦、朋友意見、使用者心得等。這些網站給了女性一個與網路同伴交流的機會，也給商家增添了更多機遇。

## （三）打造女性生態產業鏈

女性既是社群網路的路由器和放大器，又是電子商務的「火箭燃料」。隨著網上購物的興起，PopSugar 沒有浪費它龐大而且特性相對統一的使用者，做起了女性電商，透過戰略併購，把自己的針對年輕女性市場的電商平台搭建了起來，使商品和高質量的內容形成互動，相輔相成，使用者透過網站上的內容分享，可以發現各式各樣的潛在商品，並且可以在同一個平台內很快能買到。

從基於內容的入口網站發展到集購物、商品搜尋於一身的基於內容分享的入口網站，同時也可以算是一個電商平台和搜尋引擎，PopSugar 的內容始終作為它的核心能力所在，是整個生態產業動力的源泉。如果沒有新穎有活力的內容吸引使用者，而只是一個單純的商品搜尋引擎和電商平台，是很難吸引使用者的。以內容為驅動力的其他衍生服務實現了很好的盈利，跳出了很多互聯網公司有使用者但無法形成有效的商業模式。

起初作為專門分享名人八卦的入口網站，在積累了一定使用者量後，創始人接受了 MichealMoritz 等人幾輪的投資，充實公司的資金池以幫助公司完成戰略收購。PopSugar 收購了商品搜尋網站 ShopStyle，接著又收購幾家內容分享網站，如 Circle of Moms，以豐富它的內容，把更多的女性吸引為自己的客戶，提升自己在電商領域內的收入，並且收購了影片媒體公關公司 StarBrand Media，把強大的行銷團隊收入囊中，利用自己高質量的生活資訊內容分享平台，以幫助客戶更好的推銷自己的產品，為使用者提供更好的服務。經過這些資源的整合，PopSugar 已遠遠不是一家單純的內容分享平台，而是形成了立體的商業模式，各個模組之間相輔相成，共同促進發展，形成良性發展。

### （四）整合行銷促發展

根據電通著名的 AISAS 理論，網路使用者的消費路徑大致如下：關注（聽到聲音，產生好奇）；興趣（尋找資訊，了解細節）；搜尋（賣點、優惠促銷等）；行動（加入註冊，發生購買）；分享（口碑傳播，持續購買）。

作為國際領先的傳媒和科技公司，PopSugar 有超過十五個不同的網站，如影片分享網站、搜尋引擎、Facebook、twitter 等各種資訊發布平台，PopSugar 都在這些平台上發揮著自己的影響力，發布足夠能吸引使用者的資訊或者活動，讓更多的使用者能使用 PopSugar。如果說網站架構運營中的細節考慮是促使網站良好發展的左膀，那麼專門針對女性的體驗服務，才是承擔更多任務，也為電子商務網站帶來更多效益的右臂。

延續著內容分享的基因，PopSugar 的行銷模式主要是內容行銷，給使用者提供最新、最潮流、最獨到、最有質量的明星八卦等娛樂資訊。作為入口網站，以最新、最獨到、最潮流的資訊吸引使用者，在使用者享受這些內容的同時，在內容中嵌入各種增值服務。在主流的搜尋引擎上，如果搜尋娛樂八卦等資訊，PopSugar 的結果排位都會很靠前，可見其內容行銷戰略是做得十分到位的，其提供的資訊也是得到廣泛認可的。

和 Google 等企業提供全網搜尋不同，PopSugar 的搜尋引擎屬於專門分類下的搜尋引擎，無論是內容、商品等資訊都能被使用者獲取，在更大程度上滿足客戶的特定需求，提高目標使用者群的使用黏著度。

二〇一三年七月，艾琳・卡蒂就任 PopSugar 全國廣告銷售副總裁。二〇一三年十二月，公司推出兩千五百萬美元的傳統媒體（平面和電視）廣告活動，該廣告活動口號為「我們搜尋，我們發現，我們 ShopStyle」。米蘭達・可兒擔任活動代言人，並簽訂了兩年的合同。特裡理查森負責平面廣告拍攝，彼得格蘭仕負責執導電視廣告製作。

PopSugar 目前有三個主要的收入來源：橫幅廣告、搜尋廣告和電子商務，三者

占據比例分別為百分之四十五、百分之四十五和百分之十，其中電子商務發展潛力最大。去年，PopSugar 旗下的 ShopStyle 為電子商務合作夥伴產生了約四點五億美元的收入。

## 四、創客商業模式分析

隨著網上購物的興起，PopSugar 沒有浪費它龐大而且特性相對統一的使用者，做起了女性電商，透過戰略併購，把針對年輕女性市場的電商平台搭建了起來，商品和高質量的內容形成互動，相輔相成，使用者透過網站上的內容分享，發現各式各樣的潛在商品，並且可以在同一個平台內很快能買到，方便高效。以下就PopSugar 公司價值戰略模式、市場行銷模式和盈利收入模式進行分析，如表 19-1 所示。

表 19-1　PopSugar 商業模式創新分析

| 商業模式 | 特　徵 | 描　　述 |
|---|---|---|
| 價值策略模式 | 高品質內容 | PopSugar是一家基於高品質內容分享的網站，內容行銷當然是其核心競爭力之一，以高品質、時尚潮流、即時的名人八卦等生活資訊為基礎，整合了多方資源和平台。 |
| 市場行銷模式 | 入口網站＋電商平台＋搜尋引擎 | PopSugar行銷平台也是隨著互聯網的發展日益多樣化的，現在有影片分享網站、搜尋引擎、facebook、twitter等各種資訊發布平台，PopSugar都在這些平台上發揮著自己的影響力，發布足夠能吸引用戶的資訊或者活動，讓更多的用戶能使用Popsugar |
| 盈利收入模式 | 橫幅廣告＋搜索廣告＋電子商務 | PopSugar三個主要收入來源占據比例分別為45%、45%和10%，其中電子商務發展潛力最大。2012年，PopSugar旗下的ShopStyle為電子商務合作夥伴產生了約4.5億美元的收入。 |

## 五、啟示

PopSugar 為使用者提供結合內容與商業的資訊。PopSugar 是數字時代的最佳生活時尚內容與購物資訊供應者，任何女性喜歡的東西都可以從這個網站找到。PopSugar 公司一直造尋找優秀的人才加入公司的隊伍。PopSugar 公司主打題材為

娛樂八卦和女性諮詢，已經從普通部落格演變為娛樂新聞的名牌網站，擁有龐大的使用者部落格群，其中包括多個知名部落格網站，如 PopSugar、GeekSugar 等。

Brian Sugar 和 Lisa Sugar 於二〇〇六年創立 PopSugar，當時希望把網站打造成類似時代公司和康泰納仕的媒體集團。後來，夫婦二人發現影片內容為網站帶來大量瀏覽量，因此他們改變目標，以 ESPN 為榜樣，期望 PopSugar 能成為擁有涵蓋時尚、購物、明星娛樂、美容、健康和美食等不同分支欄目的主樞紐。為此，PopSugar 引入了獨立的影片欄目，謀求更廣闊的發展空間。

PopSugar 公司為讀者報導特殊場合、熱門趨勢、最佳娛樂、時尚，提供美容、健美、美食、購物等相關的建議。PopSugar 公司擁有兩千多萬使用者，這個數目還在不但增長。PopSugar 公司可以接觸數百萬的具有影響力的女性，大家的購買力是無與倫比的。你可以將自己的品牌與購物者的熱情結合起來推廣。PopSugar 作為為女性打造的生活時尚品牌，擁有強大的室內編輯團隊陣容，提供了最新娛樂、時尚、美容、健康、購物等方面的新聞與資訊。

PopSugar 擁有原創的影片內容，覆蓋現場活動，獨特的購物經驗和一對一的名人與專家採訪，目的定位於十八～四十歲的女性。PopSugar 協助領先的全球性品牌透過創造各種各樣的高質量、原創和互動式推廣內容、訂製化解決方案、獨特的內容來接觸目的消費者。與 PopSugar 公司合作的企業，其品牌有機會透過網路、手機、影片、電子郵件、社群媒體等碰到接觸具有不菲購買力的數百萬重量級購物者。

女性網站能夠帶來的巨大盈利，使它正以一種「粉色旋風」占領剛性十足的傳媒陣地。作為女性商業網站，想方設法吸引、留住女性網友是必須做的。透過網站的做法，我們可以窺視女性的消費需求以及當代女性心理需求。

新女性要求的新電商必須具備兩大特徵：情感需求第一，個體中心化。傳統電商解決的是快、更快、最快的問題，注重功能性提升，而忽視了情感滿足和個體尊重，所以過時了。女性對互聯網的最大影響，在於透過她們的行為，改變我們這個時代男人和女人的共同的思想特質。

　　此外，體驗經濟的另一大優勢，就是隨著自有品牌的不斷發展壯大，可以逐步走向個性化行銷，一旦產品在前期完成了口碑和使用者的原始積累，那麼再走向自有品牌的行銷也就成為順理成章的事情。

# 第二十章
# Square——個體移動支付服務創新

傳統店舖一定要在收銀台上擺放一個巨大、昂貴且複雜的 POS 終端機，但對企業來說，無論是賣披薩、漢堡、紀念品還是卡布奇諾，採用 Square 的解決方案來經營自己的生意都是最為容易輕鬆的事情。這家被譽為美國「支付寶」，主要解決個人和企業的移動端支付問題。

創始人傑克·多爾西（Jack Dorsey），也是 Twitter 公司的創始人，Square 是他創辦的第二家公司。作為華爾街和矽谷的寵兒，四十一歲的傑克已經成功將兩家公司推上資本市場，出任雙重 CEO，無疑是商場上的人生贏家。是什麼支持一個新創企業在短短的時間內備受追捧和看好？

## 一、公司背景

Square 是美國一家移動支付公司，自從二〇〇九年創立以來，一直備受華爾街的青睞。它利用移動讀卡機，配合智慧型手機，在 3G 或 Wi-Fi 網路狀態下，透過應用程式匹配刷卡消費，使消費者、商家實現付款和收款，並保存相應的消費資訊，從而大大降低了刷卡消費支付的技術門檻和硬體需求。

二〇一二年是 Square 非常重要的一年，作為總計兩億美元投資的一部分，公司獲得了兩千五百萬美元的投資，並與星巴克建立戰略夥伴關係，而第四輪融資公司估值達到了三十二點五億美元。二〇一四年十月七日，Square 完成了一輪總額達一點五億美元的融資。此前，花旗創投和摩根大通 Digital Growth Fund、紅杉資本、Kleiner Perkins、First Round Capital 和 Marissa Mayer 等都曾投資過 Square。高盛的前任 CFO 大衛·維尼亞（David Viniar）還於二〇一三年十月加

入了 Square 的董事會。公司估值迅速上升，在最近這輪融資中，Square 的估值已高達五十億美元。二〇一五年十一月二十日 Square 上市，其股價一度上漲百分之六十四。開盤價為十一點二美元，公司市值達三十六點一七億美元。公司股價早盤一度衝至十四點七八美元，市值突破四十七點七億美元。

## 二、創客介紹

創始人傑克‧多爾西、崔斯坦‧奧蒂爾尼在開發了 Square 的移動支付後，組建研發和銷售團隊，以合夥人的形式開展業務。傑克‧多爾西也是 Twitter 的聯合創始人，任 Square 首席執行官。

於是傑克‧多爾西便推出一個項目「Square Wallet」，這是一個 APP，它可以在組織內付費。Square 事先會儲存你的個人支付資訊，貼上你自己的照片，當你準備好付款時只需要告訴收銀員你的名字，如果臉部照片與本人吻合，收銀員只需要讓你在 iPad 或者 iPhone 上點擊確認就可以了。

為了最大程度的激發公司團隊的工作激情，Square 在結構化、標準化和虛擬化上沒有特殊的形式。

## 三、案例分析

Square 從成立之初就瞄準電子商務，希望能改變人們購物的方式，提出「電子商務的下個革命將是移動支付革命」的概念，允許各種大小的商戶進行移動交易，支持現金、支票以及信用卡等支付方式。

旗下有兩款產品：第一款應用 Square Register 主要面向商家，結合其被眾多公司仿照的「刷卡器」，可以將手機或者平板電腦變身為零售終端系統，既可以完成刷卡收費，也可以當成庫存管理、顧客追蹤和業務數據分析的工具。

第二款面向消費者的應用 Square Wallet 則讓使用者不需要現金和實體信用卡就能完成支付。當你走進一家店舖，Square 的定位技術可以讓你出現在離線商家的

收費介面中，確認身分後，使用者在應用中就能完成支付。

### （一）小巧易攜，服務貼心到位

Square 的形狀如其名，就是方方正正的一個邊長約兩公分的正方形，能夠在使用者的移動設備如 iPhone、iPad、iTouch 上直接使用，方面快捷。而且由於其體積小，只要放在口袋裡便可以隨身攜帶，因此被廣大消費者和商家追捧。

Square 最初的產品是一款插入智慧型手機的小型白色設備，它可以作為信用卡和借記卡閱讀器，主要面向小型商戶。除了體量小、易操作，消費者和商家選擇 Square Card Reader 是因為它還具備其他顯而易見的優勢。首先，它提供的帳單按天進行結算，而銀行通常是按月結算。其次，Square 的硬體成本相當低，相比之下，Verifone 一個信用卡終端需要九百美元，而 Square 僅需一個 iOS 或 Android 終端（iPod touch 僅兩百九十九美元，Square 讀卡機是免費領取的）。對消費者來說，它有個貼心服務是帳單支付由電子郵件寄送，並會附上 GPS 定位的位置，方便核實記錄；而對商家來說，它能儲存和分析使用者消費資訊，使生意買賣更為輕鬆。

最重要的是，Square 的手續費相當低廉。為了鼓勵消費者使用 Square 刷卡，任何刷卡行為僅收取百分之二點七五的費用，而手動輸入帳號則為百分之三點五加上十五美分。最近，它又推出了新的可選擇的手續費支付方法：每月支付兩百七十五美元，就可以無限次刷卡（單筆不超過四百美元，年不超過二十五萬美元）。

Square 模式實質上是移動支付模式，為使用者（消費者和商家）提供便捷的交易平台，與傳統無線 POS 機所不同的是，POS 機變成了 iPhone、iPad、iTouch 等移動設備（同時配備了一個讀卡機），從而降低了商戶的成本。

### （二）飛躍發展，領跑同行

Square 的商業模式跟它的機器一樣，非常簡單明了。成本主要來自三方面：一是交付給各銀行的交易佣金；二是 Square 刷卡器硬體成本；三是團隊的開發和運營成本。而最主要的收入來源則是交易佣金。

借助 Square 的刷卡外掛程式，在移動設備上接受信用卡付費，Square 從所有交易中收取一定比例的費用。這個比例是交易的百分之二點七五，比很多卡組織收取的交易費用要低，然後 Square 把這筆交易的手續費和各大卡組織和機構進行拆分，除去成本外剩下的便是 Square 的營收利潤。

在收益分配方面，Square 將每筆交易回扣與卡組織和發卡機構按一定比例分配，根據所簽協議的不同，相應的利益分配比例也有所不同。從整體上看，Square 須向 Visa、萬事達等卡組織及發卡機構支付處理費、品牌費及交換費等費用。

從這個模式可以看出，消費者或者商家刷卡次數越多，Square 的利潤便會越高，因此企業要做好市場滲透，盡可能擴人市場占有率。Square 業務發展速度很快，如表 20-1 所示，與發展現場移動支付相對成熟的韓國和日本相比較，Square 僅用了一年的時間在交易規模方面就超過了韓國，與日本的差距也不斷縮小。Square 公司自上線運營以來，其發展速度也遠遠高於預期。

### 表 20-1　Square 公司與韓國、日本移動支付發展速度比較

| 年度數據對比 | Square | 韓國現場行動支付 | 日本現場行動支付 |
|---|---|---|---|
| 交易規模/億 美元 | 2.5 | 2.2 | 72 |
| 所用時間/年 | 1 | 8 | 6 |

從表 20-1 可以看出，Square 發展速度非常快。但就整體來看，和美國其他支付平台相比較，規模化效應尚不明顯，距離大的移動支付實體有較大的上升空間。

從表 20-2 可知，二○一一年，Square 的交易額與營收總量與卡組織和傳統收單機構相比，占比仍然很小，Square 公司的規模還不足以對美國整個支付產業造成大的影響。

### 表 20-2　美國主要支付平台交易額及營收總量狀況

單位：億美元

| 2011 年 Q2 美國市場數據對比 | Square | VISA | 萬事達 | FDC |
|---|---|---|---|---|
| 交易額 | 2 | 5 180 | 2 680 | |
| 營收總量 | 0.09 | 13 | 6.93 | 1.2 |

　　然而移動支付呈快速擴張之勢，Square 目前每年處理交易額已經超過五十億美元，每月交易量超過四點一六億美元。自二〇一二年三月以來，交易額增長了近百分之二十五。目前 Square 活躍使用者數超過一點五億人次，有超過一百萬戶商家使用移動支付平台接受信用卡支付，占美國所有支持信用卡支付商家的八分之一。

　　為什麼商家會選擇 Square 的刷卡器呢？其主要競爭力是所收手續費比 POS 機低幾個百分點嗎？顯然不是。

　　Square 最重要的是讓商家「能」接受信用卡──這個從零到一的過程在這樣強大的信用卡消費習慣下是個重要的質變──其次才是手續費問題。申請傳統刷卡器的過程冗長、麻煩，安裝費高，而辦理 Square 只需要花兩分鐘在網站上提交申請，一兩天內「小方塊」迅速寄到，並且免費。

### （三）國際化戰略，拓展全球業務

　　二〇一二年十月，Square 開始進入加拿大市場，而此舉正是履行了它在同年九月獲得兩億美元的 D 輪融資時所做出的承諾──開始全球業務擴張。

　　加拿大其實對公司來說是較好實現的一步。因為在地理上接近美國，沒有語言障礙，加拿大市場的運營應該較為容易。同時，加拿大依然是以磁條卡為主流，是使用者最容易接受的交易方式。而如果 Square 要進入歐洲這樣以「晶片加密碼」系統為主流的市場就要注意了。在歐洲，iZettle 和 Payleven（德國三兄弟出品，已快速進軍英國、巴西市場）等公司已經有類似 Square 的晶片加密碼系統的移動支付解決方案。若 Square 進入歐洲市場，它們都有可能成為 Square 的戰略夥伴。

　　除了讀卡機，Square 針對商家的 Square Register app 同樣進入加拿大。這個銷售系統不僅能處理支付，還能追蹤庫存、監控整體交易並包含忠誠度管理。除此之外，商家還可以透過 Square 指南推廣他們的業務。

　　從客戶定位來看，Square 以廣大的美國無力承擔刷卡支付所產生相應費用的，但有迫切需求的中小商戶為主。目前，美國僅八百二十萬商戶支持刷卡支付，兩

千七百萬家中小商戶則不支持。比較而言，中小商戶是一個規模更為巨大的群體，Square 推出的產品很好的滿足中小商戶群體的需求。Square 公司的市場定位較為準確的切合了當下的需求，有需求就有市場，就有日後發展的空間。

### （四）數據分析，助力商家提升業務

Square 的盈利模式主要是從移動設備上，借助 Square 的刷卡外掛程式，接受信用卡付費，Square 從所有交易中收取一定比例的費用。重點是如何為商家帶來更多新的客戶，Square 如何幫助商家利用數據分析提升自己的業務模式。在這方面，Gift Cards 是一個重要嘗試。在此基礎上可以不斷的推出新的產品，為商家提供更多具有附加價值的服務。

#### 1・與星巴克進行合作

二〇一二年，Square 公司與星巴克公司簽訂戰略合作協議。根據協議，美國七千家星巴克連鎖店開始接受 Square 支付。截至二〇一二年九月，Square 以年度計算完成交易量八十億美元。

#### 2・與 Snapchat 合作推出轉帳服務

據媒體報導，Snapchat 的估值已達一百億美元，並被認為將是 Facebook 和 Twitter 等互聯網巨頭的威脅。Square 選擇與 Snapchat 合作，這也是 Snapchat 向其他業務領域進行拓展的最新一步，雙方互惠互利，形成雙贏的合作模式。

這次合作，貸記卡資訊將由 Square 保存，而 Square 也將處理支付，以及銀行帳號之間的資金轉移等流程。Snapchat 則表示，美國所有年齡十八歲以上的人士都可以使用該服務。而這項業務的合作，也將給 Square 帶來可觀的業務收益。

#### 3・推出商業版 Square Cash

Square Cash 商業版的意義在於可以讓小商戶和自由業者直接透過 cash.me 頁面收款，而不是收現金或者支票，而且他們不用下載任何應用就可以開始收款了。對於非營利性組織，只要將 cash.me 的收款連結發到 Twitter 或者 Facebook 上就

可以輕鬆募資。現在 Wikipedia 和預防艾滋的機構 Red 已經開始用 cash.me 頁面接收捐款了。

Square Cash 商業版對於每筆交易收取百分之一點五的手續費，比 Square 之前推出的刷卡服務的百分之二點五手續費低了很多。因為借記卡的手續費比信用卡低，所以只接受借記卡的 Square Cash 商版比既接受借記卡也接受信用卡的 Square 的手續費低。

二〇一三年五月，Square 推出針對智慧型手機和平板電腦的實體信用卡刷卡器，以及提供針對蘋果 iPad 平板電腦使用者的收銀機，其名稱為「Square Stand」。Square Stand 是 Square 自主研發的第一款硬體解決方案，可連接 iPad 並處理付費交易的新產品。它擁有比 POS 機反應更快的讀卡機，可以連接商家的硬體設備（如收據列印機、收銀機或條碼掃描器），在一個週期的收支結束後還可為商家進行數據收集分析、生成報表。

同年十月，為了滿足更多個人使用者的需求，Square 再次對其業務進行了提升，對外發布了最新服務「Square Cash」，這是一個 P2P 資金交易產品，透過它使用者只需要發送一封電子郵就可以給自己的好友轉帳了。無論是發送支付還是接收支付，Square Cash 都是免費的，資金會直接存入接收方的銀行帳戶，而不會儲存在餘額帳戶內，Square 在交易中不會收取任何手續費。

二〇一四年一月，推出了一款名為「Square Pickup」的點餐服務，該服務可以讓人們像使用其應用一樣輕鬆點餐。使用者可以透過該應用先在一家與 Square 簽約的商家點餐，隨後再去取貨。該服務的具體流程如下：簽約餐廳的菜單會被加載到應用中，使用者們只需挑選他們中意的食物並透過應用下訂單，然後利用 Square 完成支付。當食物準備好之後，使用者再去餐廳取貨。看起來跟同類應用 Order Ahead 或 Seam less 很相似，但是據最早報導該服務的部落格網站 Pricenomics 稱，Square 的應用有一些與眾不同的優勢：數萬商家已經將他們的菜單放到了 Square 的帳戶中，這些商家還在它們的收銀系統中使用了 Square，這些商家可以透過

Square Pickup 接受訂單。與其他的競爭對手不同，Square 甚至可以免費提供該服務，因為它可以透過處理信用卡支付交易而獲得一定的交易服務費。

# 四、創客商業模式分析

Square 在移動支付業務上的發展潛力巨大，未來可能會對傳統的卡組織和收單機構造成較大威脅。以下就 Square 公司價值戰略模式、市場行銷模式和盈利收入模式進行分析，如表 20-3 所示。

**表 20-3　Square 商業模式創新分析**

| 商業模式 | 特　徵 | 描　述 |
|---|---|---|
| 價值策略模式 | 行動支付 | Square主要解決個人和企業的行動端支付問題。旗下主要有三大服務內容:讀卡機、行動支付、註冊。可在任何地方進行付款和收款，並保存消費資訊，降低了刷卡消費支付的門檻和硬體要求。 |
| 市場行銷模式 | 面向消費者和商家 | 智慧手機終端的用戶和微小商家，把支付形式從現金變為信用卡，從而極大地方便了消費者和商家。Square的重點是為商家帶來更多新的客戶，幫助商家利用資料分析提升自己的業務模式。 |
| 盈利收入模式 | 交易佣金 | Square公司的主體業務是收單，其收益主要來源於每筆交易的回扣，回扣目前統一分為兩種形式可供選擇:一種是每筆交易費用的2.75%;另一種是適合中小商戶，每筆交易收取1.5%的手續費或每月275美元打包價。 |

# 五、啟示

Square 的成功主要在於快捷、簡單的移動支付方式，造就了 Square 的核心競爭力。從想法到實踐僅幾個月的時間，從商戶的個人申請刷卡器到投入使用僅幾天的時間，從使用者進入商戶區域到完成購買僅幾分鐘的時間，再從刷卡到支付完成僅幾十秒的時間，這些一環扣一環的緊密連接，無不體現著產品研發到落地的快捷，讓使用者體驗變得迅速。

除了快捷之外，使用者體驗也變得簡單明了：申請讀卡機、註冊、下載應用、

操作步驟簡單；三種服務的交易佣金均為百分之二點七五，收費方式簡單；應用的操作介面清楚簡單；一鍵分享和加入喜歡隊列，社交簡單。這些簡單的元素，恰恰使 Square 的商業模式不簡單，讓使用者能享受更好的體驗。

　　Square 當前是科技產業的熱點話題之一，這一點與其產品的流行密切相關。目前，Square 每年處理的交易總額已達到數百億美元。但是由於 Square 通常只收取百分之二點七五的交易額作為手續費，然後又把很大一部分手續費以互換成本的形式支付給 VISA 或萬事達公司，因此業內專家對 Square 盈利能力究竟有多強產生了疑問。《財富》雜誌在二〇一六年五月曾報導稱，扣除上述費用之後，Square 的毛利率為百分之三十四。

# 第二十一章
# Zola——線上婚禮產品選購平台

　　在美國，婚禮禮品市場是一個很大的市場。據調查，超過六百七十萬的美國人每年會參加至少一次的婚禮。他們當中的絕大多數人平均花費一百零九美元去購買一個婚禮禮品，而若是給比較親近的親戚，成本會上升到兩百美元。

　　Zola 是美國一家線上選購婚禮禮物的網站，使用者可以自由組合不同的結婚物品、線上訂製、直接購買或導購等，作為婚禮禮物選購網站，它憑藉創新優勢吸引了眾多流量，抓住了這個市場的空白點。

## 一、公司背景

　　Zola 成立於二〇一三年十月，是一家線上選購婚禮禮物的網站。以「婚禮註冊」為突破口，新人在 Zola 建立屬於自己的線上空間，羅列出所需的婚禮禮物清單，或者是建立婚禮基金，並將空間向親友展示，進行眾籌（註：「眾籌」，即「群眾募資」）。與市面上大部分婚禮領域的電商平台不同，Zola 在品類上並沒有選擇從高客單的首飾、珠寶等來切入，而是選擇了一些適合新婚夫妻又比較特別的商品，如料理機、紅酒杯，甚至還有自行車旅行、生鮮配送到家服務等。相對來說，這些商品更加生活化，使用頻次也比較高。

　　Zola 切入電商領域婚慶物品這一垂直領域，打造出一種互動空間和互動的眾籌模式，在線上構建一個類離線的婚禮籌備空間和社群。公司成立七個月就有一萬六千萬對新人註冊，第一年就有三千對夫婦使用了它們的服務。

　　作為婚禮禮物選購網站，它憑藉抓住市場空白點、創新等優勢吸引眾多流量，因此在上線之初就獲得風險投資的青睞。Zola 採用了傳統離線商場裡常見的消費者

客服中心，有專門的人員來處理平台上售出的商品的後續服務。但 Zola 本身不做商品的儲存，沒有庫存無疑可以省下一筆不小的費用。Zola 選擇直接與製造商合作，比如 Cuisinart，最終發貨由廠商直銷到使用者手中。

在公司僅僅成立一個月的時候，就獲得了 Thrive Capital 的三百二十五萬美元 A 輪投資。資金將用於改善其平台，開發行動應用，給它的產品服務加入更多的本地化元素。在二〇一四年秋季，Zola 又完成了最新一輪融資，總額為兩百六十萬美元，低於此前一輪。二〇一五年十一月，Zola 宣布獲得一輪一千萬美元的 B 輪融資，由 Canvas Venture 領投，Thrive Capital、AOL 底下的 BBG Ventures，以及 Female Founders Fund 和 Forerunner Ventures 跟投。

CEO 馬珊琳（Shan-Lyn Ma）表示，Zola 計畫於二〇一五年實現盈利，因此並不希望籌集更多的資金。

## 二、創客介紹

公司創始人是馬珊琳、諾布‧那卡古馳（Nobu Nakaguchi，）以及凱文‧里安（Kevin Ryan）。凱文是一個創業老兵，之前在紐約創立 Gilt Groupe、Business Insider 和開源數據庫公司 Mongo DB，併負責公司的宣傳工作。

為何會創立 Zola 這樣的 O2O 婚禮產品選購平台呢？每個創始人之所以想要創辦這樣或者那樣的產品，就是因為自身的需求以及有這方面的困擾而產生的。以往參加婚禮的賓客購買婚禮禮物都是選擇自己認為未婚夫婦可能需要的物品，但這種方式的弊端很多：有可能未婚夫婦並不需要這個物品，也有可能其他賓客也買了這個物品，因此就顯得多餘了。凱文便是因為經常遭遇這些情況，從而創辦了 Zola。

凱文覺得婚禮註冊非常過時，而且缺乏想像力，隨著 Pinterest 幫助情侶想像出了許多有創意的婚禮想法。Zola 是一個包含圖片、婚禮建議等內容的網站，裡面還包含了未婚服務意願禮品清單，希望情侶透過這個網站講述專屬於自己的婚禮故事。

透過 Zola 可以創建自己的個性化網站，未婚夫婦可以在網站上添加照片，羅列

希望收到的婚禮禮物，如廚具、食物、家具等，還可以自己選擇禮物被寄送的時間，這樣就避免了禮物到達太早落有塵土或是太晚沒有派上用場的情況。馬珊琳表示，Zola 上面最暢銷的是洛奇鑄鐵煎鍋、華夫餅乾和麵條盤。

創始團隊之前創立的 Gilt 也是閃購類電子商務網站，管理層包括 Gilt 的多名前高管，目標是幫助千禧年一代籌備婚禮。這樣的服務應當有著美觀的介面，能帶來使用樂趣，同時提供優秀的應用。與此同時，Zola 開發了零售及市場網站，專注於婚禮註冊服務。Zola 的目標是發展成一個更大、類目更多的 O2O 購物平台。

# 三、案例分析

為了這個目標，Zola 也在逐漸增加自己的服務範圍，銷售約八千種與婚禮有關的商品供新婚夫妻選擇。新婚夫妻可以在 Zola 平台上選擇自己喜歡的、想要的和需要使用的東西，或者加入在其他網站上發現的商品。Zola 是一個針對婚禮禮物垂直領域的線上購物網站。

## （一）個性化禮物清單讓朋友認領

Zola 的 O2O 模式應用在婚禮禮物選購領域吸引了眾多年輕人的眼光，開拓婚慶禮品領域的藍海。概括起來，網站具有以下三個特點。

### 1·個性化禮物清單

Zola 個性化的訂製服務主要表現在：商品種類多、選擇範圍廣；也可以選擇眾籌和食物來實現蜜月和婚宴，有靈活的送貨時間；透過照片和文字設計個性化社交圈分享婚禮故事。

透過註冊服務，可以看到收藏清單服務 Starter Collections，該清單包含特定的常見禮品，直接銷售特色商品。此外，Zola 還提供個性化訂製特色禮品，新人可以創建獨特的 URL，也可以透過照片、商店和趣聞逸事來個性化自己的禮品清單。

這個功能解決了賓客在選購婚禮產品時候雙方的尷尬。賓客可以在上面挑選，

購買其中的產品作為禮品贈送給新婚夫婦。這樣一來,新婚夫婦收到的禮品就是他們最想得到的,避免這樣的現象:可能這件東西別人也贈送了,或者新婚夫婦本來就有這件產品。

### 2・特色禮物眾籌

Zola 和多個牌子的廠商以及供應商合作,在網站上展示了各式各樣的傳統的婚慶禮品。未婚夫婦可以從中挑選自己需要的婚禮禮物,同時也給客人多了另外的其他的選擇。

在互動方面,Zola 重點打造了 wedding registry 的購物功能,直擊傳統婚禮上賓客送禮的痛點,新婚夫婦將自己所需的禮物清單羅列在個人網站上,類似眾籌的形式,由親朋好友為新人買單,共同出錢買下新人需要的物品。借助眾籌模式,可以讓幾個朋友一起出錢買較貴的商品。平台銷售的活動,Zola 會收取約百分之二十的費用,而對於所銷售的商品,這一比例最高將達到百分之四十。透過這種方式促進親朋好友為新人添置物品,提高線上消費。

### 3・基金功能

使用者可以透過 Zola 的服務請求現金禮包,用於蜜月、美妙的晚宴,甚至慈善。當來賓贈予現金時,Zola 將收取百分之二點七的費用。新人可以選擇由來賓承擔這筆費用,或是由自己承擔。

當有要參加婚禮的賓客支付了未婚夫婦心儀的禮物後,Zola 便會向這對未婚夫婦發出提醒。

Zola 在銷售過程中,商品大多數都是從入駐的商家直接配送給收件人,即未婚夫婦,因此,Zola 並沒有過大的積壓庫存。這是 Zola 和其他大多數資本密集型企業的不同之處。因此,Zola 在此後發展當中,並不需要過多的融資。

## (二)用「情感」架起目標客戶之間的橋梁

Zola 這種創新的婚禮模式受到追捧。伴隨智慧型手機成長起來的年輕情侶會認

為,傳統的婚禮註冊服務已經逐漸過時。一個重要趨勢是,將禮物清單變成一種人人都能參與的愉快線上零售體驗,讓人們在購物過程中注入他們的情感。

新人們可以透過註冊 Zola Registry 帳戶,並且在 App 上挑選自己中意的新婚禮物,然後由新人的朋友進行購買。網站有一個 Blog 的功能,未婚夫婦可以在上面上傳圖片,編輯文字,記錄自己的愛情故事,公開展示給瀏覽的人。未婚夫婦記錄自己從準備結婚到走入婚姻殿堂的點滴細節,使之成為一個有情感的網站。

Zola 定位服務於兩個群體:一個群體是新婚夫妻;另一個群體是參加婚禮的賓客。美國人每年花在結婚禮物的費用達到一百九十億美元。而 Zola 旨在幫助新婚夫妻獲得他們真正想要或者需要的禮物。根據數據表明,Zola 上的百分之五十五新人並未使用其他婚禮註冊服務,而其餘百分之四十五的新人常常會向親朋好友提供選擇,讓他們可以透過實體店購買禮物。

這種方式可以為離線店引流,跟離線店達成合作,進行商品消費的分成。透過與其他婚禮產品和註冊服務的互聯網電商平台合作,設置友情連結,實現產品和服務的差異化,從訂製服務中脫穎而出。

美國聖母大學的一項調查顯示,實際上賓客覺得禮品清單降低了婚禮的意味。人們會為你買一件禮物慶祝你生命中的這個重要時刻,但會覺得投入一百三十五美元去買個碟子並不足以表達他們的喜悅。對參加好朋友婚禮的賓客來說,一方面,在 Zola 上可以更直接的了解新人的禮物需求;另一方面,Zola 支持賓客集體購買大件商品來表達他們的共同祝福。

同時,Zola 的競爭對手並不在少數,The Knot、My Registry、Newly Wish、Registry Love 等擁有各自的結婚禮物網站。Zola 的應對策略,則是借助融資快速擴張,甩開競爭對手。儘管 Zola 盈利能力很強,並不缺流動資金,但其還是吸引了來自 Thrive Capital 和里安的六百多萬美元投資。資金用於改善其平台,開發行動應用,給它的產品服務加入更多的本地化元素。

## 四、創客商業模式分析

Zola 是一家典型的 O2O 新創企業，為新婚夫婦提供了一個線上選購婚禮產品的平台，同時注入情感的功能，成為一個有情感的應用平台。Zola 將在平台上進行銷售的商家以及知名品牌與使用者結合在一起，開拓了婚禮產品服務市場的先河，擺脫了過去傳統婚禮服務的繁瑣過程。以下就 Zola 公司價值戰略模式、市場行銷模式和盈利收入模式進行分析，如表 21-1 所示。

表 21-1　Zola 商業模式創新戰略分析

| 商業模式 | 特　徵 | 描　述 |
|---|---|---|
| 價值策略模式 | 個性化服務＋準時送達 | （1）私人婚禮空間部落格功能；<br>（2）羅列個性化禮物清單；<br>（3）發起特色禮物眾籌；<br>（4）發起基金眾籌（註：「眾籌」，即「群眾募資」）。 |
| 市場行銷模式 | O2O購物平台 | 透過口碑宣傳，增加服務範圍，融入情感成為綜合的O2O購物平台，透過與其他和婚慶有關的網站合作，添加連結，節約了巨額的廣告費用。 |
| 盈利收入模式 | 現金抽成銷售 | 主要營收來源是與透過其平台銷售產品和服務的品牌和公司進行收入分成。在盈利模式上，Zola將在平台上購買的商品收取40％的費用，體驗類服務的抽成則在20％左右。當來賓贈以現金時，Zola將會收取2.7%的費用，且Zola99％商品從製造商直接發貨給新人，因此，庫存量非常小，現金回籠快。 |

## 五、啟示

這項服務相當於美國式的「送紅包」，但這種方式沒有送錢這麼直接，而是透過以出資為新婚夫婦完成某項目的「Wedding Gift」的使命，避免了尷尬與不好意思的場面。同時，這也使新婚夫婦以及賓客在選擇婚禮禮品的時候有更多的靈活性。

Zola 採用了傳統離線商場裡常見的消費者客服中心，有專門的人員來處理平台上售出的商品的後續服務。但 Zola 本身不做商品的儲存，沒有庫存無疑可以省下一筆不小的費用。Zo la 選擇直接與製造商合作，比如 Cuisinart，最終發貨由廠商直銷到使用者手中。

　　情感行銷和眾籌模式的送禮是一種創新。對消費者（也就是新婚夫妻）來說，Zola 最有吸引力的地方或許在於，這個平台能幫助他們以一種更有趣的方式講出一個更動人的婚禮故事，然後他們可以再用這個故事去打動那些參加婚宴的賓客和好友。在平台上，使用者可以創建個性化的網站，添加照片和文字，或者羅列希望收到的婚禮禮物，然後受邀賓客就可以利用眾籌的方式為新人買下這些禮物。這些禮物甚至可以是一套房子！除了線上挑選商品和眾籌模式，Zola 也包辦度蜜月等活動服務。

　　但是，我們也應清醒的看到，在極大市場和需求的情況下，行業門檻較低，可能有潛在新進入者。建議 Zola 擴大經營範圍，與社群網路建立合作，與大型電子商務平台合作，建立付款人激勵機制等。

# 第二十二章
# Uber──專車服務「共享經濟」的鼻祖

Uber 是全球最炙手可熱且最具價值的科技初創公司，但同時也是最具爭議性的公司之一。從二十萬美元起步，Uber 一直走輕資產的路線，不擁有自己的車，不招聘自己的司機，每個城市的運營團隊均不超過十個人。因此，在資產的投入，以及運營人力費用上的支出並不太大。

## 一、公司背景

Uber 創立於二○○九年，是一家風險投資的創業公司和交通網路公司，總部位於美國加利福尼亞州舊金山，以行動應用程式連結乘客和司機，提供租車及實時共乘的服務。Uber 已在全世界二十二個國家超過六十個城市提供服務。乘客可以透過使用行動應用程式來預約車輛，利用行動應用程式時還可以追蹤車輛的位置。

Uber 自身並沒有任何車輛，但擅長整合各類資源。在美國，Uber 和計程車公司、汽車租賃公司甚至私人簽署合同，讓車主透過 Uber 接收訂單。起初 Uber 的司機駕駛林肯城市轎車、凱迪拉克凱雷德、BMW7 系列和梅賽德斯 - 賓士 S550 等車系。在二○一二年後，優步推出了「菁英優步」（UberX）服務，加入了更多不同系列的車型。優步在二○一二年宣布擴展業務項目，其中包括可搭乘非計程車車輛的共乘服務。

Uber 正在為全球高速擴張計畫獲得資金「糧草彈藥」，Uber 在十二輪融資裡一共募集了六十六億美元，共有五十二個投資人參與了投資。Uber 每輪融資明細如表 22-1 所示。

### 表 22-1　Uber 每輪融資明細

單位：萬美元

| 融資輪 | 融資時間 | 融資金額 |
| --- | --- | --- |
| 種子輪 | 2009 年 8 月 | 20 |
| 天使輪 | 2015 年 12 月 | 125 |
| A 輪融資 | 2011 年 2 月 | 100 |
| B 輪融資 | 2011 年 12 月 | 3 700 |
| C 輪融資 | 2013 年 8 月 | 25 800 |
| D 輪融資 | 2014 年 6 月 | 120 000 |
| E 輪融資 | 2014 年 12 月 | 120 000 |
| E 輪融資 | 2014 年 12 月 | 60 000 |
| 債務融資 | 2015 年 1 月 | 160 000 |
| E 輪融資 | 2015 年 2 月 | 100 000 |
| F 輪融資 | 2015 年 7 月 | 100 000 |
| 私募股權 | 2015 年 8 月 | 10 000 |
| 私募股權 | 2015 年 9 月 | 120 000 |
| 私募股權 | 2016 年 1 月 | 200 000 |

　　目前，Uber 已經遍及全世界六十八個國家和地區的近四百個城市，包括臺灣、美國、加拿大、墨西哥、哥倫比亞、義大利、法國、英國、瑞士、荷蘭、瑞典、德國、新加坡、馬來西亞、中國、韓國、日本、澳大利亞、智利、南非、阿拉伯、印度等。CEO 崔維斯（Travis）表示，將利用融資所得進行業務擴張，並在全球創造一百萬個就業，亞太市場將是投資擴張的重點。

## 二、創客介紹

　　Uber 最早是由崔維斯・卡蘭尼克（Travis Kalanick）和格瑞特・坎普（Garrett Camp）創立的，在創立初期，兩人的目標是實現「只需要按下手機按鍵就會出現一輛汽車」模式。早期公司命名為 Uber Cab，主要是對閒置計程車資源進行整合，向消費者提供計程車服務。

　　Uber 在二〇一〇年六月正式於舊金山推出服務，同年八月萊恩・格雷夫斯

（Ryan Graves）就任 Uber 首席執行官，不久後離任，並由崔維斯（Travis）接任，格雷夫斯擔任營運副總裁和董事會成員。

二〇一一年五月，Uber 被美國運管部門以沒有相關計程車公司執照為名處以兩萬美元罰款，公司將名稱 Uber Cab 正式改為 Uber，並專注於中高端租車市場。公司願景是「做每個人的私人司機」。

崔維斯・卡蘭尼克創業經歷比較豐富，在大學時從加州大學洛杉磯分校計算機工程系輟學，與同學合作創辦了免費分享網站 Scour，後因侵權倒閉。二〇〇一年與朋友合作創立了 RedSwoosh，最後以一千七百萬美元出售。二〇〇九年與格瑞特創辦 Uber。

格瑞特在著名的加拿大卡爾加里大學獲得軟體工程碩士學位，二〇〇二年創辦發現引擎 Stumble Upon，註冊會員超過二點五億人。二〇〇七年獲得麻省理工全球傑出青年創新人物獎，獲獎人為三十五歲以下的全球最佳三十五名創新人士。二〇〇九年和崔維斯共同創立 Uber。二〇一三年創立 Expa。

# 三、案例分析

美國人均汽車保有量為全世界第二，每一千人擁有八百一十二輛車，普通的車是不缺的，也有 Limo 服務，還有傳統 Avis 這種租車公司滿足各種租車的需求。Uber 的創新在於創造了一個平台，提供高端、實時的服務。Uber 先是針對高端使用者，做高端車輛的租車平台，一邊是司機和車，一邊是使用者。

## （一）提供高端車的短租和實時服務

Uber 很注重提升使用者體驗。司機戴手套出現，創造高端的服務及使用者體驗。比如有人要趕赴商業談判，或是與客人約會，需要一輛高端車。後來就是主打實時，比如臨時需要車又訂不到的時候瞬間出現，這是早期最核心的價值。在最初，車輛是賓士、林肯加長等高端車型，而且一律為黑色車型，後來這個系列發展為 Uber

Black 產品線，主要是賓士 E 級車，BMW5 以及奧迪 A6 以及少量林肯加長車型，後期才慢慢開始擴展進入中、高端車，甚至計程車。

Uber 提供一個平台，實時提供私家車司機和乘客的資訊，並把他們相匹配。當使用者在上下班的高峰時段，或者深夜動身要去機場這些很難等到計程車的時候，就可以使用 Uber 的叫車服務，附近的司機會聞訊趕來，使用者得到了最快的服務。同時根據人們使用車輛的不同場景和不同城市，Uber 基礎的叫車服務按照服務價格從低到高可以分為五類：UberX，UberTaxi，UberBlack，UberSUV，UberLux。

更重要的是，按傳統的叫車服務如果預約一輛計程車，計程車公司會告訴你司機已經出發，而你並不知道他開到哪裡了。在 Uber 中，一切都是可見的，使用者可以看到其預約的車輛實時地理位置資訊——你可以看到汽車向你的方向開過來，系統也可以計算出汽車到達的時間。定位、挖掘、匹配，移動「互聯網＋」技術無疑大大提高了出行的效率，它有效的降低了服務提供方和需求方之間的資訊不對稱。

Uber 不僅侷限於成為一個計程車公司，其業務範圍正在逐漸擴大，逐漸涉獵生活服務業務及金融服務業務。比如 Uber 正在嘗試加入配送服務，嘗試在情人節配送玫瑰花，與冰淇淋卡車合作配送甜點和燒烤。

## （二）提高汽車使用效率，實時滿足人、車、物的流動

Uber 有非常專業的演算法團隊，在建造模型，計算一個城市中需要多少車，甚至什麼時間段什麼位置需要多少車。Uber 對道路情況，自有車輛運行情況和客戶用車的習慣、路程及模式進行預測。「實時」即意味著當客戶需要用車的時候，這輛車恰好就在身邊。簡單說就是想達成「上一個客人下車的地方就是下一個客人上車的地點」的完美模式。這樣是車子效用的最大化。雖然這個是非常非常難做的，但是，如果最極端的情況 Uber 能夠把所有的租賃車、計程車、私家車都納入自己的平台，等於一個城市的車任 Uber 調遣的話，那車的利用率非常高，你想要車的時候，身邊只要有空車，都可能為你所用，汽車的閒置率會非常的低。

如果觀察並記錄一輛車的一天中的運行情況，就會發現即使是一輛日租的車輛，也很少會一整天都在路上行駛。車輛作為交通工具，其本質即為交通，commute 是幫助客戶在兩點之間實現物理的移動。所以在大多數時間完成了交通的任務之後，車輛處於停放的狀態。一輛車的閒置時間要大大高於運行的時間。但是由於車輛以及司機的相對難以移動，所以在過往的汽車租賃行業，最短的時間為日租，價格還是比較貴的。Uber 打破了日租的形式，時租能夠使車輛在完成一個任務之後即奔赴下一任務，充分盤活閒置車輛，提高車輛使用率，降低閒置率。由於提高使用率，對只用一趟車的人而言，就大大降低了價格。

人車物的流動這個概念，舉個例子來說，你有朋友要去你家，恰好你有個快遞同樣要從這個朋友家附近的站點投遞給你。所以在道路上，有接送朋友的車輛，也有運送快遞的車輛，但其實，這兩輛車的目的地是重合的。如果兩輛車是在一個相通的平台上的，可能你朋友就把快遞給帶來了。

所以 Uber 目前在嘗試的新模式是對這樣的需求進行整合，進行人、車、物品的實時匹配與傳遞。Google 在升級 iOS 與安卓地圖服務時，加入了對 Uber 叫車服務入口，查詢路線後，點擊 Google 地圖中的 Uber 選項，使用者會被直接跳轉到正式的 Uber 應用中。這是 Google 在地圖服務裡首次提供了一種公交系統之外的第三方應用。對 Uber 而言，這是擴大使用者數的絕佳途徑；對 Google 來說，Uber 採集到的使用者行車數據和路況資訊也對該公司無人駕駛車輛的研發有著很高的價值。

### （三）品牌跨界，產生奇妙的化學效應

Uber 的初衷是為人們提供一種「即時叫車＋專屬司機」的服務，但它不僅僅是提供此項服務，它傳遞給消費者的是一種時尚的、創新的現代化生活方式。它符合行銷 3.0 時代的核心理念即人文化行銷，它與消費者的溝通主要訴求於情感。例如：媽網專車案例中就從媽媽的現實生活入手，用媽媽的角度去打造一個「接地氣」的情感溝通活動，雪糕日活動還原了使用者的生活場景，用貼心服務去打動目標消費者。

Uber 專注於傳遞生活方式的做法，大大超過了我們對於一款叫車軟體的預期。原本冰冷的、陌生的司機與乘客的關係立刻變得溫暖而熱絡起來，Uber 在出行方面為使用者提供無微不至的關懷，使用者會因此而選擇 Uber。

相較於滴滴叫車紅包大戰攻城掠地不同，Uber 另闢蹊徑，透過品牌跨界行銷快速占領市場，這已經成為 Uber 行銷的常用手段。

Uber 一直很注意和合作夥伴共同推廣自身的業務。在矽谷的中心城區，Uber 聯手投資方之一 Google 風險投資（Google Ventures）一同上演了一場熱熱鬧鬧的「真人秀」——六位來自這家矽谷頂級的風險投資機構合夥人分別坐入六輛 Uber 車在市區「兜風」，創業者只要使用 Uber 應用，就有機會被選中與這些投資人「同行」七分鐘，向投資者陳述自己的創業點子，並聽取反饋，全程免費。

透過品牌跨界行銷，Uber 不斷帶給使用者新的驚喜，借「他山之石」更加迅速的擴大了自身知名度，能夠更快攻陷合作品牌原有消費者的心理防線，可以說這樣的強強聯合產生了奇妙的化學效應。

### （四）製造話題，借勢明星及影片力量

Uber 最新的活動借助了明星佟大為的影響力，製造了一場別有生趣的事件。這是娛樂行銷的常用手段，透過借勢名人或明星，吸引關注。同時透過記錄的相關影片，將事件在網路環境中發酵，產生更加廣泛的關注和話題。

Uber 做娛樂行銷給人最大的感覺就是它能夠洞察人性，一方面將現實生活中確實所需的場景高度提煉；另一方面將內心深處不為人知的小祕密有限放大，然後用富有創意的形式打造極致體驗。於是有了將公主夢、富豪夢等付諸於現實的場景體驗，也有了體諒媽媽、白領、學生等不同群體的特殊場景體驗。

正是透過這種情感化的影響，讓使用者一旦體驗了，就不能忘懷。這些美好的 Uber 體驗勢必將延續到生活中，催生下一次的乘車需求。

### （五）口碑，讓傳播更有效

Uber 不是透過廣告轟炸消費者，而是讓消費者參與到傳播進程中。透過非凡的乘車體驗，用創意、娛樂的元素將整個服務包裝成有故事的東西，引發使用者自願充當傳播者，幫助 Uber 共同完成宣傳。

因此很多認識 Uber 的人最初都透過微信朋友圈，那些鮮活的、生動的乘車故事，因為講述的人與你息息相關，降低了信賴成本。口碑行銷絕對是當下最潮流的方式，也讓傳播變得更有效！

## 四、創客商業模式分析

Uber 是一家很相信動用市場化的經濟槓桿調節手段的公司，它們以此為指揮棒，制定了相關遊戲規則，其核心就是不惜一切力量讓司機不停的奔跑起來，這是平台吸引使用者的根本，當使用者基數達到一個反曲點時，就爆發更多的大數據挖掘出來的「核反應」。以下就 Uber 公司價值戰略模式、市場行銷模式和盈利收入模式進行分析，如表 22-2 所示。

表 22-2　Uber 商業模式創新分析

| 商業模式 | 特　徵 | 描　　述 |
|---|---|---|
| 價值策略模式 | 共享經濟＋O2O 訂購服務 | （1）主要業務：叫車服務，如滿足不同需求。<br>（2）其他業務：生活服務，如配送服務。<br>（3）其他業務：融資服務，如低息購車貸款。 |
| 市場行銷模式 | O2O＋本地化推廣 | 每進駐一個新城市，都好比在當地建立一家小公司。這家「公司」具有高度的獨立性。以城市為單位的擴張模式有利於了解各個城市的國際化程度、用戶消費能力、對新產品的興趣程度等，以減少市場不確定性。 |
| 盈利收入模式 | 交易佣金抽取 | 獨特成本結構，邊際成本趨近於0。租金由Uber和私家車主分成，一般抽取20％，真正意義上的低成本高效益。同時Uber利用社群網路，建立口碑效應，在社群網路評價體系和基於雙重評價系統的信任度形成巨大的無形資產。 |

# 五、啟示

Uber作為共享經濟領域的標竿，透過合理配置閒置產能，實現資源利益最大化，Uber的崛起背後有著強大的數據與技術支持，無論功能還是系統機制一直都是行業遊戲規則的制定者，在移動出行領域，Uber的每一次創新都能迅速改變行業的模式。

Uber除了是同行的參考物，也是互聯網各領域模仿的對象，除了技術層面，在行銷方面，Uber模式的行銷想必大家都津津樂道，當然也是模仿者，Uber的行銷方式改變了原有的廣告轟炸，而是透過娛樂、創意讓消費者參與到整個傳播過程，相信很多人第一次對Uber的了解都是來自這類行銷。

## （一）全新的分享經濟體驗模式

Uber的成功其實代表著這個時代已經開始轉變，O2O只是一個過渡的概念，未來的世界必將進入全新的體驗模式。分享經濟就是其中非常重要的一個點，分享經濟最大的特點是讓每個消費者既可以成為消費者，也可以成為生產者。

像Uber的司機一樣，他既是一個開車載別人的一個服務提供者，到了別的城市他也可以打別人的車來消費。每個人同時身兼不同的角色，Uber把每個人的冗餘資源、時間、人脈、能力和價值都貢獻出來，這樣來啟動了全民創業的一個浪潮。

Uber把創業的門檻和服務別人的門檻大幅度降低，讓每個人都可以輕鬆的致富，所以這就是分享經濟之所以成功的奧妙所在。全民創業、全民成功，這是Uber成功的第一個要素，也是它所處時代的背景。分享經濟的時代已經到了。

## （二）單點突破，構建生態鏈及體系

Uber非常敏銳的抓住了叫車的這個市場，慢慢的向不同的領域延伸，現在Uber已經是全球最大的計程車呼叫平台。同時Uber也在進軍建築設計，進軍一些智慧型的服務。未來我們想要找律師、找醫生用Uber就可以，這就是Uber做的一個商業布局的成功。

首先用點來突破獲得海量客戶跟品牌優勢，再進行產業的延伸構建整個的生態

體系。所以 Uber 未來的估值基本上是無可限量的，超過阿里巴巴這樣的巨頭也只是時間問題，這是第二個單點突破後再去構建整個生態鏈跟體系。

這也是做企業要非常重視的一點，小企業做品牌，中企業做平台，大企業做生態。由品牌到生態之間的距離並不遙遠，Uber 用了五年就做到了，這是完全有可能的，而且已經被不斷驗證過了。這裡面的核心就是要透過單點的服務體係獲得海量的客戶，再直接轉移到生態體系。

### （三）創造更多的機會

像分享經濟這種巨大的商機，不可能會被一家巨頭給壟斷，而是給我們創造了更多的機會。每個人都變成一個創業者、生產者，同時讓每個人也成為受益者。像 Uber 這樣平台的誕生，一台手機可以解決你所有的問題，一台手機可以幫你賺到各領域的錢。

手機不只是一個資訊的入口，手機也可以說是一個創業的入口、商機的入口。分享經濟未來必將席捲全球，解放全球的勞動力，重新進行資源的再配置。

### （四）無人駕駛的智慧汽車將會顛覆一個時代

無人自動駕駛的到來，讓這種 O2O 的網約車的網路效應變得無足輕重。首先，司機不再是稀缺資源。這也使得類似 Uber、滴滴這樣的共享經濟平台不再是供需平台，而轉變成一種單方向的汽車服務提供商。其次，如果說低價是共享經濟的殺手級布局，那麼自動駕駛讓這種低價策略變成了赤裸裸的資本大戰。

Uber 圍繞自動駕駛做了諸多布局，比如早前《紐約時報》就報導，Uber 幾乎將卡內基梅隆大學一個研究所的人才全部挖走，這個研究所在人工智慧、自動駕駛方面有諸多研究成果，也正是在這些人才的幫助下，Uber 今年八月宣布將在匹茲堡啟動無人駕駛測試，這也意味著當你用 Uber 在匹茲堡叫車時，很有可能叫到一輛自動駕駛的車輛。《經濟學人》雜誌的一篇文章，談到 Uber 這類共享經濟的現狀和未來：短期來看，Uber 在全球共享出行市場優勢巨大；摩根士丹利指出，二〇三〇年

全球將有四分之一的汽車處在共享出行的體系裡；創業公司 nuTonom y 在新加坡推出自動駕駛計程車；自動駕駛對 Uber 的挑戰在於對其商業模式的變革，從輕資產到重資產，從互聯網公司的少監管到類似傳統公司的重度監管。

# 第二十三章
# Nextdoor──鄰里社群 App

有句話說「遠親不如近鄰」，但是現代社會，鄰里關係逐漸淡化。現在一、二線城市上班的白領絕大部分都是租房，就算是買房，旁邊鄰居住的是誰估計也不知道。記得有一個朋友問怎麼理解強關係，我說同學、朋友、同事、親戚等經常聯繫的人，還有需要聯繫的人。他說我忽略了一種很重要的強關係──鄰居。

鄰居是社群網路中被忽視的社會關係，在大洋彼岸的美國亦然。百分之六十五的成人網友在使用社群網站，而朋友中是鄰居的只有百分之二。以「鄰居」為社交基礎，Nextdoor 成為一個網路上的私密鄰里社群，解決鄰居之間缺乏溝通渠道的問題，提供便民的生活服務資訊。

類似 Facebook 那樣的網站點，Nextdoor 僅允許使用者連接住在他們附近的人，然後他們可以在站點上認識彼此、提問題、交換有關居民區的意見和建議等。討論的議題可以有本地發生的事件、學校的募捐活動、關於水暖工和保姆等人員選擇的建議、閒置物品銷售、失物啟事甚至丟失的寵物等。

## 一、公司背景

Nextdoor 創立於二〇一一年十一月，致力於為美國社區成員創建私密的社交空間，提供資訊交流、意見交換、活動組織和情緒分享的平台，同時將政府機構引入平台，發布對社區成員有用的資訊，如犯罪、防盜等。同時還對公共服務部門開放了服務，以實現在平台上發布停電、公共設施檢修等資訊。這些措施幫助 Nextdoor 在二〇一五年快速完成了美國五萬三千多個社區的覆蓋，且註冊會員數仍保持穩健的增長態勢。作為美國最大的鄰里社區 App，在這個時代頗有一些「小國寡民」的

色彩，註冊過程繁瑣，使用者需要提供家庭住址證明自己屬於這一社區範圍，社區內發布的消息僅僅該社區的使用者可以看到。

Nextdoor 不同於其他主流社群網路的地方在於：它以「鄰居」這種人際關係為基礎，採用身分驗證實名制，僅允許使用者聯繫住在他們附近的人，並且嚴格保護使用者的隱私資訊。Nextdoor 不曾公開具體使用者數量，但表示目前在美國各地有超過兩萬兩千名鄰居街坊使用其服務，其中近一半成員定期發布內容。今年早些時候，Nextdoor 首次推出了智慧型手機應用，向「社交＋本地＋移動」邁進。

公司 CEO 尼拉夫・托利亞（Nirav Tolia）表示，Nextdoor 計畫在二〇一四年上半年進軍加拿大、英國和南非等講英語的國家，然後會考慮進軍巴西、日本等國。但是，Nextdoor 高度本地化和私密化的特性，也讓它的增長面臨挑戰。

Nextdoor 成了美國最大的鄰里社區 App。自其成立五年以來，在融資方面也取得了輝煌的業績。先後融資三次，共融得二點一億美元的支持，成為互聯網行業的融資新貴。投資 Nextdoor 的不乏知名的風險投資機構包括投資過 Facebook 和 Linkedin 的 Greylock，投資過 Twitter、Spotify 和 Square 的 KPCB 和聲名卓著的風險投資基金老虎環球基金。據 NYT 公司介紹，又獲一點一億美元新一輪融資，估值十一億美元，投資方為 Redpoint Ventures 和 Insight Venture Partners；而上一輪六千萬美元 C 輪融資的時間是二〇一三年十月底。

## 二、創客介紹

Nextdoor 聯合創始人兼 CEO 是尼拉夫・托利亞（NiravTolia）。在一九九〇年代，托利亞就是雅虎的形象，經常出現在電視上，負責推廣雅虎財經等資產。他現在運營 Nextdoor 本地社區網路。他的風格可謂謹慎，但這並不意味著可以無憂。為了更好的站在使用者的角度把產品完善，尋找一種最舒服的方式讓使用者願意在Nextdoor 上分享資訊，團隊花了超過一年的時間小範圍試驗，選了美國二十六個州的一百七十五個社區合作。

## 三、案例分析

　　Nextdoor 的戰略方向是成為一個網路上的私密鄰里社區，解決鄰居之間缺乏溝通渠道的問題，為鄰居提供便民的生活服務資訊。而在市場發展的選擇上，Nextdoor 並沒有採取快速擴張，而是透過一個個社群的慢慢擴張，以社群口碑帶動宣傳，從而去開闢新的社群。這種方式，也十分符合 Nextdoor 私密、封閉的社群形象，從而能輕易進入新市場並占據市場份額。

### （一）社交新方向，無限延展和可能

　　Nextdoor 推出市場前經歷了市場測試和驗證，低調運行了很長一段時間，獲得了足量的使用者後，才正式推向市場。Nextdoor 的最大特點即社區社交切入。依託於美國成熟的社區服務土壤，透過線上社交切入，離線服務滲透。在每個社區裡做了很詳細的需求分類，包含了出行、美食、娛樂、日常家事、房屋園藝、醫療保健、寵物、商業服務等相關的細化類別。使用者可以提問，也可以就鄰居的問題給出建議和推薦，並可以進行買賣活動，打造成一個由現實生活需求驅動的社群網路平台。

　　Nextdoor 發現了社交的一個新方向，這個方向具有無限的可能性和延展性，其成功模式可以迅速複製到其他國家。Nextdoor 獨具慧眼的發現這一模式，將幫助其在本無可能的社交領域占據一個不可小覷的陣地。這個陣地的發展前景已由多家知名風險投資機構背書。

　　充足的資金保證，Nextdoor 即便在很長一段時間內沒有營收，仍可維持正常運轉並實現社群規模的快速擴張。儘管 Nextdoor 營收模式尚不明朗，但風險投資機構卻絲毫不擔心它未來的盈利前景，因為顛覆性創新本身就是價值之根，價值發現只是附著在此價值之根上的花和果，瓜熟蒂落只是時間問題而已。

### （二）鄰居專用社群網路

　　Nextdoor 是一個不同於目前主流的社群網路的網站，絕大部分社群網站是基於「朋友」作為社交基礎，然而 Nextdoor 的社交基礎則是「鄰居」這種人際關係，

僅允許使用者連接住在他們附近的人。Nextdoor 力圖打造一個鄰居專用的社群網路，希望透過限制社群網路中的潛在人數以及完善 Facebook 等網站缺乏的必要隱私保護政策來吸引到更多使用者。

從產品上看，Nextdoor 的介面是 Facebook 和 Twitter 的結合體：左側社區地圖、活動小組和邀請註冊等功能，右側則是消息發布框，以及按時間順序排列的好友狀態更新，而真正讓它脫穎而出的是對使用者群體的精心挑選和培育。

使用者可以在 Nextdoor 上為鄰居創建私密的、類似 Facebook 那樣的站點，然後他們可以在站點上認識彼此、提問題、交換有關居民區的意見和建議等。討論的議題可以有本地發生的事件、學校的募捐活動、關於水暖工和保姆等人員選擇的建議、閒置物品銷售、失物啟事甚至丟失的寵物等。與電子郵件群發或其他線上群組不同，Nextdoor 上的帖子是經過整理和組織的，而且可以存檔備查。所有居民區站點都是私密的，你必須輸入地址以驗證你是否生活在某一個特定的居民區。

但它又不同於 Facebook 平台的開放，Nextdoor 更願意封閉起每一個社群，讓使用者關上門說話，多方面保護使用者的隱私和安全。每個地點都透過密碼保護，且對搜尋引擎不可見。在加入之前，成員需要驗證他們的住址，以確保成員間能夠相互信任。Nextdoor 的使用者加入過程設計得相當嚴謹，它使用 4 種不同的方法來驗證成員的地址。

(1) Nextdoor 可以發送一張印著獨特代碼的明信片到新成員的地址處，新使用者需要用這個代碼來登錄和驗證他們的帳戶。

(2) 如果你有一個註冊了家庭住址的公開的電話號碼，你可以邀請 Nextdoor 打電話來驗證你的家庭住址。

(3) Nextdoor 也可以透過信用卡帳單地址立即驗證新成員的家庭住址。

(4) 一個已經經過驗證的網站成員可以為一位鄰居做擔保，然後用電子郵件或明信片的方法邀請他登錄相應的站點。

Nextdoor 的每一個鄰居都是一個私密的、受密碼保護且通信經 HTTPS 加密的

網站。一旦登錄成功，使用者就會發現在其他社群網路上找不到的豐富資訊，包括孩子的姓名、出行資訊及家庭電話，甚至連 Google 或其他搜尋引擎都無法搜到。因為 Nextdoor 上的共享資訊都是由密碼保護的，其他人無法瀏覽。正是因 Nextdoor 的隱私安全保護得好，所以使用者才願意分享更多的資訊。這也意味 Nextdoor 是一個非常封閉的私密社群網站：你只能和你的鄰居互動，一個子網站通常只能容納兩三百人。

Nextdoor 並不是一個統一的社群平台，而是按地區劃分為無數個「子網站」，分別聚集某一社區內的使用者，每個社區都有自己地圖，你可以看到你的鄰居中有哪些人加入了或尚未加入。網路內的鄰居可以透過 Google Map 來界定鄰居網路的界限。

### （三）實現線上離線的完美閉環

隨著社群的發展壯大，Nextdoor 團隊洞悉到現代人的共性問題：線上豐富的生活與離線疏離的生活之間形成的強烈的反差，會讓人在線上分配過多的時間，而容易讓人在離線生活中陷入無意識的空虛，久而久之會產生恐懼，造成各種各樣的心理和精神問題。

在人們內心中植入了一款能夠折射人類感情需要的鄰里社群產品，用於驅逐人類線上離線的落差感，讓線上成為豐富離線的載體，實現線上離線的完美閉環。這既呼應了人性本質的需求，又回歸了村落和社區的社交，折射了潛藏在人們內心中對新的生活方式的呼喚，以打破目前陳腐、窒悶的生活方式，讓人情味更濃一些。

Nextdoor 致力於幫助社區鄰里建立聯繫，專注於創建私密的社區鄰里網站，幫助特定範圍的鄰里間相互結識、交換意見和分享建議、組織虛擬的鄰里守望以減少犯罪的發生。Nextdoor 提供線上平台幫忙發聲，而在離線使用者又可以真實的即時往來互助互利。

實行使用者資格預審機制是 Nextdoor 的一大特色。Nextdoor 要求使用者在證

實個人資訊的真實性後才能註冊使用，以此令使用者對自己在社群網路上的行為負責。註冊者可以向 Nextdoor 提供自己的信用卡資訊，或由 Nextdoor 向註冊者填寫的家庭住址郵寄一張明信片，在這張明信片上有一個認證碼，可用於啟動登錄。透過這一系列有趣又安全的認證措施，為使用者營造一個私密、安全的鄰里社群環境。

目前，Nextdoor 在全美幫助運營超過五萬三千個這樣的鄰里站點。公司與大約六百五十個本地政府機構保持合作，以便他們與社群能夠及時交換最新的重要資訊，包括本地警情以及緊急情況通知。同時公司也向公共部門開放了 Nextdoor 服務，以便市政當局能夠更加容易與當地居民進行交流。

### （四）聚焦、分享，互聯網思維最大化

Nextdoor 的產品就是一個載體，它表達的唯一關切就是對人類的愛，愛就是一切商業之魂。互聯網思維就是要用這種愛，來集聚無限量級的使用者，以實現輕易起飛的商業夢想。

一開始，Nextdoor 敏銳的洞察了社交發展的趨勢，解讀了該趨勢潛藏的機會，低調隱密快速行動，等使用者數量積累到一定規模形成一定的市場壁壘後，開始面向風險投資機構出售股權。

雖然一直在發展，但 Nextdoor 倡導的價值主張一直未變，就是營造更濃的社區人情味。從註冊會員的審核繁瑣的程序，到不斷投入巨資完善平台以免於平台受到外部的網路入侵，再到不遺餘力挖掘社區故事營造社區氛圍，引入本土政府機構和公共部門發布對社區有用的資訊，到組織各種類型的社區溫情活動，Nextdoor 一直在圍繞它的核心價值主張做著各種各樣的努力和嘗試，任何一份努力和嘗試的背後都透露著 Nextdoor 要做最好的社區社交 App 的決心。

正因如此，Nextdoor 取得了病毒式的擴張速度，社區覆蓋超五萬個。未來 Nextdoor 還將繼續聚焦在營造更濃的社區人情味這一價值主張上，透過引入各種活動、服務、體驗等來加強這一不變的主張。

Nextdoor 創業團隊深知，互聯網時代商業創新和價值發現是核心競爭力，只有擁抱它，分享價值，召集所有的力量颳起一股別人無法企及的風，迅速占領市場，才能讓欲進入者望洋興嘆。免費不是目的，而是手段。Nextdoor 應勢而動、迅速決策、快速進入、一舉突破，可謂一氣呵成。

在網路經濟時代背景下，流量就是價值。如果一個產品能夠在短時間內集聚龐大的流量，那麼自然就有商業的機會，這就是 Nextdoor 免費背後的邏輯。Nextdoor 產品價值的獨特和創新之處在於，對接了社群成員未被滿足的需求，而且這種需求，對接的是社群對新的生活方式的呼喚。免費這種符合人的天性的東西，在哪裡都是受歡迎的。

## 四、創客商業模式分析

互聯網思維不是關於怎麼賺錢的思維，而是關於如何快速集聚使用者的思維。社群 O2O 被看作有望成為下一個過萬億級的線上市場。在移動互聯網和電子商務普及的時代，Nextdoor 透過線上離線資源整合，以社群生活場景為中心，構建使用者與商家、上門服務提供者之間連接的平台。以下就 Nextdoor 公司的價值戰略模式、市場行銷模式和盈利收入模式進行分析，如表 23-1 所示。

### 表 23-1　Nextdoor 商業模式創新分析

| 商業模式 | 特　徵 | 描　述 |
|---|---|---|
| 價值策略模式 | 私密社區鄰里網站 | 專注於創建私密的社區鄰里網站，幫助特定範圍的鄰里間相互結識、交換意見和分享建議、組織虛擬的鄰里守望。Nextdoor提供線上平台幫忙發聲，而在離線時用戶又可以真實地即時往來互助互利。 |
| 市場行銷模式 | 社區行銷＋社群行銷 | Nextdoor一直以封閉beta版的方式運營。不允許用Facebook帳戶註冊，Google上搜不到任何有關它的內容，用戶創建新帳戶後需要等到收到Nextdoor寄來的明信片才能登錄。Nextdoor用種種類似手段，為用戶塑造了一個安全私密的社區形象，降低用戶使用的心理門檻。 |
| 盈利收入模式 | 暫無 | Nextdoor目前尚未開放有償服務通路，但因其本身所聚集的龐大的用戶規模，收費通路的多樣性自不待言。 |

# 五、啟示

Nextdoor 所構建的鄰里社群，是具有一個廣闊的細分市場。這是透過內在共性建立起的自然社交團體，因為成員都有共同的興趣，提供了由於快節奏生活方式導致「低摩擦」的鄰居互動的方式。而其目的受眾是開放社交關係圖裡面與朋友圈、家庭圈很不一樣的一部分群體。

沒有像 Vine 和 Snapchat 那樣出現爆炸性增長，但是在全美範圍內，Nextdoor 已經覆蓋了三點七萬個鄰里社群。這些虛擬鄰里社群既包括佛羅里達的高檔社群，也包括偏遠市郊擁擠的普通住宅區，還有市區中二十來歲單身年輕人的聚居地。Nextdoor 並沒有採取快速擴張，而是透過一個個社群的慢慢擴張，以社群口碑帶動宣傳，從而去開闢新的社群。這種方式，也十分符合 Nextdoor 私密、封閉的社群形象，從而能輕易進入新市場並占據市場份額。

Nextdoor 創始人尼瓦·托利說，「Nextdoor 目前為止還沒有營收。我們正在探索一個盈利模式」。

（1） 廣告服務。Nextdoor 平均每天的交互資訊量高達五百萬條，其中約百分之二十的資訊與推薦服務有關。我們打算根據這些資訊，為使用者提供有價值的推薦服務，或者向商戶們銷售推薦廣告。

提供分類廣告也是一條出路。本地報紙雜誌閱讀和電視觀看活動，正在逐漸萎縮。分類廣告的引入，推動使用者在資訊公告欄裡討論，或許能填補由於萎縮所留下的資訊空白。

（2） 地理資訊服務。未來使用者將主要透過手機瀏覽 Nextdoor。早在二〇一三年我們推出移動端後的幾個月，使用者們在 iPhone 上創造的內容就已經超過所有內容的百分之二十。

移動互聯網的出現、智慧型手機門檻的降低、地圖服務綜合性不斷的增強，使地理資訊的價值日益凸顯。與地理資訊相結合的 SoLoMo 商業模式也將為掘金者帶來巨大商機。

(3) 按需服務。Uber 的按需服務是一個很好的模式。我們正在測試類似的服務，比如：使用者透過 Nextdoor 預約下單，推薦度較高的寶寶管家、家教等服務方就可以接單進行服務。其中所獲得的服務費，將由 Nextdoor 與他們按一定比例分成。

此外，我們還在努力打造一些線上產品，如「聖誕節點燈地圖」和「萬聖節糖果地圖」等。

正是因為 Nextdoor 架構好了這樣一個流量平台，商業機會才噴薄而出，Nextdoor 要做的只是對接而已。因此，廣告會成為 Nextdoor 很重要的營收模式，因為提供的是熟人之間的互動，本身發現和挖掘市場機會的能力將十分突出，吸引服務於亞文化市場的品牌入駐，它的出現必將擴大美國本土廣告的市場容量。該平台的營收模式承載無限想像，比如：定格在探索新的服務模式，如提供園藝修剪、家電維修、幼兒託管、社群日用品超市、下水道維修等服務，未嘗不可成為 Nextdoor 的營收模式。

掃描了現今時代背景下的美國社會狀況，結合當時的社交 App 格局，Nextdoor 敏銳的發現了尚未被滿足的隱性需求，架構了自己的 App 平台，並透過策劃各種活動去啟發潛在使用者提高對這種需求的強烈認知。顯然，Nextdoor 走的是一條差異化的路線，這與行業的特點不無關係。

百度、騰訊和阿里巴巴分別是網路市場搜尋、社交和商業的獨大，美國的 Google 是搜尋市場的獨大，Youtube 是影片播放市場的獨大，Facebook 是社交市場的獨大，Linkedin 是職場社交的獨大等，基本上都呈現了這一特點。所以在互聯網行業，唯一的路徑就是差異化，當然聚焦也可以是一種網路公司的戰略模式，但一旦聚焦了，就鎖定了未來的規模，很難有迂迴成功的機會，這個是網路經濟與其他實體經濟的區別所在。

在資訊爆炸的時代，使用者頭腦空間是最重要的戰略資源，「第一」是一顆最重要的釘子，一旦被公眾知曉，這顆釘子會被牢牢扎進使用者頭腦中，搶占價值無

法衡量的心智資源的陣地。Nextdoor 在使用者心智中確認自己第一個進入鄰里社群
的認知，就等於 Nextdoor 構建了強大的市場壁壘，這是比針對行業競爭更可怕的
壁壘，因為市場本身如果已經構建了壁壘，其他的進入者即便忽略競爭格局，終歸
還是會因無法得到使用者的認可而失之交臂。

**創客未來**
動手改變世界的自造者

# 第二十四章
# Vice——國際化網路數位平台的新媒體服務

「Vice 就像是從空氣中挖出來了原本存在於我們腦子裡的聲音。它浸潤我的視界，檢視著我的思想。這本雜誌裡的每一個字，都能夠撩撥和煽動起我們的情緒——我們總是整句整句引用 Vice 中的句子，不管那是他們贊成的、喜歡的，還是擺明著不喜歡的。」

Vice 用二十年的時間，由一本雜誌成長為市值三十億美元涵蓋了雜誌、網站、電視、音樂、電影等形式的傳媒集團。Vice 的編輯理念非常簡單——「蠢著聰明／聰明著蠢」，並且「永遠、永遠拒絕無聊」。每月擁有超過兩億人次的點擊量、超過五億人次的影片瀏覽量，Vice 和旗下系列頻道在 YouTube 的訂閱量已經超過了五百五十萬人次。

Vice 創造了自己的觀眾，這本雜誌的腔調比它的內容更重要。那麼，Vice Media 是如何堅守定位、在關鍵時刻華麗轉型並不斷創新突破呢？

## 一、公司背景

作為全球領先的青年文化公司，Vice 在超過三十五個國家中都設立了分公司。Vice 經營著世界上最大的原創網路影片渠道、網站 Vice.com、數字頻道的國際網路、電視製作工作室、雜誌、唱片、一個內部的創新服務機構和一個圖書出版事業部。Vice 有 4 個垂直數字頻道，除了「創想計畫」，分別是關注音樂的 Noisey、關注科技的 Motherboard 以及電影頻道 Grolsch Film Works。迄今為止，Vice 擁有超過六十個已經成立的節目，涵蓋了從時事到性愛、音樂調查報告、到小貓的一切。

Vice 於一九九四年在加拿大蒙特婁創辦，起初是一本關注青年文化的朋克雜誌，

不久便以個性話題、獨到見解受到當地年輕人的青睞。Vice 迅速成長起來，在美國新青年文化崛起的一九九〇年代末搬到紐約，轉向線上發展，開展電影電視製作、圖書及唱片出版、活動製作以及品牌傳播等多元化業務。

今天，Vice 的國際化數位平台是網路時代最受歡迎最有趣的新聞來源。二〇一二年年末到二〇一三年年初，Vice 收購了英國最有影響力的前線時尚雜誌 i-D，共同打造全新線上頻道；與全美最優秀的獨立電視網路 HBO 合作推出了為年輕人量身定做的 Vice 新聞節目；同時全球第三、亞洲最核心的日本和中國內容中樞建立起來，推出全新網路頻道，以前所未有的平台和內容拓展受到全球傳媒業界和各地青年群體的矚目。

目前，Vice 是一個彙集了多頻道的網路，每個頻道都代表了當下的興趣所在，例如：The Creators Project 是先鋒藝術與創意的狂想曲；Noisey 是全網最有趣、最具原創精神、最具啟發性的音樂頻道；Motherboard 記錄了科技的現在與未來；Fightland 帶你領略綜合格鬥；Thump 為你奉上席捲全球的電子舞曲；Munchies 定義了全新一代的飲食文化；Vice news 從第一視角對這個瞬息萬變的世界做最真實的呈現。

隨著 Vice 的高速發展，目前 Vice 的估值已超過三十億美元，擁有一千兩百名全職員工和超過四千名創作者。除了覆蓋日本、俄羅斯、中國等國家外，Vice 正在向印度、歐洲和南美擴張。目前，Vice 和 Vice 網路再加上與 YouTube，Facebook 以及 twitter 的合作每月能吸引超過兩億年輕的觀眾，奉上長達數百小時的原創影片，實現了與使用者最有效的互動。

Vice 的高速發展以及龐大的受眾群體讓許多企業對其十分關注。二〇〇七年，Tom Freston 領導下的 Viacom 為 Vice 旗下影片網站 VBS.tv 注資。Tom Freston 表示欣賞 Vice 的成長潛力，看好其在社群網路圖景中的位置。二〇一一年，WPP 和 Tom Freston 以及專注於媒體與娛樂市場的投行 Raine Group 一起，向 Vice 投資超過五千萬美元。就像 Tom Freston 一樣，這兩家投資人給 Vice 帶來的也同

樣不僅僅是資金。WPP 儼然已經用自己的諸多客戶做了 Vice 的靠山,同時它的經驗也可以幫助 Vice 與那些舉足輕重的全球品牌更好的合作。而 Raine Group 背後有一個股東是好萊塢最大的經紀公司威廉‧莫里斯。二〇一三年,二十一世紀福克斯持股百分之五,Rupert Murdoch 投入七千萬美元,當時估值十四億美元。二〇一四年六月,時代華納與 Vice 洽談收購事宜,估值三十億美元。二〇一四年下半年,Vice Media 完成了最新一輪規模五億美元的融資。

## 二、創客介紹

Vice 的前身是加拿大的《蒙特婁之聲》(The Voice of Montreal)雜誌,由索魯許‧艾維(Suroosh Alvi)、西恩‧史密斯(Shane Smith)和蓋文‧麥金斯(Gavin McInnes)共同創立。三位創刊人最初的目標是提供工作機會和服務社群,並獲得了政府的資金幫助。兩年後,雜誌編輯們與發行人艾力斯‧羅倫解除合約,在一九九六年將雜誌改名為 Vice。

作為一個編輯、作者、代言人,蓋文‧麥金斯(Gavin McInnes)帶有一種極端的魅力,甚至可稱得上是一種惡霸式魅力:他從來不為自己解釋,也從來不道歉。青少年認為這種論調是勇氣的象徵,成為 Vice 的死忠粉。這本雜誌的腔調比它的內容更重要:它就像一道將有趣、犀利和咄咄逼人集合起來的聲音,在講述任何一件看起來都像已經瘋了或者令人極端震驚或者十分殘酷的事情時,都只用一種「有什麼了不起,不就是日常事」的語氣。

Vice 的成長祕訣,不過是讓自己成為真正具有獨立精神的朋克。它同時繼承和拋棄了朋克信條──將「DIY」的野心最大限度的發揮了出來。從反主流文化起家,但也正像讓人討厭的 Adbusters 雜誌說的那樣,Vice 也同時意味著反主流文化的終結──「將自己擺在搞砸自己和搞砸一切的所謂『革命』的對立面。Vice 繼承了『瞎搞風』,但將其用於讓自己更加壯大的革命式熱情。往好裡說,它有趣,能量滿滿。往壞裡說,它是虛無主義、無政府主義、自我沉溺──Vice 壓根不是為了什麼反叛

而反叛，它所做的一切都只是為了它自個兒。」

後來，Vice 從一本雜誌變成了一個傳媒集團。二〇〇七年，Vice 在 MTV 的協助下推出了網路電視 VBS.tv。也正是在此時，三位創始人之間開始有了罅隙。最為激進的蓋文・麥金斯在出了個短差回來就發現，自己的位置被移到了普通員工區。二〇〇八年，由於創意分歧，三人分道揚鑣——也就是從此時開始，Vice 將觸角延伸至主流新聞與社會時評領域。

## 三、案例分析

Vice 的戰略模式是其成功的前提。從傳統的雜誌到新媒體轉型，再到多元化業務的發展，Vice 從年輕人的非主流出發，選擇了與其匹配的商業契合點，進而反推內容的製作方式，成功取得商業模式的完整運轉。

### （一）定位於年輕一代

史密斯及 Vice 團隊唯一的聚焦點就是年輕受眾，它給自己的定位是「Y 世代的換崗人」。具體來講，就是崇尚反文化、反傳統、反現狀、偏好獨特的冷幽默或熱諷刺、棄乏味古板而寧願被勾引和被冒犯、標榜街頭時尚身分、凡事愛宣稱「我們很 Cool 因為你們是屎」的 Y 世代。

與傳統媒體行業相比，Vice 更專注於年輕人的市場，所有的業務模組都在圍繞為年輕群體提供他們能夠感興趣的資訊及更好的傳播方式。傳統媒體行業針對的是大眾市場，而 Vice 整合了新潮的朋克文化和專業新聞精神，熱衷於報導全球範圍內的衝突，引發了年輕群體的熱愛。

Vice 的報導始終意在給使用者帶去一種衝突感，讓人們看到和自己截然不同的生活和文化。Vice 的影片內容往往來自世界亞文化圈或者亞文化人群，在年輕人中有很大的吸引力。Vice 的內容在二十～三十歲的年輕人中廣泛傳播，而他們正是社交分享能力最強的群體，同時又是亞文化的引領者，這又反過來大力助推了 Vice 媒

體內容的傳播。

這些年輕學生、嬉皮或前衛先鋒，恰恰是傳統媒體眼睜睜看著流失，辛苦圍堵也抓不住的群體，因為它們根本就不清楚 Y 世代喜歡的是什麼，而 Vice 卻對 Y 世代的脾氣、口味及心思瞭如指掌。

根據 Vice 提供的數據，二〇一二年 Vice 網站的月獨立瀏覽量達到一千萬人，是二〇一〇年時的五倍，網站停留時長超過二十分鐘，四分之一的瀏覽者每月回訪率多達九次以上。它的受眾大多在十八～三十四歲，男性比例為百分之五十九；平均收入約為四萬美元，超過百分之六十的人每天上網時間超過三小時，擁有超過五百位社群網路好友，每個月會購買服裝或配飾；七成的人每個月會在網上購物，超過八成每週至少在外用餐一次，超過九成每週至少去一次酒吧──而這正好是廣告商們現在最頭痛的人群。Vice 的使用者一般是社群網路深度使用者，根據流量監測分析，百分之二十點九的使用者來自 Facebook，百分之十十四點三的使用者來自 Google。二〇一五年的調查顯示，Vice 更受男性使用者青睞，男女比例接近 4：3，在年齡層次和受教育程度上看，Vice 可以說是抓住了 Y 世代的美國使用者。由於抓住了 Y 世代反傳統的潮流品味，相對的也拿下了定義潮流的機會，打入了年輕人的市場品味，如今，Vice 每年製作的內容，可以吸引一點二億人來觀看。

### （二）專注於互聯網的內容製造

早期的 Vice 是一本擁有視角獨特內容的雜誌，自己定位為全球首個年輕人和亞文化的代言人。現在，Vice Media 仍在貫徹這個定位。Vice 曾經拍攝了一部關於伊拉克搖滾樂隊的紀錄片，令其一炮而紅。後來，Vice 也隨同羅德曼訪問朝鮮，拍攝了一部行程紀錄片，名聲再次大噪。

Vice 是以內容為核心的垂直類平面媒體互聯網化的典型轉型案例。不同於嚴肅的新聞報導，Vice 的報導往往關注邊緣人群或是衝突地帶。經過近年來高速發展，Vice 辦公室在全球相繼落地，而傳統的新聞通訊社卻在不斷的撤離。Vice 能夠在傳

統媒體行業走下坡時異軍突起，主要是由於Vice進行了準確的市場定位及戰略轉型。

傳統媒體業務目前無法滿足充斥著互聯網以及高科技大環境下的青年群體。他們追求個性，追求刺激，追求新奇，不喜歡那些冗長的報導。Vice的影片內容往往來自世界亞文化圈或者亞文化人群，在年輕人中有很大的吸引力。而Vice在業務模組上積極根據Y世代的群體進行擴展，將音樂、創意、文化、衝突性新聞、武術、科技以及旅遊等因素加入其中，採用浸入式的方式以第一視角向受眾展示，讓現實更具視覺衝擊及影響。

Vice的影片非常獨特，這得益於其不同的定位以及特殊的拍攝手法。在新聞專業領域，Vice熱衷於獨樹一幟的「浸入式報導」，記者跟隨攝影鏡頭，深入事件一線，提供完整、深入的報導。透過互聯網的優勢，Vice能夠快速高效的傳播資訊，從傳統媒體行業一對多的模式發展成為多對多的模式，在全球範圍內有效的擴張。

Vice在全球三十五個國家擁有超過一千名僱員，四千多名撰稿人，除了雜誌，每天在自己的網站Vice.com更新六十分鐘原創影片，同時擁有圖書出版和唱片發行業務以及活動公司，還在倫敦有一個備受追捧的酒吧；它與MTV、CNN保持內容合作，目前與HBO有一檔周播的電視新聞節目。在原創影片的管理上，Vice的記者需要深入現場，用青年人理解的語言和信任的方式講述最有意義的故事，在Vice的觀念裡，現在的年輕一代從一出生就開始接受資訊的狂轟濫炸，因此他們進化出了最為先進的廢話探測儀，避免引發年輕人反感的唯一方法就是別說廢話，所以拍片子的必須是年輕人，剪片子的也必須是年輕人，主持人也是年輕人。Vice內一個名叫「Virtue傳播諮詢」的部門負責與英特爾這樣的公司合作，有些報導Vice的媒體把它稱為Vice的Agency，因為它不太像傳統的媒體業務，而更像是4A廣告公司的工作。

Vice的收購與投資為其多元化業務的形成提供了良好的基礎，覆蓋了最大的目標群體。主要有二〇〇四年，收購Old Blue Last Pub，充實其音樂業務；二〇一二年十二月，併購英國時尚雜誌i-D，建立一個線上時尚影片頻道；二〇一三年十二月，

收購 Carrot Creative，Carrot Creative 團隊加入 Vice 網站和移動團隊，集中於 App 研發和廣告投放；二〇一五年投資 VRSE.farm，引入虛擬現實技術，實現虛擬現實新聞聯播。Vice 逐漸成為一個彙集了多頻道的網路，每個頻道都代表了當下的興趣所在。目前，Vice 擁有電影電視製作、圖書及唱片出版、活動製作，以及品牌傳播等多元化業務，其國際化數位平台是網路時代最受歡迎最有趣的新聞來源。

### （三）盈利模式創新

Vice 內容的選取、拍攝手法的應用以及多元化業務的發展，都為 Vice 增加其潛在的產品價值，也成為 Vice 能夠盈利的基礎。借助互聯網傳播更快捷、覆蓋面更廣、時效性更強及成本更低等特點，Vice 在內容製作方面主要採取浸入式的手法講述現實，讓受眾更有代入感，更易接受理解。

Vice 影片節奏鮮明、直陳主題的剪輯和配樂，這讓 Vice 的影片具有一種獨特的氣質，好奇、大膽、赤裸以及一些幽默感，這都成功的俘獲了大量的青年群體。目前，Vice 的所有業務模組都圍繞青年群體在不斷多元化的擴張，現在 Vice 成了一個彙集多頻道的網路，每個頻道都代表了當下的興趣所在。二〇一五年，Vice 投資 VRSE.Farm——一家擁有虛擬現實技術研發的企業，這意味著 Vice 將引入虛擬現實技術，能夠為紀錄片、新聞報導或者寫實風格電影提供一種令人信服的體驗，能為其業務模組進行增值。

透過不斷的創新，Vice 形成很好的原生廣告模式，讓企業對內容進行投資，使廣告更容易讓受眾接收，並且擁有更好的效果。二〇〇六年，Vice 以影片節目進軍網路平台。目前，Vice 在 YouTube 上有超過二十個頻道，其節目是 YouTube 使用者觀看時間最長的影片之一。

Vice 的主要收入源於傳統廣告、影片版權和國際電視新聞網路以及贊助商。每年翻一倍的收入增長，預計在二〇一六年達到十億美元。Vice 的廣告類型並不是硬性廣告，甚至也不是傳統意義上的品牌廣告。Vice 會自己制定內容，然後讓品牌商

來選擇是否贊助。它屬於原生廣告的一種，更注重價值內容的提供，而廣告主會針對自身的資源進行內容的整合，進而聯合媒體進行傳播。在了解到 Vice 即將拍攝的內容後，品牌商就可以和 Vice 討論贊助的模式：比如：品牌商協助拍攝部分影片或者全部交由 Vice 進行拍攝。由於更多是和品牌商合作，因此雙方討論的共同點往往是品牌想傳遞的理想而不是直接推銷產品。這種合作模式保證了影片的可看性，同時推廣了品牌商的理念，可以說達到了雙贏的效果。

Vice 內一個名叫「Virtue 傳播諮詢」的部門負責與英特爾這樣的公司合作，有些報導 Vice 的媒體把它稱為 Vice 的 Agency，因為它不太像傳統的媒體業務，而更像 4A 廣告公司的工作。二〇〇九年，英特爾找到 Vice，希望針對青年消費群體合作一項推廣活動。第二年他們開始在全球推出「創想計畫」（The Creators Project）。Vice 成立了一個同名的垂直頻道，與自己長期以來在青年文化領域積累的跨界藝術家合作，運用科技創作全新的藝術作品，並透過離線活動和 Vice 的紀錄片影片進行傳播。英特爾為「創想計畫」投入的贊助超過上千萬美元。

在「創想計畫」之外，英特爾還與 Vice 在「超極本體驗」項目上進行了合作。這個體驗行銷是英特爾超級本整體行銷之中的一環，Vice 在其中負責執行創意策劃、廣告製作、內容編輯、線上推廣、離線活動、媒體公關，以及全球範圍內的合作夥伴拓展。這種類型的合作目前已經成為 Vice 最主要的收入來源，各大品牌家已經將 Vice 視為一條通往全球青年消費市場之路的必要途徑。

## 四、創客商業模式分析

Vice 的崛起是對未來傳統媒體行業的一個挑戰，準確的市場定位、互聯網的優勢以及更好的滲透式行銷是其快速成長的基礎，其成功也為未來的傳統媒體行業提供了一個新的方向。以下就 Vice 公司價值戰略模式、市場行銷模式和盈利收入模式進行分析，如表 24-1 所示。

表 24-1　Vice 商業模式創新戰略分析

| 商業模式 | 特　徵 | 描　述 |
|---|---|---|
| 價值策略模式 | 專注於互聯網的內容 | Vice是以內容為核心的垂直類紙媒互聯網化的典型轉型案例。 |
| 市場行銷模式 | 出版公司＋廣告公司 | Vice其實是個雙料的「出版＋廣告公司」。它的聰明之處在於自贊助商的口袋裡掏錢做事但又說服他們認同這一點。Vice的行銷模式與4A廣告公司和公關公司的模式十分接近。主要是在幕後為客戶提供服務。一方面，Vice本身已經擁有多元化的內容發布平台；另一方面，儘管4A廣告公司擁有一套成熟系統的市場方法，此外，Vice在很大程度上借助了口碑行銷。 |
| 盈利收入模式 | 傳統廣告、影片版權和國際電視新聞網路，以及贊助商 | Vice將自己定位為連接品牌與年輕人「酷人類」之間的橋樑，並強調Vice之網捕捉的是全球各地年輕「酷人類」，成功打起規模化戰役。目前Vice的主要收入源於傳統廣告、影片版權和國際電視新聞網路，以及贊助商。每年翻一倍的收入增長，預計在2016年達到10億美元，實現利潤率由34％到53％的增長。 |

## 五、啟示

　　總的來說，互聯網時代同質性的內容已經無法吸引到客戶的足夠注意，尤其是新生代的客戶，所以在內容上進行個性化的改進將是重要考慮的因素。Vice 的商業模式為未來傳統媒體業務的發展提供了一個方向，充分的利用互聯網以及技術的特點，為客戶提供優質並能吸引人的內容將對其未來發展提供不可缺少的助力。

　　相對傳統媒體業務，Vice 依託於互聯網以及數字資訊技術的發展擁有極大的優勢。

　　第一，由於 Vice 的組成中有許多的自由編輯者為其提供影片素材，因為在內容進行控制的前提下，能夠使 Vice 在這方面的運營成本相對於傳統媒體更為低廉。

　　第二，不再受點對點的限制，可以針對每個接受者提供個性化內容。

　　第三，近乎於零費用的資訊發布、傳播技術和成本相對傳統媒體要簡單及低廉得多。

　　第四，可以利用多種媒體的表現方式進行融合，產生並傳播整體大於部分之和

的數字內容，能夠最有效的傳達資訊，實現技術與人文藝術的融合。

　　著名的互聯網經濟專欄作家安德森說：「市場上雜音和噪音越多，好聲音就越稀缺，越珍貴。劣幣驅逐不了良幣。壞聲音和好聲音是不同的市場。新聞媒體的價值是提供可靠的指南、可信的專家和高檔的品牌。」安德森心目中的好媒體其中之一，就是 Vice Media。

　　Vice，目前來說，其「原生廣告」的模式都是基於大數據以及我們在社群文化中感知到的資訊，然後透過內容訂製和精準投放以及產品細分相結合的行銷。在投放廣告的過程中，更為看重人際傳播（interpersonal communication）對行銷產品的力量。

# 第二十五章
# 3D Robotics——自動駕駛系統的先驅

「我並不是個技術發燒友，但 3D 列印技術比高校科學教育讓我體會到了更多的東西，這是一個被人們忽略的殺手。」一位透過 3D Robotic 最終獲得自己 DIY 產品的使用者這樣評價自己的體驗。

的確，正如這位使用者所言，3D Robotics 公司以及運用的 3D 列印技術，正為生產小眾產品提供平台，而傳統製造商不會為了少數需求，去專門設計和生產一樣東西。即便是每天都需要用到的商品，人們也可以不再到實體店去購買，而透過 3D Robotic 提供的服務訂製自己喜歡的款式和功能，就像在 iTunes 中購買音樂一樣。產品或許是冷門的，但作為冷門收集者的 3D Robotic 絕對會因此變成熱門。

除了軍事用途以外，無人機民用用途主要有警用、城市管理、農業、地質、氣象、電力、搶險救災、影片拍攝等行業，用途十分廣泛。中國的大疆公司、法國的 Parrot 公司、美國的 3D Robotics 公司和德國的 AscTec 公司是目前商業無人機領域中最大的四家公司。從商業模式角度分析，3D Robotics 公司在產品價值模式、戰略模式、市場模式、資源整合模式等方面具有一定的創新力。讓我們一起來研究吧！

## 一、公司背景

美國 3D Robotics 公司成立於二〇〇九年，是個人無人機和無人機飛行控制系統的領先製造商。3D Robotics 最初主要製造和銷售 DIY 類遙控飛行器（UAV）的相關零件。二〇一四年推出了 X8 四軸飛行器的升級版——X8+ 四軸飛行器，售價一千三百五十美元。公司總部位於美國巴克萊，在北美有超過兩百名員工，全球有

三萬名使用者。

創始人克里斯·安德森（Chris Anderson）從《長尾理論》《免費》到《創客：新工業革命》，他不僅是科技潮流的發現者、概念製造大師，而且是忠誠的踐行者。這位《連線》（Wired）前雜誌主編，離開了工作十二年的雜誌社，投身其鼓吹的「創客」（Maker）浪潮，親自擔任自己投資的 3D Robotics 公司的首席執行官，讓這家公司聲名大噪，很多人甚至把 3D Robotics 的成立稱為美國商業無人機領域標誌性事件之一。

3D Robotics 公司有從入門級到商用級的多種型號無人機產品，搭載了航拍、影片拍攝、測繪、3D 建模等多種功能，有的無人機還支持預先規劃航線或針對特定人物的追蹤跟拍。二〇一二年十一月，他們獲得五百萬美元的 A 輪融資；二〇一三年，獲得三千萬美元的 B 輪融資。二〇一五年年初，有消息稱 3DRobotics 獲得了 C 輪融資五千萬美元，由高通創投（Qualcomm Ventures）領投，Foundry Group、Mayfield、O'Reilly AlphaTech Ventures、Shea Ventures 和 True Ventures 跟投，主要用於產品研發，及採用高通全資子公司高通技術（Qualcomm Technologies Inc.）的技術。

二〇一六年十月五日，《富比士》發表文章，介紹了美國無人機公司 3D Robotics 失敗的前因後果。不到兩年的時間，這家公司的前景還一片光明，但現在它已經徹底退出了無人機製造領域，淪為一家掙扎求生的軟體公司。無人機或許仍然是一種極富價值的消費級技術，就像個人電腦或智慧型手機，但 3D Robotics 的前景卻已經變得混濁而黯淡。過去十二個月裡，該公司已經從美國無人機初創領域的領軍者淪落到掙扎求生的地步。3D Robotics 已經裁員一百五十餘人，「燒錢」燒掉差不多一億美元，還徹底轉變了經營策略，這一切都是不良的管理、失敗的策略和莽撞的預測造成的。

## 二、創客介紹

作為北美最大的面向個人使用者的無人機廠商，3D Robotics 由克里斯．安德森（Chris Anderson）和時年二十歲的佐迪．穆諾茲（JordiMunoz）於二〇〇九年創建。

克里斯．安德森生於一九六一年。他從大學計算物理專業畢業後先擔任科學記者，而後進入《經濟學人》雜誌，然後加入《連線》雜誌。自二〇〇一年起擔任《連線》雜誌總編輯。在他的領導下，《連線》雜誌五度獲得「美國國家雜誌獎」（National Magazine Award）的提名，並在二〇〇五年獲得「卓越雜誌獎」（General Excellence）金獎。同時，克里斯．安德森還是暢銷書《長尾理論》《免費》《創客：新工業革命》的作者。

克里斯．安德森對無人機十分著迷。「正如個人電腦在一九七〇年代的誕生和興起，個人無人機也將在這十年裡崛起，」他在《連線》的一個封面故事中寫道，「我們正在進入無人機時代」。那時候，《連線》雜誌辦公室有很多新潮的電子產品，於是克里斯．安德森從辦公室帶回一些，與他的五個孩子一起體驗。而克里斯．安德森最喜愛的是會飛的機器人。於是他在網上 Google 飛行機器人並找到飛行 DIY 模型。當 DIY 的無人機飛起來的時候，克里斯異常激動。他說：「我很少感到像這樣激動。記得以前第一次瀏覽網頁的時候，第一次使用智慧型手機的時候才有這樣的心情。而我看到無人機就是這種久違的心情。」

同時，克里斯．安德森也意識到網上有很多人熱衷無人機。二〇〇七年，他做了一個 DIY 無人機交流社群。這個社群有六萬名使用者，而其中之一就是佐迪．穆諾茲。佐迪．穆諾茲估計他是在這個社群的第七名使用者，而且他經常在社群分享他的 DIY 無人機的照片影片還有一些代碼。「佐迪（Jordi）走在我們前面，沒人能看懂他的那些分享。」克里斯．安德森後來回憶道。

隨著無人機社群的壯大，克里斯．安德森意識到人們對無人機的熱情，於是他開發了一套入門套件。這個套件是由他和他的孩子組裝的，用披薩盒子包裝。首次

發售的時候，在十分鐘之內四十套搶購售空。由於克里斯‧安德森的孩子拒絕做這樣流水生產線的苦力活，他就付款給佐迪（Jordi），讓這個少年去收集各種無人機的零件製作入門套件。克里斯說：「在他人看來，和一個青少年創立一間機器人公司，肯定是一個瘋子。但在我看來，我是正確的。」剛開始，佐迪不太了解克里斯‧安德森。「我只是覺得克里斯是一個很友善隨和的人」。

佐迪‧穆諾茲出生在墨西哥，四歲的時候搬到提華納。他認為自己只是一個喜歡玩樂高玩具和夢想當飛機師的普通宅男。他喜歡玩電腦，不斷拆開又組裝起來。常常被好友鄰居當成電器修理師傅。十八歲的時候，佐迪（Jordi）希望在墨西哥國立理工學院航空工程專業學習。由於被校方拒絕兩次加上他父母不能支持昂貴的學費，他只能在一個普通的大學讀計算機工程專業。

二〇〇七年，在那所大學待了不到兩個學期，十九歲的佐迪就輟學從墨西哥提華納移居到美國加州，迎娶他的女友。佐迪從小是航模迷，在等待綠卡期間，他鼓搗著自己的航模。他從遊戲機上剝離出移動感測器，並把它安裝到 GPS 晶片和一個小型開放資源計算機上，製作完成了一個自動駕駛系統，該系統能夠將移動飛機轉換成能夠執行飛行任務的無人機。佐迪對無人機的製作流程十分熟悉，他用了好幾年的時間研究無人機，並不斷在網上查找資料。他在無人機開發網站 DIY Drones 上發布了製作過程與研究計畫，而該網站的創始人就是克里斯‧安德森。

認識兩年之後，他們決定共同創業，將公司取名為「3D Robotics」。他們的第一批產品中就有佐迪（Jordi）在車庫中研製出來的自動駕駛系統。3D Robotics 公司逐漸發展壯大，每年銷售額都會翻一番。在提華納，3D Robotics 建造了一個兩萬平方英呎的工廠，超過兩百名僱員在那裡研究自動駕駛系統和無人機。二〇一二年，克里斯‧安德森離開了工作十二年的《連線》雜誌，投身其鼓吹的「創客」（Maker）浪潮，親自擔任自己投資的 3D Robotics 公司的首席執行官。

# 三、案例分析

3D Robotics 的商業模式是基於開源硬體和軟體，這裡沒有祕密，該公司也沒有申請任何專利。二〇一一年，某大學的一位博士生翻譯了 3D Robotics 的無人機手冊，幫助無人機愛好者購買自產的 3D Robotics 無人機複製。

克里斯·安德森一開始很憤怒，隨後意識到開源軟體和硬體歡迎複製，最後他在網站上連結了這位博士的譯稿。他說：「我太老了，也不配自稱是互聯網一代，我的直覺告訴我應該保持透明度，應該去分享。我倒不是說迷信些什麼，但也許是來自朋克搖滾精神吧。如果我持開放的態度，與人坦誠相對，人們的反應往往不錯。我一直在想，為什麼不選擇開源呢？如果你分享出去，人們會了解你的產品，談論你的產品，甚至會幫助你提升產品。」

## （一）開源戰略逐漸形成無人機系統平台

在無人機領域，許多人把大疆和 3D Robotics 分別比作蘋果和 Google。3D Robotics 公司推出了開源軟體開發工具包 DroneKit，為第三方開發者提供無人機 API 介面，讓他們更容易的開發無人機飛行控制應用程式，讓無人機想怎麼玩就怎麼玩。這個新的 API 介面可以幫助開發者開發基於 Web 版的 App、手機 App，甚至是用 Python 編寫的直接在無人機上運行的 App。

DroneKit 將會適用於四軸飛行器、飛機以及地面接收系統。此外，DroneKit 還可以兼容其他使用 APM 自動駕駛儀的無人機，並且可以擴展額外的感測器和執行器。透過 DroneKit，開發者可以根據自己需要將無人機更好的運用於影片拍攝、搜尋救援、農業監測等領域。

3D Robotics 公司並不僅僅想製造無人機，它還一直努力打造一個無人機系統控制的開放平台。3D Robotics 公司二〇一五年二月推出了開源飛行控制應用 Tower。Tower 旨在提供多種控制飛行中無人機的方式，同時又可以讓無人機製造商和高級玩家添加新功能或對現有功能進行訂製。

軟體與硬體開源戰略使 3D Robotics 逐漸形成無人機系統平台，有利於其商業價值的進一步提升。

### （二）長尾效應

創始人克里斯·安德森是長尾理論的提出者。「長尾」實際上是統計學中冪律（Power Laws）和帕雷托分布（Pareto Distributions）特徵的一個口語化表達。過去人們只能關注重要的人或重要的事，如果用正態分布曲線來描繪這些人或事，人們只能關注曲線的「頭部」，而忽略處於曲線的「尾部」需要更多的精力和成本才能關注到的大多數人或事。例如：在銷售產品時，廠商關注的是少數幾個所謂「VIP」客戶，「無暇」顧及在人數上居於大多數的普通消費者。而在網路時代，由於關注的成本大大降低，人們有可能以很低的成本關注正態分布曲線的「尾部」，關注「尾部」產生的總體效益甚至會超過「頭部」。克里斯·安德森認為，網路時代是關注「長尾」，發揮「長尾」效益的時代。

克里斯認為，只要儲存和流通的渠道足夠大，需求不旺或銷量不佳的產品共同占據的市場份額就可以和那些數量不多的熱賣品所占據的市場份額相匹敵甚至更大。透過對市場的細分，企業集中力量於某個特定的目標市場，或嚴格針對一個細分市場，或重點經營一個產品和服務，創造出產品和服務優勢。

因此，3D Robotics 公司利用 3D 列印技術製造遙控無人飛機，針對特定的市場消費者提供具有個性化的產品和服務，充分發揮長尾效應。

## 四、創客商業模式分析

3D Robotics 案例在商業模式上具有長尾效應、軟體和硬體開源等方面的創新特點，因此帶來了不凡的反響和企業的成功。以下就 3D Robotics 公司價值戰略模式、市場行銷模式和盈利收入模式進行分析，如表 25-1 所示。

表 25-1　3D Robotics 商業模式創新分析

| 商業模式 | 特　徵 | 描　述 |
|---|---|---|
| 價值策略模式 | 智慧化、個性化產品 | 3D Robotics提供操作十分簡便的無人機產品，透過開源的控制系統應用讓複雜的飛行操作自動化，使用戶根據自己的愛好、需要自行設計軟體和應用，使無人機更加「智慧」地按照人們的想法完成任務。 |
| 市場行銷模式 | 軟體和硬體開源 | 3D Robotics是無人機領域的谷歌，透過軟體和硬體的開源策略，打造無人機系統控制的開放平台。透過官方網站進行銷售，主要採取電子商務手段進行行銷，在跨區域銷售中也存在代理商模式，電子商務手段有利於3D Robotics迅速地開拓全球市場，建立直接、便利的銷售通路，使銷售規模能夠在短期內持續快速增長。 |
| 盈利收入模式 | 線上支付 | 3D Robotics建立了客戶的電子帳戶系統，透過網上訂購並支付的方式獲得直接的現金流。 |

## 五、啟示

3D Robotics 提供操作十分簡便的無人機產品，透過開源的控制系統應用讓複雜的飛行操作自動化，使使用者根據自己的愛好、需要自行設計軟體和應用，使無人機更加「智慧」的按照人們的想法完成任務。3D Robotics 公司的商業模式核心就在於其產品價值。

它的目標市場主要定位在對航拍要求較高的專業使用者，以及對無人機有著極度熱情的發燒友。儘管民用無人機領域發展很快，但仍屬於起步階段，3D Robotics 既定位高端，也致力於無人機的市場推廣，以簡便的操作吸引更多的個人使用者，促進整個市場的普及。

3D Robotics 的核心戰略是軟體和硬體開源，透過開放技術，不斷吸引專業使用者和發燒友加入其打造的資源平台，同時隨著銷售規模的擴大，軟體和硬體廠商也不斷擴大與 3D Robotics 的合作，促進平台資源進一步整合。二〇一五年，在 3D Robotics 的 C 輪融資中，高通不僅領投，而且在 3D Robotics 的後續產品中將運用高通的技術，這意味著高通在處理器領域的先進技術有可能與 3D Robotics 相結合，

使無人機擁有更為強大的「大腦」。在中國深圳建立工廠生產中低端產品,在墨西哥的工廠生產高端商用產品:以低成本為導向布局生產能力。

# 第二十六章
# StyleSaint——時尚分享、共創訂製的「衣聖」

　　傳統的成衣行業無法逃離庫存這一痛點，大部分企業賺來的錢都變成一堆庫存。具有時尚分享、共創訂製的「衣聖」StyleSaint 透過收集時尚穿衣圖片，挑選合適的設計，進行生產和銷售，打造了一個使用者參與、離線生產、線上售賣的服裝品牌。

　　StyleSaint 品牌最有特色的地方在於擁有一個覆蓋全球的創造型集合。世界各地的時尚愛好者們手動選出自己感興趣的時尚物品，組成海量的時尚資訊集，而這個集合就是一個寶藏庫，也是所有設計的靈感來源。從客戶的興趣中激發設計靈感，分析當下的潮流走勢，把女孩們心裡最感興趣的東西生產出來。直接與消費者建立聯繫，減少庫存，讓 StyleSaint 走在了快時尚行業的前列。

## 一、公司背景

　　StyleSaint 是一家總部位於洛杉磯的服裝設計和零售的公司，成立於二〇一〇年。圖片分享網站受到越來越多人的青睞，而 StyleSaint 更是將圖片分享與電子商務完美結合，使用者可以將自己蒐集的圖片線上製作成個人「時尚手冊」，StyleSaint 會選擇其中一部分投入實際生產，銷售給使用者。公司創始人 Allison Beal 開發了一個社群模型，她自稱為「創造者的壁櫥」，公司獲得了一百零一萬美元的風險投資。這種模式能直接與消費者互動，發掘消費者的潛在著裝和時尚需求，根據消費者需求製造出的商品能夠有效的提升銷量，減少庫存，對快銷時尚行業非常有利。

## 二、創客介紹

創始人兼首席執行官 Allison Beal（艾利森‧比爾）是一位有九年時尚業的資深人士，創始人 Brian Garrett（布萊恩‧加雷特）畢業於史丹佛商學院，兩個人的專業分別是政治溝通和工業工程學。團隊成員少，溝通決策效率高，加上不同的專業背景有一定的互補性。目前，StyleSaint 沒有離線體驗店，只有 App 端和 Web 端。

## 三、案例分析

傳統時裝公司為了避免生產出不時尚的產品，它們會花大量的時間製作出許許多多的樣本，參加各種各樣的 Show 去收集顧客的反應，以確保當季的衣服符合顧客的口味，但是這個時間長度一般在五個月以上。另外，昂貴的店面費用以及零售商費用也使時裝成本居高不下，同時，手工製作、每一個時裝的元素，缺少了規範化的工業控制，成本也會很高。

### （一）自下而上，篩選時尚

Style Saint 提供的產品主要是一個線上雜誌，同時也是一個時尚社群，專注時尚垂直領域，產品定位偏奢侈品。在 StyleSaint 上看到的圖片都是模特或者其他時尚人士的穿衣打扮，每週三次，StyleSaint 會提取優質的內容來幫助使用者在每日清晨完成完美的裝扮。內容來自專業的「時尚編輯」，她們精心在各種時尚雜誌上挑選絢麗的圖片分享出來。當然普通註冊使用者如果覺得自己很有時尚感，也可以申請成為其編輯團隊中的一員。

在此網站上人們收集並且分享她們最愛的從各網站上而來的服裝圖片。由於服裝的設計靈感源於顧客提供圖片，也是一半的設計源於顧客，滿足顧客的 style dreams。根據顧客的需求生產出的產品有絲巾、連衣裙、上身、下裝、T-SHIRT、牛仔褲、休閒裝、禮服（裙）。社群：服裝、鞋類、寶寶、飾品等。

無須尋找潮流，在 StyleSaint 社群裡的眾多資訊，使用者篩選出自己喜愛的當

下潮流。也就是說，透過社群裡的瀏覽量、點擊量、評價情況，最受歡迎的流行單品和流行趨勢會自己浮現出來。StyleSaint 所生產的就是符合社群裡已經形成的流行趨勢的時尚商品。

這是自下而上的時尚理念，不是設計師去設計、推廣，而是根據最新的時尚潮流進行設計和生產。靈感來源多了，設計週期從五個月壓縮到了一個月內。

另外，StyleSaint 的設計、製作全都在同一個地方完成，生產設備在市中心，辦公室在威尼斯，裁剪、縫紉、製作成品的人都保持著密切的聯繫。因為他們相信，顧客們開始關心她們購買商品的來源地、製作過程、商品背後的故事。作為一個小社群，不做大規模生產、匿名購買，可以說是品牌背後的人文情懷。而且直接以網路為渠道賣給顧客，大幅度降低了渠道費用，並且保持了很好的質量。

傳統的時尚是「殿堂級的」，自上而下，透過時尚雜誌、廣告到達消費者。跟傳統的「殿堂級」的時尚不同，StyleSaint 的理念是自下而上的時尚。一同參與，可以做得更好。資訊的聚集可以帶來商機、資訊的傳播本身也具有廣告效應。

全員在互聯網端點上工作，從網路雲端上獲取數據，與市場和使用者實時對話，服務完善，客戶可全程參與。擁有 stylesaint 時尚手冊，成為第一個自下而上的時尚品牌。

### （二）基於使用者分享的數據，精準行銷

客戶數據驅動所有的訂製：電子標籤化、數據完全打通、實時共享傳輸。StyleSaint 可以合理保證其受眾感興趣的是它的產品。StyleSaint 主要的生產策略是建立一個創造性的網上社群，專門為他們設計衣服。自己生產和賣出設計，基於使用者分享的數據，可以獲得客戶的偏好等數據的價值，然後根據這些數據進行生產，精準行銷。

StyleSaint 的顧客平均年齡在二十一歲～三十五歲，熱愛時尚，有足夠的時間和經濟條件。讓女孩發布自己的樣本和數字雜誌，透過她們的挖掘，能夠用更低的

成本來發布更優秀的資源，利用互聯網整合世界各地的資源。StyleSaint 認為，客戶是對的，特別是當你提供的服務對上了她們的口味。

沒有像傳統行業透過大面積鋪放廣告進行行銷，也不是在傳統的商場和商舖中行銷，StyleSaint 行銷主要是線上。StyleSaint 擁有大量的使用者群體，這些使用者群體不斷的活躍在圖片社交圈中，其需求也是具有很強的樣本代表性，很多人欣賞甚至願意購買此類設計模式的服裝。StyleSaint 設計生產的服裝也是根據這些使用者的需求來製作的，這些龐大的使用者群體也是主要的顧客群體。

StyleSaint 透過結合網路社群，數據驅動的設計，抓住消費者需求，連接傳統製造業，組成了一個以反映和預測時尚的有機產業整體。其高品質的設計、經驗豐富的設計師和眾多時尚大牌合作，使其設計質量值得信賴。每六週上新，限量發售，當地生產，四周內送到客戶手中。StyleSaint 堅持當地生產而不進行外包。

StyleSaint 根據圖片社群平台能夠迅速有效的抓住消費者時尚味覺的變化並迅速調整生產對應的產品來滿足消費者的需求，它能夠快速跟上時尚變化的節奏，同時其擁有海量的使用者可以幫助設計服裝和成為潛在消費客戶，並透過圖片社群平台迅速挖掘消費者的時尚味覺，在資訊化競爭中站在同行業競爭者的高地。

但 StyleSaint 的強項其實並不在於離線的生產，由於 StyleSaint 的融資規模並不大，生產各種款式的服裝需要 StyleSaint 投入較大的資金，並且需要豐富的服裝運營經驗，這對 StyleSaint 來說，並非在做自己擅長的事情，StyleSaint 的核心競爭力其實在於提供時尚和服裝資訊的使用者和這個使用者提供的能用於挖掘消費者需求的圖片資料庫。如果 StyleSaint 能具備準確迅速分析消費者需求的能力，對其而言，較好的選擇是賣出、設計出符合消費者時尚口味的服裝設計和客戶的需求數據資訊。

### （三）低價訂製，崇尚環保

StyleSaint 的銷售模式是將訂製的衣服賣給需要的消費者，但是過於小批量的

生產使 StyleSaint 的設計成本和生產成本較高，而從 StyleSaint 的服裝線上商城可以看出，其售賣的服裝價格並不高，持續盈利和保持盈利增長是 StyleSaint 戰略模式中的又一大難題。

定價與 Zara 相似，產品價格約在八十～兩百五十美元。低價其實也是 StyleSaint 的一個策略。生產時間短和低價帶來了較好的銷售量和較高的顧客忠誠度。較低的花費和較高的銷量使 StyleSaint 平均邊際貢獻百分比是百分之六十～百分之七十，這也是它的主要盈利所在。

隨著消費者對環保和人權公益的日益關注，StyleSaint 提出，傳統的時尚服裝行業是具有毀滅性的，它是世界上用水量第二大的行業，是世界上第二汙染的行業，是世界上最具剝削性的行業。StyleSaint 表示它們會使用更少的水，生產更環保的服裝，支付員工更高的薪水。在這些方面踐行它們環保、尊重人權的理念，而踐行這些理念的公司更容易獲得消費者的認可和尊重。

而 PROJECTIMPACT 展示的是一個環保力量的彙總。這是這個網站最特別的一部分，這個板塊即反映了 StyleSaint 作為一家良心企業的意願，並將對消費者的承諾用具體的數字表現出來，以減少資訊不對稱性，從而更能提升消費者的信心和滿意度。

服裝是一個異常巨大的市場，競爭也是非常激烈，抓不住使用者需求的服裝廠商非常容易因為滯銷等問題而倒閉，而 StyleSaint 就在於它能夠系統的滿足消費者對服裝和時尚非常個性化的需求，而個性化需求的時尚服裝也是今後的大勢所趨，這給 StyleSaint 提供了長足的發展機遇。

StyleSaint 的弱項在於它的服裝製造的基礎和經驗仍較為薄弱，在合理控制成本的前提下還原圖片上的服裝到實體服裝上，這也是一個難題。同時 StyleSaint 只關注時尚垂直領域。我們在 StyleSaint 上看到的都是模特或者其他時尚人士的穿衣打扮圖片，可是大部分的消費者並不可能人人都擁有模特般令人豔羨的身材，這種分歧使 StyleSaint 即使抓住了使用者的興趣點和需求點，但是可能並不能適合大眾

使用者。抓住大眾需求和目標客戶需求，設計服裝成本本身就成了 StyleSaint 的一大挑戰。

## 四、創客商業模式分析

互聯網、時尚、服裝、社群媒體有著極強的公共屬性和網路效應，也一直是人類重點關注並追逐的事物，社群媒體也充斥著我們生活的每個角落，而這些元素相互結合和碰撞，就產生了 StyleSaint 的商業模式。以下就 StyleSaint 公司價值戰略模式、市場行銷模式和盈利收入模式進行分析，如表 26-1 所示。

表 26-1　StyleSaint 商業模式創新分析

| 商業模式 | 特　徵 | 描　述 |
|---|---|---|
| 價值策略模式 | 內容＋商務＋社區 | StyleSaint仰賴圖片分享來搜集用戶的時尚穿搭圖片，探索客戶的興趣點和需求點，打造自己的衣服品牌，並且生產出來，StyleSaint根據用戶分享和創建的「時尚冊」（StyleSaint）來限量生產服裝。 |
| 市場行銷模式 | 互聯網社群體驗式行銷模式 | StyleSaint是一個以社區、資料驅動的設計和非常規的生產關係相結合將市場與媒體串聯的互聯網社群體驗式行銷模式。目標客為24～38歲的愛美、追求時尚的女性；產品定位高級職業女性商務服飾。<br>（1）與諾基亞的Lumia系列合作，成為Lumia的獨家軟體；<br>（2）利用口碑行銷和新媒體，即Facebook等社群網路，用戶可以透過分享按鈕，和閨蜜們分享你認為其中的出彩之處；<br>（3）與客戶進行互動交流。客戶甚至可以透過郵件修改服飾的細節。 |
| 盈利收入模式 | 客戶自助 | 毛利率50％～70％，資金流轉快，盈利方式單一。<br>（1）通路的代理和加盟；<br>（2）產品和半產品的利潤；<br>（3）原材料的利潤。 |

## 五、啟示

整體看來，目前 StyleSaint 和美麗說一樣都是專注女性市場。不過和美麗說定位「女生」不一樣的是，StyleSaint 似乎更偏重高端職業女性。另外還有最大的不同點就是進入離線生產。高端的職業女性有著較高的收入和較強的購買能力，同時

有著較高品味的時尚觸覺,而且目前來說,女性的服裝市場有著更大的市場空間和潛力,這也是 StyleSaint 更偏重高端職業女性的原因所在。

StyleSaint 的幾個主要特點如下。

(1) 只專注時尚垂直領域。你在 StyleSaint 上看到的都是模特或者其他時尚人士的穿衣打扮圖片。StyleSaint 似乎更偏重高端職業女性。

(2) 內容由特定的編輯生成。你看到的網站上的圖片全部來自 StyleSaint 專業的「時尚編輯」,她們將在各種時尚雜誌上精心挑選的絢麗圖片分享出來。當然普通註冊使用者如果覺得自己很有時尚感覺,也可以申請成為其編輯團隊的一員。就某種意義上而言,StyleSaint 堪稱圖片版的 Twitter,網友可以將感興趣的圖片保存在 StyleSaint,其他網友可以關注,也可以轉發。

(3) 打造自己的服裝品牌,進入實際生產。StyleSaint 宣稱,它們在二〇一六年秋季就開始根據使用者分享和創建的「時尚冊」(StyleBooks)來限量生產服裝。在移動互聯網時代,網友在移動設備上更喜歡觀看圖片,Pinterest、Snapchat、Instagram、StyleSaint 等圖片社群平台受到使用者熱捧,從這方面來說,大眾使用者的熱捧保證了時尚分析和設計的數據量與樣本代表性,其龐大的使用者量也代表了龐大的使用者需求,這為 StyleSaint 根據使用者分享和創建的「時尚冊」(StyleBooks)來生產服裝並有足夠的暢銷性提供了市場。

(4) O2O 的離線和線上相結合。StyleSaint 還將提供「商店」的按鈕,讓使用者在上面購買時尚衣物。從網站形式來說,StyleSaint 既包含了內容發現,又包含了內容出版,還包括電子商務——由使用者發現內容來提供數據,透過出版內容打造高宣傳力的作品,然後透過商店銷售——這樣一體化的流程看起來很理想。

成本和盈利是 StyleSaint 一直面臨的困境,目前而言,StyleSaint 仍處於成長

階段，其最佳的運營和盈利模式仍有待市場的檢驗。作為一家互聯網的公司，其應該充分重視並維繫自身的使用者，充分利用數據資訊來捕捉消費者的需求，這樣才能創造更好的使用者消費體驗，才能進一步吸引客戶的使用，並吸引更多的投資者，創造更多的盈利空間，並幫助企業的不斷成長。

　　對 StyleSaint 來說，其仍具備更大的發展空間，如雲端運算的數據變革會使圖片資訊的提取標準化變得更加容易，成本更加低廉，獲取客戶需求也會變得更加準確和簡單。相信隨著技術的變革，StyleSaint 定位於時尚服裝設計顧問公司，能獲取更大的市場空間和盈利能力。

# 第二十七章
# Rent The Runway ——讓女性線上永遠有新衣穿

　　女人的衣櫥裡總是缺一件衣服，哪怕衣櫥已塞不下任何東西，她都會覺得少了些什麼。出席重要場合時需要一件體面的衣服，然而此類衣服一般價格較高，往往使用一次後便束之高閣。但是你知道嗎？在參加歐巴馬第二次總統就職典禮的女性中，百分之八十五都在 Rent The Runway 租用了禮服。

　　RTR 正是找準互聯網＋高端女性服裝／飾品租賃這一細分市場，解決女性在購買高端服裝時所面對的困難，從而開發出一個全新的市場。解決女性自身的「愛美」、「貪新厭舊」和「虛榮」的心理和有限的經濟能力，而時下熱門的「分享經濟」模式則能有效的把產品的所有權和使用權分開，使人們在不擁有某件商品的時候也能嘗試此商品帶來的體驗，從而更加有效的調動社會閒散資源，減少浪費，降低成本。

## 一、公司背景

　　RTR 是在二〇〇九年在美國成立的一家設計成衣租賃服務提供商，它從頂級設計師那採購衣服、配飾珠寶等並將其以百分之十～百分之二十的價格租賃給顧客。利用網站搜尋以及訂閱服務方式提供租賃昂貴設計服裝的服務，並結合離線快遞遞送租賃的服裝，為女性提供「共享衣櫥」。

　　自二〇一二年以來，透過實體店提供高端服裝、首飾、珠寶的租賃，顧客能進入體驗店獲取形象顧問的專業建議，以及直接提取服裝或預訂服裝和飾品。目前RTR 已在紐約、芝加哥、華盛頓和拉斯維加斯擁有六間離線體驗店。

　　二〇〇九年，Bain Capital Ventures 投入一百八十萬美元種子資金，並於幾個

月後與 Highland Capital 攜手投資一千五百萬美元。二〇一一年四月，RTR 再次獲得 KPCB 領投的一千五百萬美元主要用於存放日益增長的服裝。二〇一二年十一月底，RTR 獲得 C 輪兩千萬美元融資，由康泰納仕集團母公司 Advance Publications Inc. 領投，其他投資者包括 Bain Capital Ventures，Highland Capital Partners 和 Kleiner Perkins Caufield&Byers 都在此前 A、B 輪融資中有過投資，RTR 在此輪融資前已融資達三千一百萬美元。二〇一三年三月，美國運通和中國香港曹光彪家族永新集團的投資機構 Novel TMTVentures 為網站追加投資四百四十萬美元，使整個第三輪融資金額達到兩千四百四十萬美元，D 輪達到六千萬美元。

時至今日，RTR 已獲得四輪風險投資，企業估值超過八億美元。RTR 擁有超過五百萬註冊使用者，與超過兩百二十個設計師品牌合作，每日處理和寄出六萬五千餘件服裝及兩萬五千餘件飾品。二〇一四年公司營收達五千多萬美元，二〇一五年突破一億美元大關。

## 二、創客介紹

二〇〇八年，當時正在哈佛商學院就讀的珍妮·海曼（Jenn Hyman）在一次與妹妹貝基（Becky）的交談中發現，儘管貝基的衣櫃裡已經堆滿衣服，但仍然為週末的一場婚禮重新購買了一件遠超出預算的名牌禮服。貝基給出的原因有三：她不喜歡衣櫃裡的任何一件衣服；她已經被拍到穿過所有衣服；無法忍受重複著裝。

海曼敏銳的洞察到商機，二〇〇九年十一月便與另一位哈佛校友珍妮·弗雷斯（Jennifer Fleiss）共同創立了共享衣櫥帝國──出租女士晚禮服的網站 RTR。她們想要解決一個由來已久的難題，即找到一些能引起轟動的禮服，穿著去參加婚禮卻不用花太多的錢。

項目當時的理念與如今並無二致，那就是批量購買設計師品牌服裝，透過網路以遠低於原價的價格出租一到兩晚。在初創融資過程中，有次海曼準備介紹她能夠從黛安·馮芙絲汀寶（Dianevon Furstenberg）獲得的庫存周轉量時，其中一個男

人打斷了她的演講，攥著她的手諷刺道：「你真的太可愛了。你有了這麼大的一個衣櫃，能夠擺弄這些漂亮裙子，想穿什麼就穿什麼。這樣一定非常有趣吧！」海曼如今已將那一次的遭遇當作笑談，用她清脆可愛的聲線模仿當日那位男士的表現。但在當時她對此卻十分震驚。被這位風險投資人言語諷刺數週以前，海曼就已經從好幾家最頂尖的風險投資機構拿到了六份投資意向書，並為她的「大衣櫃」估值五千萬美元。此人的嘲笑之舉，為海曼注入了前所未有的動力。「我沒有大吵大鬧，指責創投圈裡固有的性別歧視，而是心想：我就做給你看看——我要建立一家全世界最厲害的物流公司，讓大家見識下它的力量。」海曼與另一位創始人弗雷斯共同建立的事業，與「可愛」完全扯不上什麼關係。

她們在曼哈頓下城一座老印刷廠的廠房設立了一間小巧時尚的辦公室，兩百八十名技能各異的僱員就在裡面忙碌的工作著，他們之中有數據科學家、時裝造型師、應用開發工程師、服裝買手……這裡就像麻省理工學院（MIT）與紐約流行設計學院（FIT）的混合體。

她們在正確的時機提出了這項理念。顧客與商品之間的關係漸漸從擁有轉變為訂用及分享：音樂有流媒體音樂網站 Spotify、電影有影視線上租賃網站網飛（Netflix）、出行有計程車預約應用優步（Uber），連家中居所也可透過 Airbnb 出租，而 RTR 想要占領的則是我們的衣櫃。

RTR 不僅想打造一個全新的衣服租借平台，更想把這個市場做大，就像亞馬遜 Kindle 改變了人們的閱讀習慣，讓人們覺得閱讀是一件「好玩又方便」的事情，從而帶動人們更多的買書，RTR 在改變女性服裝（裙子）消費上也是一樣的，海曼的野心是做禮服租賃界的亞馬遜。

# 三、案例分析

女性們不願意讓其他人看到自己多次穿著同一件衣服，因此當下次需要出席其他重要場合時又會重新購買。服裝對於個人的使用價值越來越低，這就造成巨大的

浪費和很多閒散的社會資源。

　　RTR 專注高端禮服的線上租賃服務，透過網羅市場上大部分高端品牌的最新款式服飾，提供各種尺寸供顧客選擇，顧客能夠以約百分之十五的零售價租用四天或八天，從數十美元到數百美元不等，租賃價格包含乾洗費及服裝保養費，徹底解決了高端品牌與負擔不起之間的矛盾關係，同時建立起較完善的客服及保險制度，解決使用者的後顧之憂。

　　如果顧客希望同時租用第二套不同款式的服裝，則價格只需三十二點五美元。RTR 一般擁有尺寸從零至二十二號的服裝。為了保證顧客能拿到最適合自己身材的衣服，每次 RTR 都會免費多寄出一件備用尺寸的衣服供顧客挑選。RTR 還為顧客提供一個已填寫好地址的預付包裹以便顧客使用完後進行回郵，並提供一份五美元的意外保險。

## （一）共享經濟，集中租賃 B2C 模式

　　RTR 的市場定位是十五～三十五歲有高端著裝要求的女性群體。這個群體的女性幾乎每個週末都要參加婚禮和派對，對高端服飾的需求量巨大，然而她們未必有足夠的經濟能力支撐高端服飾的購買。她們愛美，喜歡新鮮事物，熱衷於社交，並對潮流相當關注。關鍵是，她們都是互聯網的忠實使用者。

　　使用「共享經濟」模式解決高端女性服裝／飾品這一垂直市場時也會面臨兩種商業模式的選擇，第一種是類似 Uber 的模式，也就是讓女性之間相互租賃對方的衣服，互聯網公司只扮演平台角色，而作為使用者擺設、宣傳和交易的場所，不擁有這些高端服裝。這種商業模式的好處如下。

　　輕資產，互聯網公司不需要購入大量高端服裝，造成積壓。

　　互聯網公司可專注做好顧客體驗，使平台更能促進交易的發生。

　　互聯網公司只扮演仲裁者的角色，而不需要捲入與價值鏈上下游的具體事物中。

　　例如與設計師品牌的合作及應對顧客日常頻繁的諮詢與問題解決等。

然而 Uber 模式的不足之處有以下幾方面。

互聯網公司無法保證服裝質量，特別是高端女性服裝，它對品質的要求非常高，而一旦產生糾紛或損害使用者體驗對公司的聲響將產生負面影響。

如使用過程中產生服裝損壞情況，交易雙方難以客觀處理，產生的糾紛將難以解決。

高端服裝的日常打理難度較大，顧客最關心的是服裝的乾淨程度是否有保障，而由私人負責打理則面臨專業程度是否足夠的問題。

由於產品價值高，造成私人物流風險較高，一旦郵遞寄失將產生不可扭轉的損失。

由私人提供的服裝款式、尺碼不齊全，不能夠滿足市場需求，且難以保證款式能時常保持最新。

透過以上分析，使用 Uber 模式解決高端服裝租賃的痛點有所欠缺，在某些關鍵環節上未能完全滿足市場需要，因此需要考慮第二種「共享經濟」商業模式──Netflix 模式。它與 Uber 模式的最大差別在於互聯網公司擁有租賃產品的所有權，採用集中租賃 B2C 的模式，而非 Uber 的 C2C 形式。這種模式很好的解決了 Uber 模式當中存在的不足點，而 RTR 能以公司較為龐大的資源解決 C2C 形式運營過程中難以克服的難題。

採用 B2C 模式的互聯網高端服裝租賃難免與傳統服裝租賃行業產生競爭，然而得益於互聯網的先天優勢，RTR 所提供的產品或服務能體現出以下優勢。

RTR 能讓顧客輕鬆在家裡完成服裝挑選和租賃的環節。

由於企業運營成本更低，RTR 能提供比傳統行業更低的租賃價格。

RTR 可提供租賃服裝的使用者使用評價，甚至透過使用者展示穿著圖片讓潛在顧客有直觀感受。

互聯網能提供更快速有效的資訊，讓使用者資訊隨時保持更新。

## （二）垂直電商，逐步形成 O2O 產業結構

當 RTR 成立時，市場上還沒有成型的高端服裝互聯網租賃公司，細分市場處於空白檔期，RTR 的戰略是期望透過引入戰略投資快速鋪開市場，形成市場口碑、使用者黏著度和規模經濟，從而鞏固並壟斷市場。由線上滲入離線，進一步壓縮傳統服裝租賃公司的生存空間。垂直電商透過在線上形成品牌口碑，積累擴張資本，為了進一步提升使用者體驗進而進軍離線體驗店，形成 O2O 的產業結構。

RTR 擁有自己的網站及 APP，這是他們的主力行銷渠道。在網站上顧客可挑選租賃任何一件自己喜歡的服裝或飾品，或者購買生活小用品。除此之外，網站還能讓租賃使用者上傳自己的穿著評價，為服飾打分，甚至上傳自己或朋友穿著時的實圖供潛在租賃者參考。RTR 發現，普通人的示範參考比專業模特的銷售效果更加顯著，原因在於顧客在選擇服飾時更願意看到與自己類似的人們穿著的效果，而不是那些超級明星，因此代入感更強，也就更容易成交。

首先，RTR 可使用戰略投資人投資的大量資金以較低價錢購入大批設計師品牌服飾，並與各設計師品牌建立長期合作關係，並保證獲得最新款式。

此後，RTR 把模特試穿效果圖及服飾細節圖上傳網站進行展示，租賃價格為零售價格的百分之十五左右，顧客一旦選中下單，RTR 將在要求日期寄出兩件相同款式但不同尺寸的服裝供顧客選擇以保證顧客能完成交易。

一般來說，顧客可選擇四天或八天的租賃期限，之後便可使用 RTR 提供的回郵包裹免費把服飾郵寄回 RTR，並以附帶由 RTR 支付的五美元運費險。另外一種 Unlimited 的服務，顧客每月以七十五美元的價格無限期租賃三款服飾，租期不限。除了租賃業務外，RTR 還銷售女性生活必需品，如內衣、緊身衣、塑形內衣、護膚品與化妝品。

如顧客在租賃過程中遇到任何問題或疑問，都可快速透過電話、網路與 RTR 的形象顧問進行有關款式、合身與物流等問題的諮詢，並得到解決。RTR 在回收顧客寄出的服飾後，將集中對服飾進行乾洗、整理，以確保下一位客人能收到乾淨如新

的衣服。

作為 RTR 戰略投資者的國際期刊出版集團康泰納仕（旗下出版物包括 The New Yorker，Vogue，GQ，Vanity Fair 等）已與 RTR 網站互聯，這等於把康泰納仕集團擁有的一點二億高品味雜誌讀者與 RTR 進行共享，為 RTR 帶來大批潛在客戶。

RTR 還透過與明星合作推廣品牌業務，包括曾為著名歌手 Beyoncé 設立專門的服飾精品店網站連結，租賃由 Beyoncé 本人親自挑選的服飾。

利用網站流量逐漸展開更多類別產品的租賃和銷售，形成以高端服裝／飾品為中心，完成周邊相關產品品類的拓展，把 RTR 打造成擁有鮮明特色的垂直電商。如果條件成熟，未來 RTR 將進入全產品線領域，與亞馬遜進行正面交鋒。這種從單點突破，從點到線，從線到面的做法正被眾多互聯網公司驗證可行。

總的來說，RTR 所體現的是一個分享式經濟形態，剛開始 RTR 做的是電商的平台模式，之後在美國離線開了六間實體零售店鋪，公司轉變為 O2O 的商業模式，充分利用離線試穿體驗，線上預定，形成閉環。公司現在擁有超過五百萬名會員，每日需要處理並向各地的客戶寄出六萬五千餘件服裝及兩萬五千餘件飾品。

### （三）圈子社交的三大競爭力

RTR 除了發展起來的 O2O 商業模式和時尚界租賃模式的創新之外，還擁有的三個競爭力分別是：清洗、物流和大數據分析。

清洗方面，RTR 聘請了頂尖的清洗行業專業，現在已經是美國最大的乾洗商家了。因為對 RTR 來說，乾洗是最為關鍵的幾個環節之一，提高乾洗的效率和乾洗的質量對重複使用的租賃服裝來說至關重要。如今，RTR 平均每件服裝的租用次數是三十次，遠遠高於當初估計的十二次，這得益於公司買手們對布料、拉鍊、走線及剪裁的嚴格要求，同時公司擁有自己的服裝清洗和運輸體系，確保服裝能得到最大程度的呵護。

物流方面，RTR 的訂製物流軟體可以決定時間成本，比如：當客戶要回寄衣服時，它們會根據物流時間長短，並結合租衣需求的緩急程度做出決策，究竟是採用地面物流，還是選擇隔日到達的空中物流，高效管理庫存。它們可以知道庫存量有多少，預定量有多少。

大數據分析方面，RTR 一直在強調的，它們不僅僅是一個時尚公司，也是一個科技公司，原因就在於此。當客戶瀏覽 RTR 網站的時候，公司的推薦引擎就會發揮作用，它可以分析使用者的瀏覽歷史，以及過去租衣的歷史數據、年齡階段和其他因素，給使用者推薦一些精選服飾。避免使用者的審美疲勞，RTR 會提供很多不同風格的衣服，給服裝租賃公司使用者提供很多不同的選擇。

RTR 與超過兩百二十個設計師品牌和禮服進行密切合作，使其總能拿到符合公司要求的最新服裝款式。同時 RTR 與各大投資人保持密切關係，使每次融資過程相對順利，包括 Bain Capital Ventures，Highland Capital Partners 等都已對 RTR 進行多輪融資。另外，收購 Go Try It On 也是 RTR 未來進行圈子社交的重要嘗試。

二〇一三年六月，RTR 正式宣布收購時尚社群網站 Go Try It On，兩者使用者高度重合，後者當時擁有四十萬 App 使用者和兩千萬條網友搭配建議。合併後，RTR 能夠以社交圈子的方式維繫顧客和愛好者們的關係，並找到日後更多產品或服務的推廣平台。

## 四、創客商業模式分析

RTR 是利用互聯網工具充分調動社會零散資源，減少社會整體浪費，提升社會運作效率的又一典型案例。它改變了人們的生活方式，由購買服飾轉變為租賃服飾，把擁有權和使用權分開，降低了使用者使用成本，拓寬了使用者體驗。以下就 Rent The Runway 公司價值戰略模式、市場行銷模式和盈利收入模式進行分析，如表 27-1 所示。

表 27-1　Rent The Runway 商業模式創新分析

| 商業模式 | 特　徵 | 描　述 |
|---|---|---|
| 價值策略模式 | 租賃服務＋訂閱服務＋離線實體＋社交平台 | RTR的主要產品是設計師品牌的禮服，以租賃的分式，透過線上的展示和後台倉儲郵寄到消費者手中。客戶可以透過租賃服務或包月服務或實體店展示、銷售，以及our runway社群平台互動等多種方式去了解、購買相關服務。 |
| 市場行銷模式 | 分銷促銷＋體驗行銷＋口碑行銷＋O2O模式 | （1）RTR擁有自己的網站及App，這是他們的主力行銷通路，推出新搜尋功能，幫用戶透過查看同身材類型的著裝效果，半個月左右就有15000名顧客上傳了自己穿著時裝設計師設計的衣服；<br>（2）把康泰納仕集團擁有的1.2億高品位雜誌讀者與RTR進行共享，帶來大批潛在客戶，2013年9月推出了首個行動應用程式，這個行動應用程式，迅速為公司獲得了網站流量的40%；<br>（3）透過與明星合作推廣品牌業務，開展口碑行銷和精準行銷。 |
| 盈利收入模式 | 租金＋服務費＋銷售 | RTR用融資擴大市佔率，讓數以百萬計的女性用戶享受到高級成衣的服務。同時，透過收購時尚社群網站Go Try It On，獲取更多的用戶和2000萬條網友搭配建議，服飾出租收入、Unlimited包月服務，以及售賣其他生活小用品的收入。 |

## 五、啟示

　　RTR 的創新之處在於所營造的「共享衣櫥」的概念，契合分享經濟的潮流，解決了女性對服裝要求的通點，在公司發展過程中從電商轉變為 O2O 模式，並且利用社群平台提升使用者體驗，採用體驗行銷，增強使用者黏著度。此外，也挖掘了更多的盈利點，開設實體店租賃以及銷售禮服，成為一個新的銷售渠道。紐約大學教授和研究員艾倫‧孫達拉賈（Arun Sundararajan）的研究指出，禮服租賃公司代表分享式經濟形態的一個重要方面，因為它讓時尚平民化。「是的，他們做的是時尚，但是他們凸顯了分享式經濟形態更廣闊的前景：可以在不擁有所有權的情況下使用。」

　　RTR 所解決的是在美國派對盛行和社交分享時代下，女人一直存在的「衣櫃裡

滿是衣服卻仍然找不到一件想穿」和「用昂貴的價格只買一件只穿一次的聚會服裝」的問題，提出「分享擁有權模式」，讓每一個女人只要花比購買服裝更少的錢就能穿上設計師華麗、高端的衣服，滿足女人對高端服飾的需求。

關於 RTR 目標客戶群體的尋找，有這樣一個小插曲。在珍妮（Jennifer）用自己儲備買了一百件品牌禮服來到哈佛大學和耶魯大學，分別給了三類女學生進行試穿：女神級別的女孩；平時對時尚和名牌沒有追求的普通女孩；想要成為女神的女孩。她們發現，女神們並沒有任何心動，因為她們家境可能稍好，平時已經穿慣了名牌。而平常女孩不大在乎是否穿名牌。但當那些想要成為女神，對名牌有追求的女生們穿上她們的裙子，就會由衷的感慨道：「I look so hot ！」於是，RTR 的目標客戶群定位就是這幫想要成為女神的女孩們。

針對這類的目標客戶群體，RTR 進行一系列的市場劃分。首先，RTR 進入的是奢侈品市場，但它的使用者群體卻並不單純是那些奢侈品的老使用者，而是將奢侈品平民化。普通收入的女孩，甚至學生也租得起他們家的衣服。這批使用者的共性，希望低於市場價可以體驗到高端禮服的服務，並且是名牌的禮服。而且，基於這些使用者有一些網上購物不成功的經歷（尺碼不適合、款式不好看、圖片和實物不符合等）。RTR 在這樣的顧客特點下，進行產品服務的修改和完善。RTR 主要的市場在於美國紐約、加州、華盛頓、拉斯維加斯等大城市和各個州的州府，那裡的女孩們參加宴會的次數多，租賃衣服的潛在使用者群也廣。RTR 會進入其他國家大城市的市場，將這種奢侈品平民化文化帶給各個國家的女孩子。

RTR 是擁有科技底蘊的時尚公司，具有和眾多頂級設計師合作與獨家合作的資源，變革能力的商業模式，專有的科技分析工程技術進行客戶需求分析即大數據分析，獨特的回收物流運作，服裝清洗系統的一體化時尚租賃提供方，使人們能夠體驗高端奢華的服裝配飾，並且改變對所有權的內涵，是零售業的一個巨大變革。

但是 RTR 確實也面臨一些困境與問題，在產品方面：例如如何提高服裝的重複使用率，在定價方面如何才能保證更高的利潤率，如何去解決衣服的舊損等問題；

在競爭對手方面，面對國外的「十五天內無條件退換貨」的消費者「福利」等。

　　儘管作為互聯網企業早期難免進入燒錢模式，例如目前仍然在運行的首單減免二十五美元的促銷手段，但由於 RTR 是經營自身擁有的服裝資產，因此變現性相對較強，而無須像其他平台級公司一樣，只有在積累夠一定數量的使用者後才思考如何商業化的問題。

　　未來，在各個垂直市場裡將產生更多類似的「共享經濟」模式，租賃先付費，體驗後購買模式將會在「互聯網 +」風口上越吹越盛。

# 第二十八章
# Hukkster——免費的購物打折追蹤器

你是否厭倦了像「黑色星期五」那樣，無數的優惠和折扣資訊湧向你的收件箱？讓你在篩選真正便宜貨時反而不得其所？

Hukkster 是一家購物降價提醒平台，它可以彙總你所有的慾望清單，當一件商品價格降到預期價格之下，Hukkster 會通知消費者，使他們獲取最大折扣，輕鬆追蹤你想購買的商品優惠打折碼。

Hukkster 線上產品購物追蹤工具是一個可以幫助使用者購買產品並追蹤最新的價格和上市時間，讓使用者選擇最合理的產品去購買，透過瀏覽器安裝外掛程式，就可以讓你貨比三家的去購買產品了。Hukkster 是一個生活購物瀏覽器，當你需要網上購物的時候，尤其是海外購物，你需要貨比三家，使用 Google 瀏覽器安裝 Hukkster 瀏覽器外掛程式，然後去該平台上選擇中意的產品，添加收藏，只要這款產品上市或者有價格浮動的時候你就會收到通知然後選擇最優惠的價格購買即可。

除了監測內部商品變化之外，Hukkster 還會追蹤其線上合作夥伴的外部推銷活動。Hukkster 也為大公司提供了一種吸引顧客的方式，可以幫助商家在商品銷售週期中間而非末段，切入快速時尚行業，為顧客和零售商帶來雙贏。

## 一、公司背景

Hukkster 是時裝界的 RSS 閱讀器，創辦於二〇一一年十一月，公司總部設在紐約。Hukkster 會盯著價格浮動，一旦價格低於消費者的接受值，會自動通知使用者。付費會員可以直接在平台上購物，透過 Hukkster 的無縫支付系統完成購買。每成交一單，Hukkster 就從零售商那裡收取一定費用。

目前，公司除了在一些特殊時段（如結婚季節、節假日等）推出一些令人興奮的功能，還逐步將 Hukkster 打造成為綜合化購物平台。從時裝到家用電器再到雜貨，已擴大到儲蓄食品、家居用品、家具、電子、餐飲、旅遊等多個品類。

如今 Hukkster 已經擁有一百多萬的註冊使用者，正改變著人們在互聯網上的購物習慣。小創新既滿足了消費者以預期價格買到目標商品的消費需求，同時也滿足了商家快速清倉的生意需求，並以其清晰的轉化加上分成的商業模式和簡單易用的產品自創建以來，快速獲取五百五十萬美元的融資。投資方包括 Wink levoss Capital、Henri Bendel 和麗莎・布勞（Lisa Blau）。作為新興的電子商務企業，Hukkster 前期需要的資本投入大，而資本收回期又比較長，「固定成本高，邊際成本低」，所以在資本運作方面，Hukkster 更多的是把資金投入在網站、App 的建設開發中。

二〇一二年十一月，Hukkster 從 Wink levoss Capital 融資一百萬美元。

二〇一三年三月，Hukkster 在 iPhone 及 ipad 上首推 App。

二〇一三年四月，Hukkster 宣布與 Self 雜誌牽手，使用者可直接在該雜誌網站上鎖定產品。同月，時代雜誌將 Hukkster 列為其關注的十大初創公司之一。

二〇一三年五月，Hukkster 融資兩百萬美元。

二〇一三年十月，Hukkster 發行第二代 App，包括加強對使用者關注的產品進行全渠道的零售體驗。在接下來的假日熱銷節中，第一次，使用者真正用 Hukkster App 能夠在虛擬的願望清單裡成功鎖定並輕鬆瀏覽他們的心頭之好。使用者可將在商店裡看中的款式，透過 Hukkster App 在多家高端零售網站上瀏覽同類產品並比較價格。

二〇一四年三月，Hukkster 被追加了一百五十萬美元的風險投資，並在二〇一四年被譽為年度新起之星。

## 二、創客介紹

兩位創始人凱蒂·芬尼根（Katie Finnegan）和卡·貝爾（Erica Bell）擁有豐富的時裝從業經驗，在 J.Crew 做了多年的採購。

兩位創始人起初只是千千萬萬熱愛網購的一員，他們厭惡黑色星期五和眾多大媽、剁手黨們守著電腦拚個你死我活的消費體驗。二〇一一年的某一天，他們在咖啡廳討論自己的購物心得時碰撞出了火花：要是我們能控制商品的價格就好了！兩人越討論越興奮，芬尼根（Finnegan）結合在股票市場的經驗，迸發出了 Hukkster 的雛形，即消費者自己設定價格，一降就買進跟股票交易自動補倉的設定一樣。

於是兩人於二〇一一年年底註冊了公司，並在次年九月推出了這款產品。前期推廣並不順利，最大的問題是創業資金。貝爾（Bell）幾乎跑遍了紐約大小的投資人和銀行，最終兩人用從貸款的五萬美元以及東拼西湊來的 3 萬美元開始了產品的研發。

芬尼根和貝爾觀察，Hukkster 顧客從收藏商品獲取提醒，到最終購買該件商品，中間平均相隔十～十五天。使用者通常關注售價在一百五十～兩百美元的商品，於是他們尋求電商公司建立合作關係。

在產品初期，兩人在實現方式上產生了分歧，到底是做一個自己的平台還是小外掛程式呢？最終芬尼根說服了貝爾，做一個基於 RSS 訂閱的外掛程式功能。這個起步設定無疑是天才的，因為這既減少了開發的成本和時間，也降低了使用者的使用門檻，更重要的是避免了來自其他分類導購，以及限時折扣網站的擠壓和競爭。

他們說，並不是想要顛覆行業，而是想要幫助行業。Hukkster 就像是書籤小工具，幫助零售商維持與購物者的聯繫，試圖創造無縫銜接的購物體驗。Hukkster 為大公司提供了一種吸引顧客的新方式，特別是考慮到購物者能夠在他們所喜歡的網站上透過 Hukkster 收藏心儀的商品，在商品銷售週期中間而非末段切入快速時尚行業的新穎模式。

二〇一二年九月，產品一經上線迅速積累了十萬的使用者量。然而此時，他

們又遇到了另外一個關鍵問題：有很多網站和商品並不支持 Hukkster，這成為 Hukkster 發展的「瓶頸」，直到後來遇到麗莎‧布勞（Lisa Blau）——一個低調的快時尚界女強人，曾任 ZARA 高層，後轉做天使投資人，她幫助 Hukkster 解決了大問題。在麗莎的幫助下，Hukkster 成功和三百家著名零售商建立了合作關係，包括大名鼎鼎的 Nordstrom，Shopbop，Target，Macy's，Zappos，J.Crew，Bloom ingdale's 和 ASOS，這不僅讓 Hukkster 使用者量劇增，還讓其估值突破千萬美元，成為二〇一四年最受熱捧的北美電商創業項目之一。

## 三、案例分析

網購已逐漸成為一種潮流和生活方式，而人們在購物的時候總是喜歡貪小便宜，如果未來商品存在一定的降價空間，他們會願意為此付出一定等待的時間。面對便宜的商品，人人都想要，但人們又討厭所有人起鬨搶便宜的商品。消費者最想要的是能夠輕鬆的以較低價格獲得自己喜歡的商品。

### （一）精準的市場選取

Hukkster 專注於強化商品供應滿足日益增加的使用者需求，同時應使用者要求與多家優質品牌商展開合作。Hukkster 是一個由消費者設定預期價格的時裝降價追蹤器，它能夠幫助使用者快速、低價購買到想要的商品。打折資訊來源於超過一千家的大型商場，一旦發生打折資訊，價格低於消費者的接受值，Hukkster 會自動通知使用者。每成交一單，Hukkster 的公司就從零售商那裡收取一定費用。

Hukkster 提供了兩種選擇：一是它們做了一個瀏覽器外掛程式，當客戶瀏覽商品頁面時，收藏頁面後此外掛程式即可自動追蹤價格變動，省下使用者反覆查看頁面去關注是否降價的時間；二是做成手機 App，當價格降到目標價或以下時，不管顧客人在何處都能夠迅速提醒購買，讓他們快人一步買到心儀的商品。

Hukkster 的目標客戶是中等消費水平的網購族。對他們來說，網上購物是一件

趣事,但那些高檔名牌、奢侈品是自己所無法負擔的,寧可眼不見為淨。不過因為 Hukkster 的誕生,網購族有可能去淘自己喜歡的高檔名牌了。需要用到 Hukkster 產品的顧客人群,大多滿足以下兩大特徵。

(1) 會購買中高檔品牌(尤其服裝),而不是街頭的三無品牌或者超市開架貨品。

(2) 工作繁忙或出於其他原因,導致與逛街相比,他們會更加偏好網購。

Hukkster 針對價格敏感的網購客戶以及「快速時尚」消費顧客,鎖定了其特定的消費人群,關注時尚,關注奢侈品,有消費慾望,卻希望得到價格優惠的產品,幫助顧客節省金錢和時間。此類人群有一定的消費能力,並對需求產品的慾望較大,對自己的需求有掌控能力,比較能促成消費。

透過 Hukkster 的 App 應用收集數據,這款應用的介面和 Tinder 很像,消費者可以向左滑動螢幕選定一個心儀的商品,向右滑動螢幕就刪掉,可以根據客戶需求,透過電子郵件或其他推播方式,推播客戶所關注的優惠資訊。目前,Hukkster 的付費會員可以直接在平台上購物透過支付更多的佣金,可以提供更具個性化的銷售提醒。

從管理、數據、決策的角度,Hukkster 透過網路的輔助來實現自動化管理,利用商家的優惠券和分銷系統來發展業務;透過直接和品牌合作,幫助商家導入流量,提高效率,而消費者則可以透過優惠碼獲得自己感興趣的商品。

## (二)形成有效的轉化

電商運營推廣目的是形成有效的轉化,對商家來講,意味著更充裕的現金流和更少的庫存積壓。因為服裝行業存在季節性,每到換季,人們會更傾向於買當季的衣服,而非過季的。因此過季庫存積壓成了每個服裝品牌、零售或批發商的痛點。

按照服裝企業的慣例,一般品牌正常銷售(指的是最低零售折扣在五折以上)庫存率在百分之三十五～百分之四十五,這些庫存基本上按照三部分分布:一是品

牌廠家，庫存百分之十五～百分之二十（按照執行百分之十五退貨率，外加備貨）；二是區域總代理，庫存百分之五～百分之十；三是加盟商，庫存占百分之十一～百分之十五。「不過，以這樣的庫存標準衡量，能保證平均水平的企業並不多，現狀是品牌越高端，庫存會更多。」

根據該公司創始人貝爾表示，Hukkster 發送的提醒郵件，閱讀率達到了百分之七十，他認為對買賣雙方來說，這都是一種雙贏的模式。Hukkster 切入快時尚這類商家對庫存率的要求更高，因為其主打產品就是當季時尚圈的爆款潮品，過季的衣服基本無法再賣出，只能算作殘損。如果庫存率控制不好，快時尚將面臨倒閉。也正是因為快時尚行業對庫存率嚴格的要求，才會產生國外的 Gilt 和 HauteLook，唯品會這類的閃購網站。

這類網站透過超低價短時促銷的形式在極短時間內傾銷庫存商品，也就是尾單，大大降低了商家庫存率。商家也願為這種高效的清庫存方案買單，雖然對接近成本價的折扣力度略感無奈，但總比全部砸在倉庫裡發霉好。

對商家而言，Hukkster 解決的其實還是一類問題，只是更細分和靈活。消費者在網上預訂了商品，並設定了價格，這對商家而言，就是所有商品都已經有消費者表達了購買的意願及預期的價格，並且清楚的告訴他們需要降價的幅度是多少，無異於告訴他們可以更合理的安排銷售任務和促銷計畫，以達到清庫存，又不必犧牲太多折扣的效果。在這點上，商家至少可以獲得以下兩個價值。

（1）部分高於清倉價的 Hukkster 可以為其省下不少折扣錢。

（2）部分低於清倉價的 Hukkster 可以有針對性的進行分批促銷，不必等到季末剩餘過多，進一步打折。簡單來講，如果說閃購網站是簡單粗暴的把所有尾單打了五折一下在季末出售的話，那麼 Hukkster 便是在從一開始就幫商家在合理安排和計畫庫存及折扣。對商家來講，便沒有理由不稱讚和推崇 Hukkster。

## （三）注重使用者價值和體驗

而對消費者來講，以往的季末促銷或閃購，不一定搶得上，而且在比價上耗費精力過多，容易造成盲目消費。到頭來很多消費者要麼買不到自己想要的，要麼累死在促銷郵件中，或買了一堆不需要的東西。

Hukkster 只是提示所關注的商品的降價資訊相比，而同類型網站 Ookong 不僅提供關注商品的降價資訊，主頁還會提醒使用者每天最值得購買的商品、每週最值得購買的商品、Ookong 上最流行的商品，這無疑會吸引使用者的關注，增加使用者的使用價值。Hukkster 可以定時向使用者推播最值得購買的商品、Hukkster 上使用者關注最多的商品等。

貪便宜、精力旺盛、購物慾望強烈的消費者會繼續忠於閃購，而 Hukkster 則更適合一些理性的，沒有過多時間購物的消費者。對消費者而言，Hukkster 的價值在於它使消費者在選購好了產品之後，主動設定一個價格便可坐等交易完成，簡單又方便。然而缺點也很明顯，同一樣商品同時被多個人以同樣價格預訂，會導致消費者空等幾週時間而一無所獲；出更高價格可獲得更優先的預訂權，會導致消費者得不到實惠。

和閃購一樣，總有消費者是不會在意這些東西而一直使用它，這便是 Hukkster 對使用者的核心價值所在。Hukkster 成功的關鍵在於溝通了時裝商家和消費者之間核心價值，從而產生了三贏的局面。

幫商家解決庫存率的問題，其運用的手段是將以往賣家定價促銷的機制轉變為買家定價，在買家便利的同時，賣家也可以接收買家預訂的意向和價格資訊，提早進行促銷的合理安排，以控制庫存率；讓購物者能夠密切留意網上出售他們最喜歡的服裝，清倉活動一到就可以立刻搶購，而無須等閃期喜歡的服裝。

在 Hukkster 這種模式下，消費群體對 Hukkster 公司網站或者產品的忠誠度是比較低的，因為都是以低價格為導向的人群，在市場的同質化競爭中，Hukkster 並不能維持現有消費群體的忠誠度。

### （四）多元化渠道發展

Hukkster 能真正幫商家引入更多的流量，這取決於 Hukkster 使用者量推廣的多少和快慢。一旦平台使用者規模成型，那麼跨品類的整合便可更好的提高商家流量及變現能力。

借助資本和資源，Hukkster 完成了 B 端的第一次擴張——奠定了其另一個爆發期的基礎。此後，Hukkster 加大了運營推廣力度，尤其在 C 端，以其良好的使用者體驗和口碑，以及商家的支持迅速增長。在擁有了龐大的 B 端合作方和 C 端擁躉，Hukkster 平台已初具規模，平台價值的雪球便自動滾起來了——更多的商家意味著更多的折扣，更快的完成交易；更多的消費者使用者意味著更快的變現效率、更多的抽成。可以說，Hukkster 已經成功了一半。

較閃購、特賣網站，此類的庫存清理效率並不高。消費者數量過於龐大，容易出現多人同時價預訂相同產品，導致最終訂不到的糟糕體驗。因此，Hukkster 也在期待透過創建「一站式」的時裝購買平台觸及不那麼精明的購物者，未來使用者將能夠線上或透過應用登錄 Hukkster，瀏覽最新潮流，收藏他們最中意的商店裡的商品，然後等到合適時機出手。

Hukkster 主要的成本是技術成本，而在未來的發展中，Hukkster 將業務從服裝行業進一步拓展到其他商品行業，在資源整合和供應商數據分析方面投入更多的資本，更關注資訊質量和客戶關係。

商家是 Hukkster 的主要客戶和最終價值來源，消費者是其獲取價值的資源。簡單來說，Hukkster 服務好消費者，使其消費體驗進一步提升，獲取更多消費者使用者，便意味著更多的轉化和變現，但脫離了服裝和電商行業，這套模式便不一定成立。

當前，Hukkster 僅對同一商品不同時期的價格進行縱向比較，如果增加橫向比價功能，可以讓使用者真正省時高效的完成購物；繼續拓展除服裝外商品的比價服務，豐富平台內容；公司業務範圍可適當拓展到其他國家，充分利用平台數據，為

合作商提供定向行銷服務，擴大收入範圍。

## 四、創客商業模式分析

　　Hukkster 商業模式創新基於網購產品的資訊不對稱，購買者希望能夠得到需要產品的最新優惠資訊，而商家則希望將其推出的產品優惠資訊全數傳達給消費者。以下就 Hukkster 公司價值戰略模式、市場行銷模式和盈利收入模式進行分析，如表 28-1 所示。

表 28-1　Hukkster 商業模式創新分析

| 商業模式 | 特　徵 | 描　述 |
|---|---|---|
| 價值策略模式 | 以方便的模式幫助消費者省錢 | 打折追蹤器，按照庫存量水平進行銷售，給購物者發送即時打折提醒，顧客透過優惠碼獲得自己感興趣的商品。主要功能有瀏覽器外掛程式、自動追蹤價格變動、手機app迅速提醒。 |
| 市場行銷模式 | 外掛程式黏性行銷 | (1) Hukkster官網提供更多打折資訊；<br>(2) 可以在App Store上購買Hukkster軟體；<br>(3) 與Self雜誌合作。 |
| 盈利收入模式 | 會員費＋品牌商佣金 | 主要來自會員會費以及品牌商的佣金。優化VIP服務，穩定收入來源，Hukkster仍需要提供VIP折扣資訊，才能使VIP收入穩定增長。<br>(1) 從零售商那裡收取的費用；<br>(2) VIP客戶會員費用。 |

## 五、啟示

　　從商業模式上來看，Hukkster 直接和品牌合作，幫助驅動流量和效率；而消費者則可以透過優惠碼獲得自己感興趣的商品，達到一種雙贏。Hukkster 會逐步改變使用者的購物習慣。總的來說，Hukkster 之所以迅速走紅，在於其清晰的價值訴求——幫消費者輕鬆購物，幫商家持續清倉。這種最原始本質的供需價值體現，不得不稱讚 Hukkster 的兩位天才創始人的商業思維和嗅覺。而富有遠見的投資人之所以投他們，想必也是透過對行業的深刻調研和理解而了解他們的價值，才做出的投資決定。

　　國外的零售業非常細分，而且標準化程度與資訊化程度都非常成熟，幾乎每個品牌都有自己的網店和零售分銷系統，海外電商的這種分銷機制也成了各大返利網站與很多個人站長的立身之本的背景下，利用國外的電商企業可以從管理、數據、決策的角度，透過網路的輔助來實現自動化管理。

　　值得一提的是，Hukkster 一直維持著小團隊，技術導向的公司定位。至今團隊不到五十人，其中一半以上是技術開發人員，而其餘則是商務拓展和推廣人員。用兩位創始人的話來說就是，他們不希望成為另一間導購公司，而是一間能夠改變人們消費習慣的科技公司。事實上，他們基本上做到了改變一部分人的消費習慣，並讓消費者了解自己對價格的干預能力。

(1) 幫助消費者省錢。透過比較最終得出性價比比較高的產品。將這個過程的時間成本和精力成本降到最低。Hukkster 解決了人們繁忙或者迷失於琳瑯滿目的打折促銷資訊，這是它成功的主要原因。

(2) 雙贏。一個商業模式要想長久並且富有生命力的成長，處理好它的利益相關者的關係尤其重要。Hukkster 和消費者取得雙贏的方式是 Hukkster 可以透過收取更優質服務帶來的佣金實現盈利，而消費者可以透過 Hukkster 的平台降低購物的成本，減少開支。另一層面是 Hukkster 同樣可以透過幫供應商提供更好的優質服務去收取佣金，而供應商可以透過這個合作關係拓展銷路，賣掉更多的商品，取得更高的利潤。因此，這種雙贏的模式有力的保障了 Hukkster 的穩定發展。

(3) 方便使用。透過與 Chrome 瀏覽器的結合，Hukkster 可以跨平台的追蹤多個商品，如亞馬遜、京東、淘寶，這就實現了一個跨平台的效果。除了外掛程式，Hukkster 還有 App 等端口方便客戶的使用，與使用者形成良好的關係黏合度。

(4) 規模效應。Hukkster 是一個很容易形成規模經濟的平台。首先，全球所有的電子商務網站加起來是一個大得嚇人的平台，如果你的產品能夠讓其

中百分之一的使用者使用你的產品，你都可以賺得個盆滿缽滿。其次，Hukkster 可以做到跨平台，這個特性也對它形成規模經濟非常有幫助。

但是，由於 Hukkster 外掛程式黏著度行銷的特性，必須依附其他大型的零售網站和搜尋引擎才能生存，很容易被人收購或屏蔽。

# 第二十九章
# Etsy——線上銷售手工工藝品的「淘寶」

你是否遇到過「撞衫」的尷尬？不少女性在公眾場合看到跟自己「撞衫」的人都會下意識的躲開，購買衣服時也會考慮這個款式是不是爛大街了。在千篇一律的連鎖店和購物中心橫行的年代，琳瑯滿目的商品均來自規模化的生產線，這更讓傳統的手工藝品稀少而珍貴。

無論是自用還是送禮，獨一無二的商品都能體現出個人對生活品質的追求。Etsy 正是滿足了顧客的這種需求，生產的手工產品絕不「撞衫」。Etsy 的魅力來自它能提供獨一無二的商品，更重要的是，顧客不僅可以購買現有的手工藝品，還可以跟店主交流是否能按自己喜歡的顏色和樣式來製作。

如今的 Etsy 是全球最大的手工愛好者網站，聚集了幾十萬名設計師，手工製品銷往世界一百五十多個國家和地區，超過一千一百萬名的顧客手中。

## 一、公司背景

Etsy 是美國的一個購物網站，主要銷售手工工藝品，這些商品的共同特點是手工及原創。來自世界各地的優秀設計師和手工達人在 Etsy 開店，銷售他們的優秀手工作品，銷售模式類似 Ebay。Etsy 成立於二〇〇五年六月十八日，是美國一個線上銷售手工工藝品的網站。Etsy 總部設在美國紐約布魯克林，它們的願景是為愛好手工製品的人們提供交易和交流場所。為了配合網站的手工藝術風格，公司裡幾乎所有東西都是由員工自己製作或挑選。編寫電腦程序、連接電纜，連大小家具都是在路邊小店淘到的極品。

Etsy 有著嚴格的規定：每一件商品必須由設計者親自設計，必須是手工製作，

每件產品必須標有設計者姓名，絕不能售賣批量生產的商品。這些規定絕非戲言。

負責國際市場開發的麗茲·瓦爾德（LIZWald）說，Etsy 運用電腦工具和有經驗的審查員對每一件設計產品進行審查，同時，Etsy 社群裡還有許多熱心維護手工業者權益的人，他們的匿名舉報幫了 Etsy 很大的忙，確保 Etsy 規則不被破壞。

二〇〇五年五月，Etsy 的手工製品 C2C 網站上線。當時，eBay 網站每天的交易額已經超過一億美元。然而 Etsy 最初兩年才線上賣出了一百萬件商品。

二〇〇八年年初完成兩千七百萬美元的第三輪融資之後，Etsy 很快實現了盈利。Etsy 被美國知名科技部落格 TechCrunch 評為二〇一〇年美國十大 IPO 候選科技創業公司，位列 Gilt Groupe 之後。

二〇〇九年四月，Etsy 使用者在全球最具影響力的微型部落格網站 Twitter 發起名為「etsyday」的宣傳活動，一時間，Etsy 網站備受關注，賣出超過一億件商品。

二〇一〇年，以百分之兩百的速度增長。

二〇一五年三月三十一日，復古創意電商 Etsy 明日啟動 IPO 說明會，將發行一千六百六十萬支新股，其中一百三十三萬支來自公司，三百三十萬支為股東賣出。另外，該公司計畫為摩根士丹利運營項目中的零售投資者保留百分之五的股份。按照上述數據估算，一旦上市，Etsy 的市值將達到十五點五億～十七點七億美元。

## 二、創客介紹

Esty 的創始人是一位居住在紐約布魯克林區的二十五歲業餘木匠羅布·卡林（Rob Kalin）。二〇〇五年，正是世界範圍內 C2C 領域的霸主 eBay 如日中天的時候，熱愛手工藝品的卡林向這位巨人發起了挑戰，卡林決定與幾個同學合夥創辦一家手工愛好者網站，幫助他們交易自己的作品。

創始人卡林本身就痴迷於手工製作，對紐約、洛杉磯這些大城市存在的規模龐大的專業及業餘手工愛好者群體非常熟悉。愛好者們經常組織交流活動，順便出售一些自己的作品。

這些手工愛好者們像一個一個的部落，只能進行地域有限的交流。因此，在創辦 Etsy 之初，卡林致力於進行 Etsy 品牌傳播的同時舉辦縫紉大賽、贊助傳統的手工藝品市集，以及成立各種街道興趣小組。透過這樣的行銷手段，Etsy 在手工愛好者群體中獲得的宣傳效果遠勝於在傳統媒體投放廣告。

二〇〇八年七月，卡林找到瑪利亞·湯瑪斯（Maria Thomas），他將網站 CEO 的身分轉交給這位國家公共電台數位媒體的前任掌門，並請來雅虎高管查德·迪克森（Chad Dikson）擔任網站的技術總裁。在這兩人的並肩奮戰下，Etsy 的銷售量迅速翻番。來自一百五十個國家、超過三百萬名的顧客在 Etsy 網站購買了大約八千七百五十萬美元的商品。

# 三、案例分析

Etsy 網站並沒有淘寶、eBay 等主流電子商務網站知名，但它以獨特的經營角度、多樣的盈利模式，為大家提供了非一般的網路服務。

在 Etsy 網站交易的產品五花八門，服飾、珠寶、玩具、攝影作品、家居用品……還有一些不太常見的項目，如手工玩偶或是微縮模型等。另外，Etsy 上面「極客之愛」的項目，提供超乎想像的另類手工製品，像是用樂高積木做的耳環、羊角包形狀且充滿烤麵包味的香皂、酷炫的 DIY 手機套等。只是，這些產品有個共同的前提：原創、手工。

所以，Etsy 聚集的不是普通人，而是一大批極富創意的手工達人和才華橫溢的設計師，他們不僅在網上創造屬於自己的品牌，開店銷售自製手工藝品，還參加網路社群交流，進行離線聚會，參加 Etsy 贊助的工藝品集市或展覽。因而，Etsy 對賣家的價值已經不能僅僅用金錢來衡量，它更多的是對手工業者團體的一種聯繫。

Etsy 的手工藝品價格並不昂貴，很多單品售價都不超過一百美元。一件手工刺繡的鑲荷葉邊的燕尾服，或者是一件薄紗配亮片裙子售價都不過六十多美元，而一本一九六七年的汽車修理手冊只要二十八美元，書上還留有潤滑油和咖啡汙漬歲月

印記。一個啤酒罐融化製成的湯匙架，標價才十二美元，上面還依稀看得到「Rolling Rock」的顯赫商標。

Etsy 跟 eBay 等不一樣的是，這些產品都是原創、手工的。Etsy 的賣家不是隨隨便便就可以當的，必須是極富創意的手工達人和才華橫溢的設計師。他們不僅在網上創造屬於自己的品牌，開店銷售自製手工藝品，還參加網路社群交流，進行離線聚會，參加 Etsy 贊助的工藝品集市或展覽。

Etsy 網站並沒有 eBay 等主流電子商務網站知名，但卻以獨特的經營角度、多樣的盈利模式，為大家提供了非一般的網路服務。因而，Etsy 對賣家的價值已經不能僅僅用金錢來衡量，它更多的是對手工業者團體的一種聯繫。Etsy 的使命是連接買家和賣家，透過買賣市場建立一個新經濟以及為使用者提供一些更好的選擇。

Etsy 上的賣家可以根據買家的要求個性化訂製產品，這種個性化所帶來的附加價值，也讓消費者對產品的定價及運費的敏感度降低。

二〇〇八年，來自一百五十個國家、超過三百萬名的顧客在 Etsy 網站購買了大約八千七百五十萬美元的商品。二〇〇九年，Etsy 賣出超過一億件商品。一組組數據充分顯示，在這個充斥著連鎖商店和零售中心的時代，獨一無二的手工製品依然有著巨大的市場。目前 Etsy 在全球已有超過十萬賣家在上面開店。

## （一）消費群體的發掘和聚焦

眾所周知，eBay 是世界範圍內 C2C 領域的霸主。尤其在北美市場，多元化努力暫遇挫折的 eBay，依然保持著對 C2C 市場的強大統治力。

Etsy 最初發展並不理想，足足兩年，才線上賣出了一百萬件商品。今天，這家專注於手工製品 C2C 交易的網站，已經僱用了七十多名員工，支撐起兩億美元的年交易額。每個月，有超過一千一百萬名使用者從世界各地湧來，看看 Etsy 網站上又在賣什麼新奇的手工製品。

作為「第一個吃螃蟹的」網站，Etsy 的影響力正在與日俱增：商業情報公司 RJ

Metrics 在二〇一二年年初的研究發現，Etsy 是熱門社群網站 Pinterest 上「最固定瀏覽」的網站。

Etsy 能夠在 eBay 對市場絕對占有的情況下迅速發展壯大的根本原因，在於其對特定產品類別及消費群體的發掘和聚焦，同時以社群化交易平台為其市場角色定位，兩者相輔相成，互相促進。

Etsy 並沒有以追隨者的心態去模仿電商巨頭們，而是對目標消費群體進行深入的了解。Etsy 成功的原因是兩大趨勢的融合：一種是技術；另一種是文化。科技成果促成了線上創業的蓬勃發展，Etsy 網站的成長因素是其獲取高品質圖像和畫面的能力。Etsy 的商家利用精美和獨具風格的照片及設計來裝飾它們的虛擬店面。

### （二）簡約而不簡單

很難說手工藝製作潮流和 Etsy 這類網路交易平台，誰成就了誰。但事實是，今天在 Etsy 上聚集著幾十萬名專業或業餘的藝術家，出售著各種各樣自製的手工藝品，而它們的顧客，則是遍布六十七個國家的上千萬名網路使用者，這對全球手工製品的交易方式產生了巨大的影響。

雖然沒有人統計過，究竟有多少人真正依靠 Etsy 網店謀生，但許多知名設計師、創意達人都以 Etsy 為平台，傳播著手工的美麗。幾乎沒有一家商戶稱他們在 Etsy 全職工作，但是網站提供修理工和各種「控」，可為一些有時間的人員提供掙取額外收入的機會。

登錄 Etsy 網站，使用者會覺得整個頁面「簡約而不簡單」。整個頁面明顯，一目瞭然，同時設定了很多特別的商品展示模式。「色彩篩選」可以按顏色挑選喜歡的產品；「時光機器」就像從遙遠的太空飛來產品圖片，點擊可放大，可隨意移動位置，如果不喜歡，還可以隨意「丟」到太空之外；「所在地理位置」可手動移動地球，或是輸入國家名來尋找自己喜歡的產品；此外，還可按照類別、銷售者的姓名等瀏覽或查找目標產品。

Etsy 使用者對其有極高的忠誠度和使命感。手工愛好者們把宣傳手工製作及創意的使命與平台聯繫在一起。Etsy 為使用者提供的交流機會和銷售渠道的本質上是一種服務，對手工愛好者群體來說，這是前所未有的，因此滿意度容易達到較高水平，這也促使使用者對 Etsy 積極的推廣。

### （三）獨一無二使網站使用者呈年輕化

作為一家電子商務公司，Etsy 營造的是自發的非主流氛圍。它的基調彰顯高貴，致力於「將心靈手巧的工藝轉化為商業」，為世界增添「公平性、可持續性和樂趣」。

公司的主要客戶群是女性，經營類目包羅萬象。網頁的配色和諧，吸引眼球，吸引著閱讀線上雜誌的年輕都市潮人。但是，Etsy 的家居用品類目也相當可觀。

在起步階段的一次董事會上，當卡林興奮的向投資商 UnionSquare 的股東弗萊德·威爾森（Fred Wilson）列舉他希望加到網站上的眾多時髦應用時，威爾森站起來打斷了他，並將其名單上的條目一個個劃掉。在他看來，Etsy 只要專注於一個核心就好。這個核心就是「手工」。

當商店裡充斥著各種生產線上生產出來的清一色商品時，親自織一件不同的毛衣、做一塊糖果或是僅僅畫一張卡片反而成了彌足珍貴的禮物。獨一無二的感覺，也使網站的使用者呈明顯年輕化的特徵。

在淘寶、eBay 等電子商務平台上，可選擇範圍廣，但產品的同質化非常嚴重，以「同款」作為標籤的產品占比高。對於年輕消費者，特別是年輕的女性消費者而言，差異化、個性是她們生活、消費所追求的元素。

據有關數據統計，Etsy 網站店主平均年齡為三十五歲，顧客則是三十二歲，而他們中的百分之九十五則是女性。賣家與買家年齡層的相仿，讓 Etsy 的手工產品更加符合消費者的喜好。Etsy 能夠在短時間內發展，離不開其產品「獨一無二」的屬性所引起的消費者關注熱度。Etsy 並沒有以追隨者的心態去模仿電商巨頭們，同時對目標消費群體有深入的了解。這是其產品價值能夠體現並擴大影響的根本原因。

### （四）社群化的 C2C 平台

Etsy 以市場新挑戰者的姿態進入，可以選擇的應對戰略無非是三種：超低成本、產品及目標消費群體的差異化與市場聚焦。eBay 作為 C2C 市場領跑者，為了最大範圍的吸引使用者，因此更加重視普遍的、大眾化的需求，而非個性化的、小眾的聲音。

C2C 市場給服務創新者留下了狹小但極具發展潛力和價值的空間，使個性化聚焦戰略的實施成為可能。在 C2C 市場規模和競爭者都有限的時候，這些狹小空隙並沒有太大的商業價值和吸引力。但當蛋糕做大到一定程度，之前那些市場巨人們看不上的碎屑，就會變得格外有吸引力。Etsy 恰恰是在正確的時間找到了一個正確的切入點。

對被忽略的市場需求的挖掘，結合創始人對平台潛在使用者的了解及各方面資源的整合，Etsy 在成立之初就清楚並有意的打造其核心競爭力。利用「手工」及「個性化」，引起手工創意人及社群的共鳴並將其連結起來形成 Etsy 市場競爭優勢的基礎。

如果僅僅是為了購買或出售手工製品，那麼使用者完全可以去 eBay 進行同樣的交易。儘管 Etsy 對每筆交易的抽成比例遠低於 eBay，但這並不是其能夠虎口奪食的主要原因，尤其是在創建初期。一個成熟、具有一定規模的 C2C 交易平台，對普通使用者的吸引力要遠大於那些沒有名氣、尚不被認可的網站。那麼，Etsy 是如何憑藉六十多萬美元創業資金，與日進斗金的 eBay 爭奪使用者的呢？

答案就在於其社群化的 C2C 平台經營思路。Etsy 沒有能力去憑空製造出一個手工愛好者社群，Etsy 巧妙的借助了手工藝品製作者們彼此交流的熱情，以極低的成本擴大了其在目標使用者群體中的影響力。在成功影響美國當地的手工愛好者社群後，Etsy 將其模式複製到其他國家和地區，但其獨特的社群式市場擴張方式已經讓它擁有全球使用者。

如今，小工具（widget）已經成為網路社群病毒行銷的標準配置，Etsy 自然也不會例外。手工愛好者們非常樂於宣揚他們是 Etsy 社群的一分子。在離線，他們會

穿上印有 Etsy 標誌的 T 恤衫，帶上有 Logo 的棒球帽；而在網上，他們同樣需要類似的小物件來展示自己的身分與品味。Etsy 不會放過這一宣傳機會，他們為使用者提供了大量標誌性的按鈕、圖片等素材，甚至提供了能夠自動生成網店展示圖片的工具。當使用者把各式各樣的 Etsy 小工具插入自己在 Facebook、Twitter 或部落格的頁面，Etsy 就有了無數的義務代言人，推廣效果遠勝傳統廣告投放。

# 四、創客商業模式分析

以 C2C 模式起家，主要銷售全球獨立設計師的手工作品，從家居產品到時尚配件應有盡有，因為其獨特的設計和較高的性價比得到了很多年輕消費者的喜愛。隨後大批小企業主及精品店入駐，成為設計類產品主要的 B2C/B2B 網站。以下就 Etsy 公司價值戰略模式、市場行銷模式和盈利收入模式進行分析，如表 29-1 所示。

## 表 29-1　Etsy 商業模式創新分析

| 商業模式 | 特　徵 | 描　述 |
|---|---|---|
| 價值策略模式 | 原創、手工工藝精品 | 專注於原創、手工。Etsy的賣家可以根據買家的要求個性化訂製商品，還可以和手工藝者直接溝通，了解他們背後的故事，這種個性化所帶來的附加價值，讓消費者對產品的定價及運費的敏感度降低。 |
| 市場行銷模式 | C2C離線＋線上口碑行銷 | 網站透過論壇、實驗室、小組、徽件、博客等管道讓粉絲聚集，互相交流，增加整個社區的黏性和吸引力。為用戶設置線上課堂，也是一種全新的學習、社交方式；透過虛擬實驗室線上直播的各種學習活動，讓Etsy網路社區成員間的連結更加緊密。徽件（widget）已經成為今天網路病毒行銷標準配置，Etsy自然也不意外。 |
| 盈利收入模式 | 交易中介費和廣告費 | Etsy營收的55%來自針對賣家掛出每件商品四個月所徵收0.2美元的服務費，以及針對所賣出商品總價徵收3.5%的提成，而針對賣家所提供的推廣、發貨等其他服務收入占其營收的42.1%。剩下的收入則來自第三方支付商回饋的費用。 |

# 五、啟示

Etsy 能夠在 eBay 的陰影下迅速發展壯大的根本原因，在於其對特定消費領域

的聚焦，以及社群化交易平台的定位，而這兩者又恰恰相輔相成。從企業戰略學角度講，一家公司的業務層戰略直接影響其核心競爭力的確立和競爭優勢的獲得。此時，C2C 市場就為服務創新者留下了狹小而分散的空隙，這就使聚焦戰略的運用成為可能。在 C2C 市場規模還非常有限的二十一世紀初期，這些狹小空隙並沒有太多商業價值。但當蛋糕做大到一定程度，那些市場巨人看不上的碎屑，就會變得格外有吸引力。Etsy 恰恰是在正確的時間做了正確的事，並且選擇了一個正確的切入點。很難說如今風靡全球的工藝品 DIY 潮流和 Etsy 這樣的網路交易平台，誰成就了誰。但事實是，今天的 Etsy 網站上聚集著幾十萬名專業或業餘的藝術家，出售著各種各樣自製的手工藝品，而它們的顧客，則是遍布六十七個國家的上千萬名網路使用者。這已經對全球手工製品的交易方式產生了巨大且不可逆轉的影響。

　　Etsy 眾包式的品牌行銷，巧妙的借助了手工藝品製作者彼此交流的熱情，透過極低的成本擴大了在特定使用者群體中的影響力。而支撐這一切的，則是 Etsy 為營造一個出色網路社群氛圍而設計的多種網站功能。在創辦 Etsy 之初，Kalin 採用了全面的口碑行銷策略，著力於透過各種離線活動傳播 Etsy 品牌。這些活動包括舉辦縫紉大賽、贊助傳統的手工藝品市集，以及成立各種街道興趣小組。Etsy 的公關副總裁 Matthew Stinchcomb 表示，透過這樣的草根行銷，Etsy 獲得的宣傳效果遠勝於在傳統媒體投放數百萬美元廣告。

　　虛擬實驗室是 Etsy 的又一大特色，這是為使用者設置的線上課堂，也是一種全新的學習、社交方式。在美國以及全球各地，Etsy 愛好者們成立了很多不同主題的離線手工製品興趣小組。而虛擬實驗室，把這種離線的學習交流活動帶到線上，讓更多的 Etsy 使用者參與。在虛擬實驗室裡，網路使用者可以觀看手工製品培訓人員的線上講解、提問題，甚至與參加課程的其他使用者直接交流。幾乎所有在離線課堂上能夠進行的互動，都被 Etsy 搬到了網上。透過虛擬實驗室線上直播的各種學習活動，讓 Etsy 網路社群成員間的連接更加緊密。

　　對手工製品賣家來說，Etsy 網站上最有效的貨品推廣方式就是購買展示位。通

常這些位置在推出的幾分鐘之內就被搶購一空。二〇〇七年,展示位的銷售為 Etsy 帶來超過兩百萬美元的營收,而要透過收取交易費來獲得同樣規模的營收,Etsy 需要實現超過六千萬美元的交易額。事實上,當年 Etsy 全部的貨品交易額也只有兩千六百萬美元。因此,很多人認為 Etsy 商業模式的本質是廣告平台。Etsy 對賣家上傳的每件商品收取零點二美元的費用,另外,每售出一件商品會收取百分之三點五的佣金。

在 C2C 模式下,已經被驗證的兩大營收方式,分別是廣告增值服務與交易收費,而淘寶主要是在靠廣告,包括相關的賣家認證、商舖模板等增值服務盈利。在騰訊拍拍存在的情況下,如果放棄免費策略,即使只收取很小比例的交易費用,淘寶也會面臨相當比例的賣家流失。Etsy 的內部銷售數字顯示出,對 C2C 服務商來說,廣告模式是比收取交易費更有效率的營收方式。

隨著 Etsy 的發展,保留其手工藝人和手工藝商品的形象將變得十分困難。上市帶來的巨額資金,勢必會促使公司快速擴張,這與 Etsy 最初發展手工藝商品市場的目標矛盾。事實上,既保證手工藝人的利益,又保證華爾街分析師和股東的利益,將是 Etsy 未來面臨的巨大挑戰。

# 第三十章
# Lyft——世界規模第一、成立最早的共乘網站

　　Lyft 是什麼？如果你在舊金山的大街上，看到那些在車頭裝著兩撇粉紅色的大鬍子，不用懷疑，那就是 Lyft。Lyft 是一款共乘應用。私家車主只要提供相關資料，經過培訓後即可在平台上接單。Lyft 還會對車主定期進行酒精測試，並購買保險，最後才會給你的車子掛上粉紅鬍子。對需要出行的使用者而言，只需在 App 上發布共乘需求，平台上的車主如果發現順路的話就會接單，搭你一程，賺取點「額外收入」。Lyft 共乘的費用要比的士費均價低百分之八十，並且在結束行程後，司機與乘客都會給對方打分、評價。

　　這幾年共享經濟已經從邊緣運動演變成了一股不可忽視的經濟力量，人們開始逐步接受乘坐陌生人的汽車（Lyft、Uber），歡迎陌生人居住在閒置房子當中（Airbnb），願意與人分享我們可用的剩餘資產、個人體驗。這種模式也被大家戲稱「全世界最大的租車公司沒有一輛汽車，最大的租房公司沒有一個房間」。

　　消費者逐步進入了由互聯網驅動的親近的新時代。這種改變並不只是經濟上的突破，而是一種文化上的突破。諸多互聯網公司正是敏銳的捕捉到這種趨勢的變化，透過尋找社會上服務存在不足的痛點行業，開啟了 O2O 的創新模式。

　　在美國，公路上跑的汽車裡有大約百分之八十的空座位，行駛的效率非常低下，有必要用一種新的方式將資源有效利用起來。創始人約翰・齊默（John Zimmer）在辛巴威時，發現當地司機會讓陌生人搭一段路而撈些外快，這一舉動獲得了靈感，Lyft 將這一方式移植到美國。Zimride 是 Lyft 的母公司。Lyft 剛開始是另一個租車創業公司 Zimride 的副產品，Zimride 幫不同城市的人安排共乘服務（Zimride 於二〇一三年被賣給了 Enterprise）。

Zimride 成立九年以來，立足於學院、大學和合作團體，致力於推廣使用者加入共乘網路。目前 Zimride 註冊會員四百六十萬名，入駐車輛六十二萬輛，覆蓋了以美國為主的泛美洲地區。

## 一、公司背景

由美國人洛根‧格林（Logan G reen）和約翰‧齊默（John Zimmer）於二〇〇七年聯合創立的 Lyft，提供一個線上共乘平台讓車主可以出租他們車內的空間座位，這是世界規模第一、成立最早的共乘網站。它的目標是建立全美範圍內的共乘市場，為需要順路搭車和共乘的人提供方便。

Lyft 在創辦初期把目標客戶群體瞄向了廣大的「窮」學生，公司建立了一個網路系統，為大學生們提供發布和查詢共乘資訊的平台，這些資訊甚至包括計程車內空餘座位情況等，由此為他們大大減少了出行成本。

先後有一百多個大學與其合作建立自己的校園「共乘」網路。然後 Lyft 開始為企業建立「共乘」網路，並允許其他的司機和乘客使用 Facebook 帳號登錄參與。Lyft 服務與 Facebook 帳戶緊密關聯，大量減少匿名客戶，提高了參與者身分的真實性。

值得一提的是，共乘服務的安全性一直是一個突出的問題，Lyft 在成立之初就著重安全性管理，它利用社群平台的真實人際網路加強共乘時的安全性。使用者必須使用自己的 Facebook 帳戶登錄才能使用 Lyft 的服務。在共乘協議達成之前，乘客和車主都可以查看對方的個人資訊以及其他使用者的意見反饋。對於集團客戶的安全性政策則更為嚴格，要求乘客和車主必須同屬一個單位。

同時，與 Facebook 的大數據合作，不僅可以了解使用者軌跡，還可以及時得到客戶反饋，以及定位服務提供的客戶去向和工作地點，為優化和改善服務提供有力的數據支持保障。

Lyft 在成立的前兩年，除了默默開發自己的產品應用，並未引起任何人的注意。

二〇〇九年至二〇一一年，Lyft 陸續融資數百萬美元，開始加速發展。二〇一二年六月，iPhone 版 App 正式上線，雖僅僅為測試版，但上線三個月已有了超過一百名駕駛員，每天客運量達到數百人，更難得的是，這些早期的使用者對該服務的反映不錯：約百分之八十的乘客會再次使用應用，而百分之五十五的使用者每週都會叫車。

二〇一二年八月三十日，Android 應用上線。同時，Lyft 為規避「打黑車」的政策風險，創造性的將乘客付費轉換成為獨特的「捐款」模式。乘客到達目的地後根據 Lyft 的建議向對應帳戶以捐款的名義支付相關費用。整體費用比正常叫車要低近百分之八十。

現在 Lyft 已經有了成千上萬的校園和企業客戶群，正逐漸將共乘平台推向大眾使用者。公司的合夥創始人約翰·齊默介紹，他們的最終目標是將「共乘」打造成為一種新的出行方式，讓「Lyft」這個詞成為一個新的出行動詞，好比「坐計程車」、「搭飛機」一樣。

今天，Lyft 的客戶數量已達一百個，共乘網路已全面覆蓋一些著名的大學和公司，其中包括史丹佛大學、南加州大學、加州大學洛杉磯分校、加州大學舊金山分校、康乃爾大學、哈佛大學、密西根大學和信諾公司（CIGNA）、Facebook 等。在油價居高不下的市場背景之下，共乘成了減少出行費用的最佳省錢方式。

二〇〇八年，Lyft 從 FLOODGATE，K9 Ventures，Keith Rabois 及其他各處籌得一百五十萬美元；二〇一一年九月，Mayfield Fund 對 Zimride 完成了六百萬美元的 A 輪融資。二〇一五年，Lyft 又完成新一輪的一點五億美元的融資，市值達到二十五億美元，是美國市場的第二大叫車應用，也是 Uber 的最大競爭者。

二〇一五年三月，公司在最新一輪融資中獲得五點三億美元，由日本電商巨頭樂天領投。至此，Lyft 自二〇一二年成立以來共融資八點六億美元，公司估值達到三十億美元。

## 二、創客介紹

創始人洛根‧格林和約翰‧齊默，兩人還在加州大學讀本科時就萌生了這個想法。格林希望為大學生創造一個屬於自己的共乘渠道，但同時也對完全陌生的人之間感到好奇。他們的最終目的就是讓「共乘」成為一種新的出行方式。

創始人洛根‧格林擔任 CEO，他有交通系統和 Web 開發的背景，在 UC Santa Barbara 開發了第一個汽車共享項目，目前也是 PubV est 的顧問。

創始人約翰‧齊默畢業於康乃爾大學酒店學院，畢業後在雷曼兄弟工作了兩年，曾當選二〇〇九年《商業周刊》美國二十五歲以下最強青年企業家之一。

在完成對 Cherry 的人才收購後，Lyft 又挖來了 Cherry 聯合創始人崔維斯‧范德贊登（Travis Vander Zanden）主管運營，他之前創辦並運營洗車服務提供商 Cherry，以快速響應客戶需求，提供隨時隨地洗車服務而著稱。三月被 Lyft 收購，Travis 在本地的 P2P 服務方面的運營和擴展經驗是 Lyft 所看重的。

在他的帶領下，Lyft 的初步拓展進展順利。在管理層方面，除了兩位創始人之外，Founders Fund 的主席傑夫‧路易斯（Geoff Lewis），Mayfield Fund 的董事總經理拉茲‧卡普爾（Raj Kapoor），以及安德森—霍洛維茲基金會的合夥人斯科特‧維斯（Scott Weiss）也都是 Lyft 的董事會成員。其中卡普爾二〇〇五年以天使投資人、創始人以及 CEO 的身分加入 Mayfield；同時也是 Zimride，Tagged，Fixya，Rubicon Project，Fanhood 的董事之一；還創辦了風靡全球的線上照片服務提供商 Snap fish。維斯（Weiss）是安德森—霍洛維茲基金會的第四個合作夥伴，於二〇一一年四月加入；早年創辦了 IroPort Systems 公司，被思科在二〇〇七年以八點三億美元收購，擁有佛羅里達大學的藝術專業學士學位和哈佛大學商學院的 MBA 的學位。

## 三、案例分析

無論是早期的 Zimride，還是後來推出的 Lyft，都是一種典型的「共乘應用」

創客未來
動手改變世界的自造者

商業模式。在國外,由於計程車能夠覆蓋的地域範圍以及服務時間都十分有限,因此私家車載客是很普遍的行為。Zimride 著眼於此,旨在更高效的整合零散的空閒的城市私家車資源,其本質上是一個共乘大聯盟,與租車公司相比,它側重於社交、共享,透過日益發展的行動應用將私家車主與乘客聯繫起來,打造「更便宜、更社交化、更高效」的本地交通。

這種模式一開始就備受歡迎,發展迅速。以二〇一三年四—五月為例,Lyft 由四月的每週一萬五千次的叫車量發展為五月末的每週三萬次的叫車量,兩個月業務量增長百分之百,增速驚人。

### (一) 社群理唸到社交文化

最開始 Lyft 面對的是眾多高校和部分公司,其長途共乘的路線也相對有限,這也部分限制了它成長的空間:因為對共乘需求的消費者遠遠不止是這些特定團體,而是社會上的共同群體。因此,Zimride 在二〇一二年推出的 Lyft 正是滿足了這一需求,充分擴大了市場。

與其他叫車服務不同的是,Lyft 提供的車輛並非由計程車駕駛員駕駛,而是由普通人駕駛。使用者只需打開 Lyft 應用,就可以搜尋附近可用的車輛。透過應用,乘客可以評價駕駛員,而在乘車結束後,Lyft 將建議乘客主動付款,價格通常是普通叫車價格的百分之八十。駕駛員也可以對乘客進行評價。

與 Uber 相比,Lyft 的消費者更加注重性價比、年輕化,他們樂於享受生活、注重社交,因此 Zimride 的諸多設計均滿足了這一洞察,如代表性的粉紅色鬍子、上車之後與司機的互動,他們鼓勵乘客坐在前排,與駕駛員並排而坐。此外,乘客在上車時有義務與駕駛員碰拳頭示好,這些都迎合了這類消費者的社交需求,也為維持這類客戶的黏著度和重複消費提供了長尾的效應。

Lyft 在直接的行銷廣告上投入較少,而更多的是製造系列的公關事件行銷並透過網路擴散分享來不斷的提升知名度,如公司和 Jack Johnson,Dave Matthews

Band，Sheryl Crow 等藝人合作，為這些藝人們的演藝活動提供共乘服務，而公司也得以藉著活動的宣傳快速擴大公司知名度。

Lyft 使用了社群文化這一先進理念，以社交的方式讓更多的人喜歡 Lyft 提供的租車服務，差異點在於社交文化。

### （二）獨創「捐款」模式

在發展過程中，為規避「打黑車」的政策風險，Lyft 創造性的將乘客付費轉換成為獨特的「捐款」模式。乘客到達目的地後，根據 Lyft 的建議向對應帳戶以捐款的名義支付相關費用。整體費用比正常叫車要低近百分之八十。

Lyft 將乘客支付的捐款的百分之八十直接劃分到司機帳戶，剩餘的百分之二十為平台所有。這種利益分配的方式並不獨特，但是它的定價方式——透過系統建議以及客戶體驗後的感知自由付費，獨具新意。付費之後產生的評價系統還能反過來約束顧客和司機的相關行為。這套系統是否能夠盈利，很大程度上取決於客戶滿意度。

### （三）著重安全管理

Facebook 公開其 API 後，開發者能利用這一平台將大學生聯繫起來，提供共乘服務。Lyft 主要針對的是同儕的共乘服務，在大學生中十分流行。據二〇一三年十月一則統計表明，Lyft 在美國最大的順風車服務程序中有超過三十五萬名的使用者，活躍於一百二十五所大學校園，與 Facebook 和 Zipcar 公司是合作夥伴關係。

共乘服務的安全性絕對是一個需要特別重視的問題。對一般散戶而言，Zimride 利用社群平台的真實人際網路加強共乘時的安全性。在 Lyft 平台上，沒有 Facebook 帳戶的客戶是無法參與進來的，這就減少匿名客戶。儘管使用者必須使用自己的 Facebook 帳戶登錄才能使用 Lyft 的服務，但人們還是擔心搭乘陌生人的車存在一定的風險。

在共乘協議達成之前，乘客和車主都可以查看對方的個人資訊以及其他使用者

的意見反饋。對於集團客戶的安全性政策則更為嚴格，要求乘客和車主必須屬於同一個單位。創始人齊默為此解釋道：「從 Facebook 上的個人資訊，我們得到客戶反饋，以及定位服務提供的客戶的去向和工作地點，我們能得到足夠的資訊。即便擁有了現在的使用者規模，我們也沒遇到什麼問題。」

### （四）共乘市場異軍突起

隨著業務的不斷發展壯大，Lyft 面臨市場上越來越多的挑戰，美國共乘市場的競爭也不斷白熱化。二〇一三年年末，Zimride 公司被大型租車公司 Enteprise Holdings 收購，Enteprise 共乘公司同時擁有 Enteprise Rent-A-Car、全國租車服務（National Car Rental）和 Alam o 租車服務（Alamo Rent ACar）。與國外其他競爭對手相比，各家主流共乘公司發展特點及規模如表 30-1 所示。

從表 30-1 可以看出，所有租車公司都在積極的進行市場擴張，共乘市場雖然是個新事物，但競爭已非常激烈。

Hailo：雖然發展迅速，但是它主要客戶依舊是計程車，作用主要體現在幫助計程車更高效率的搭載客戶。政策上它面臨的風險更小，但需要積極的尋求與當地的計程車營運商以及電信營運商的合作。

Uber：核心優勢是自身獨特的精準演算法，對用車需求量、車的配給和定位都能夠做到更有效率的安排，同時由於定價高過一般叫車費用，它的利潤率也較高。

Sidecar：獨特之處在於它新穎的支付方式，由於它的支付完全取決於乘客的「心情」，所以面臨乘「霸王車」的風險，因此吸引更多的司機加入是它要考慮的一面。

Lyft：核心優勢就是它獨特的社交服務理念。它希望在提供租車服務的過程中傳遞一種人文關懷的理念，因而選擇招募那些健談的友善的司機，客戶在選擇租車服務的過程中同時能夠收穫一份真誠的友情。在如今做足顧客服務和使用者體驗才能獲得商業成功的時代，這種派一個朋友開車來接送你的出發點是其最大的撒手鐧。同時，巨大的價格優勢也是其迅速得到市場認可的重要籌碼。

表 30-1　國外主流共乘公司發展特點及規模

| 公司名 | 成立時間（年） | 發 展 特 點 | 發展規模（截至 2013 年 6 月） |
|---|---|---|---|
| Lyft | 2007 | 1.側重社交，提供更加愉悅的互動式租車體驗。<br>2.專注整合零散空閒的私家車車源，提高私家車座位利用率從而幫助減少交通流量。 | 1.每週利用Lyft應用搭車人數超過3萬次。<br>2.以每兩個月拓展到一個新城市的速度快速擴張，目前以舊金山為中心，在美國6個城市同時運營。 |
| Uber | 2009 | 1.車型主要為中高端的豪華車型，單次服務費用較高，比一般計程車高40%～100%。<br>2.司機主要為駕駛高檔私人汽車的專業司機，利用精準的算法確保等車時間僅為5～10分鐘。 | 1.2013年Uber業務每月增長率為20%～30%，在舊金山超過400位的私家車司機在Uber處登記。<br>2.在美國主要八大城市以及巴黎開展業務，計劃擴展到全球20～25座其他城市，2014年7月，Uber人民優步正式進入中國。 |
| Sidecar | 2012 | 1.提供車輛預覽功能，可以在網上根據需求選擇相應車型。<br>2.費用採取到付的形式，顧客根據軟體建議和里程建議自行給付，SideCar收取20%。 | 目前僅在美國舊金山提供服務，4個月完成一萬餘次的搭乘。 |
| Hailo | 2010 | 只提供計程車，司機收取一定的佣金，支付方式為信用卡支付或者現金支付，到達目的地後計價器顯示的價格。 | 2012年，有一萬名計程車司機在用這款應用，服務乘客超過100萬次，在北美和歐洲的許多大城市都有Hailo的服務。 |
| Groundlink | 2004 | 車輛最多，快速準時（否則下次服務免費），可線上預定路線，市場覆蓋最廣。 | 在全球100個國家400多座城市開展業務。 |

# 四、創客商業模式分析

　　Lyft 採用了業務流程再造法實現了內部成本控制的創新。無實體車輛運營的分享經濟使企業的成本支出降到了最低，僅需要維持人力和運營的成本，這種創新的模式與傳統的租車行業相比，大大降低了成本。以下就 Lyft 公司價值戰略模式、市場行銷模式和盈利收入模式進行分析，如表 30-2 所示。

表 30-2　Lyft 商業模式創新分析

| 商業模式 | 特 徵 | 描 述 |
|---|---|---|
| 價值策略模式 | 社交共享租車平台 | 從新車購置到社會化拼車、社會化代駕，再到養車、享受汽車管家服務到最終參與二手車購置的整個交通服務生命週期，實現以交通服務為核心的社交平台。 |
| 市場行銷模式 | 免費 + 收費<br>O2O＋C2C | 〈1〉在特定網路的前50名用戶註冊是免費的；<br>〈2〉採用雙向評分，向用戶收取服務費，80%歸車主，20%歸平台。 |
| 盈利收入模式 | 服務費抽佣 | Lyft的營收模式主要是從叫車服務中收取20%~25%的佣金。2015年Lyft的毛營收目標接近12億美元，其中淨營收約為3億美元。而2016的毛銷售額目標是27億美元，淨營收接近7億美元。 |

# 五、啟示

　　Lyft 的願景則是「提供社群成員受歡迎，可負擔的共乘服務，解決車輛空位過多的問題，透過運輸把人們連結在一起」。與 Uber 相比，Uber 重視的是改變世界的移動方式，Lyft 重視的是社群與連結人群。對比它們的策略與形象，我們也可以發現一模一樣的脈絡：Uber 強調司機的專業，迅速擴張到全世界，商標是洗練的黑色與銀色；Lyft 強調人際關係，提供小費的設計來鼓勵司機建立更多人際關係，商標是俏皮的鬍子與粉紫色。這也同時導致目前 Uber 在世界各地奮戰法律爭議，Lyft 卻在美國進行 Lyft for Good 計畫，以社群成員共乘平台，在不同城市進行在地扎根。由 Lyft 與 Uber 的發展，我們可以看到，創業的想法固然重要，但更重要的是事業的願景。願景不同，即使一開始的點子接近，後續的策略與運作方法也會不一樣，而各有機會擁有一片天。

　　Lyft 並不直接提供產品，而是一個平台的資源整合者。隨著互聯網經濟的快速發展，此類分享商業模式層出不窮，除了大家熟知的 Lyft、Uber 外，現在流行的酒店預訂公司 Airbnb，公司並不提供直接的酒店服務，而是透過共享一個公開平台，讓所有有可出租房源的消費者將資源在網路上共享，並實時提供給需要租房的需求

方，同時網站做審核和擔保工作。這種提供平台的模式完全打破了傳統的生產產品─銷售產品的模式，它利用網路整合的力量將社會資源有效的整合起來，並提供配套的服務，從而實現盈利。而隨著規模的擴大化，其平台聚集效應越明顯，對上下游資源的黏著度也越高。

　　共乘平台產品所能提供給客戶的最大價值是「便利」、「經濟」和「差異化」，它突破了傳統的叫車模式，同時在定價上也比叫車更便宜，作為共乘服務平台，它也比傳統的計程車更加溫情和具有社交化，這也是消費者更樂於選擇共乘平台的原因。

# 第三十一章
# WhatsApp——即時通信的社群平台

伴隨移動互聯網時代的到來，手機端即時通信應用在全球大範圍普及。歐美若想快速方便的聯繫你的親朋好友，WhatsApp 是很多人的首選。

這家成立不足十年的矽谷創業公司，在創業伊始便極具戰略眼光，選擇了現下最炙手可熱的移動通信領域，並且透過對使用者體驗的極致追求，在移動通信應用巨頭中取得了驕人的成績。根據最新數據顯示，該公司目前每月的活躍使用者數量達到了三點五億人，WhatsApp 首席執行官簡·庫姆（Jan Koum）透露，他們的使用者每天分享的照片數量超過四億張。二〇一六年二月，WhatsApp 使用者數突破十億人大關。

在 WhatsApp 創始人庫姆的開放式辦公室中，他的書桌上貼著一張手寫便簽：「沒有廣告！沒有遊戲！沒有噱頭！」（No ads！No games！No gimmicks！）而這也是庫姆對自己產品的三個基本要求。

出生、成長在烏克蘭的庫姆的童年回憶裡就曾有同伴因幾句玩笑話而惹上麻煩的經歷。長大後他來到美國——一個崇尚民主和言論自由的國家。他認為自己有責任去保護這種平等開放的氛圍，於是他在創業之初就和自己約法三章：第一，自己推出的服務不帶廣告；第二，為了保障使用者隱私，自己的這一服務不會儲存訊息；第三，自己推出這一服務的宗旨將是持續提高使用者體驗。

正是憑著對客戶體驗的極致追求，這一服務推出五年後，WhatsApp 已經成了全球最熱門，也是最具盈利潛力手機應用軟體之一。並於二〇一四年年初被國際移動通信應用巨頭 Facebook 以一百九十億美元的天價收購。

WhatsApp 目前已在 iPhone 手機、Android 手機、Windows Phone 手機、

WhatsApp Messenger、Symbian 手機和 Blackberry 黑莓手機上線。借助推播通知服務，WhatsApp 使客戶可以即刻接收親友和同事發送的資訊，包括文本資訊、圖片、音頻文件和影片資訊。

數位化平台理所當然是 WhatsApp 最具有可擴展性的商業模式。在 WhatsApp 以一百多億美元賣給 Facebook 之前，只用六十個僱員就可以為四億多名的使用者進行服務。

## 一、公司背景

WhatsApp 創立於二〇〇九年二月二十四日，那天也是創始人庫姆的生日。同年五月，WhatsApp 發布了自己的首個正式版本。但在一個月後，蘋果在其新發布的 ios 3.0 系統中添加了推播通知功能。為保持產品異質化競爭力，庫姆開始重新定位 WhatsApp，將其打造成基於使用者手機內置通訊錄資訊的全面、跨平台移動通信應用。同年九月，布萊恩・阿克頓（Brian Acton）決定加入庫姆，WhatsApp 開始第一輪融資。

二〇一一年八月二十八日，WhatsApp 宣布拒絕刊登廣告。同年紅杉資本創始合夥人吉姆・吉茲（Jim Goetz）斥資八百萬美元入股 WhatsApp。

Facebook 二〇一四年二月十九日宣布，該公司已經同快速成長的跨平台移動消息公司 WhatsApp 達成最終協議，將以大約一百九十億美元的價格收購 WhatsApp。

二〇一四年十月三日，歐盟反壟斷監管機構正式批准了 Facebook 收購移動消息初創公司 WhatsApp 的交易。

二〇一六年二月，祖克柏正式宣布 WhatsApp 全球使用者量突破十億人，每天發送消息四百二十億條，發送圖片十六億張，發送影片二點五億段。

## 二、創客介紹

簡·庫姆出生於烏克蘭,自小在壓抑封閉的政治氛圍中成長。十六歲時,庫姆全家移民到美國。據他回憶,剛到美國時生活十分貧苦,全家人擠在社會項目所提供的小居室中,需要靠政府發放的食品券過生活。「在烏克蘭的生活雖然並不容易,但卻同時鍛鍊了我的身心。」庫姆回憶道。庫姆在大學時就讀計算機科學和數學專業,但是他覺得這個專業非常無聊,於是就輟學。之後,庫姆曾任職於多個公司,其中包括家電連鎖店 Fry's Electronic、ISP 和安永會計師事務所(Ernst&Young)。隨後,庫姆在 Apache 安全大會中見到了雅虎聯合創始人大衛·費羅(David Filo),並受邀參加了雅虎的面試。庫姆在雅虎一直工作到了三十一歲,並積累了足夠的創業資金。二〇〇九年一月,庫姆在使用 iPhone 的 App Store 時意識到未來 App 前景廣闊。一週後,庫姆便在加州註冊了一家「手機狀態應用」公司。

另一位創始人布萊恩·阿克頓(Brian Acton)出生於美國佛羅里達,是史丹佛大學計算機科學系研究生。其養父是高爾夫職業選手,母親是一家航空公司創始人。阿克頓(Acton)是雅虎的四十四號員工並參與了庫姆的入職面試。阿克頓與庫姆同一天離開了雅虎,並一直保持著聯繫。在庫姆註冊了 WhatsApp 的同年九月,阿克頓決定加入 WhatsApp。

有趣的是,當年庫姆和阿克頓離開雅虎後,曾一同申請 Facebook 公司,並雙雙被拒。然而五年後,Facebook 卻以高達一百九十億美元的價格收購了兩人創立的 WhatsApp。命運和他們開了個小小的玩笑,卻促成今天即時通信軟體行業的巨大成功。

## 三、案例分析

### (一)成功靠專注

相較於其他應用兼容越來越多不同的功能和內容,WhatsApp 卻堅持把產品最

大程度簡化，減去不必要的功能，專注於其核心功能——讓客戶能夠簡單便捷的和熟人通信，並且將這一功能做到極致。

(1) 一鍵登錄。創始人庫姆曾因忘記使用者名或密碼，不得不連續註冊三個 Skype 帳戶，因此他決定在使用者註冊這一流程上做一改進。WhatsApp 安裝完之後將自動幫使用者註冊，使用者帳號即手機號碼，透過手機號碼 ＋ 驗證碼便可進行登錄。登錄後不必像其他應用頻繁登錄退出，可隨時保持連接狀態接收資訊。

(2) 自動關聯通訊錄。WhatsApp 會自動關聯使用者通訊錄並自動添加到你的手機聯繫人名單裡，使用者可直接透過 WhatsApp 給通訊錄上的朋友發送資訊，不需要添加對方為好友或取得對方同意。這和普通手機簡訊使用方式一樣，讓 WhatsApp 省去培養使用者習慣的成本。

(3) 輕便快捷。WhatsApp 相比其他應用只保留了最基本的推播資訊功能，專一的功能讓 WhatsApp 啟動、使用速度飛快，帶給使用者提供流暢的使用體驗，並且不含廣告，有效的為使用者節省了流量。

(4) 性價比最高的服務。使用者每年支付零點九九美元的費用後，無須再為其他功能付費。WhatsApp 允許使用者發送多媒體資訊，包括圖片、聲音、影片等，最大化聊天體驗。跨國資訊推播服務讓使用者和地球上任一處好友產生聯繫。

(5) 顯示資訊狀態。使用 WhatsApp 狀態功能可以讓使用者看見對方「線上」、「工作」、「離線」等生活狀態和資訊是否被對方接收與閱讀。WhatsApp 下線後仍能接收離線資訊，可於再次登錄後查看。

此外，WhatsApp 提供的功能還包括分享地址、交換聯繫人資訊、設置個人化牆紙、通知鈴聲、橫向顯示模式、精確的資訊編發時間記錄、電郵聊天記錄，並可同時向多位聯絡人播送資訊和多媒體資訊，始終以最精巧的形式提供最佳的使用者體驗。

### （二）付費保障體驗

在很多互聯網創業公司的商業模式中，免費是通用模式，也是最強制勝法寶。公司透過免費吸引使用者，增加流量，形成互聯網生態圈。但 WhatsApp 推出不久後便使用了付費模式，使用者需要每年支付一美元的年費才能繼續使用。雖然這一美元的年費與付費簡訊相比實惠了許多，但這種付費模式設立伊始就受到了消費者的「用腳投票」，阿克頓回憶「在 WhatsApp 免費的時候，我們的發展速度非常驚人，每天的下載量達到了一萬次。但在我們採用了付費模式後，應用的下載量迎來了下降，大概降到了每天一千次。」當 WhatsApp 在年底增加了圖片資訊功能後，他們便放棄了一次性收費模式，而是採用了年費訂閱模式。

不過很快，使用者接受了這種模式，因為他們發現付費能為他們帶來良好的使用體驗。試想一下，假如 WhatsApp 採取對使用者免費的模式，那麼這家公司要如何獲得生存和發展？沒錯，就是廣告。

自打 WhatsApp 創立之初，庫姆和阿克頓就堅持拒絕在 WhatsApp 中插入廣告。庫姆表示：「沒有什麼比同家人、朋友展開溝通更為私密的情形了，而在此其中插入廣告並不是正確的解決方式。我們不需要了解自己的使用者，而那些目標廣告公司卻需要知道使用者的當前位置、同伴和喜好等，但這就需要這些公司首先收集數量驚人的數據。」

不僅堅持拒絕廣告，WhatsApp 同樣堅持拒絕收集、儲存或使用使用者資訊。庫姆表示：「人們不能把我們跟雅虎和 Facebook 等公司混為一談，我們並沒有蒐集使用者數據，然後儲存在自己的伺服器上。我們希望盡可能減少的了解使用者。我們不知道你的名字，也不知道你的性別……我們設計的系統盡可能的保持了匿名性。我們不靠廣告賺錢，所以不需要個人數據庫。」

這一堅持源於庫姆的童年經歷，「在我成長的社會裡，你的一舉一動都會被監視和記錄下來，經常有人告密。」他說，「我同年時的一些朋友就因為開了幾句玩笑而惹上麻煩。誰都無權竊聽別人，否則就會變成極權國家——我兒時逃離了這樣

一個國家,來到了一個崇尚民主和言論自由的國家。我們的目標是保護這種氛圍。我們的客戶端與伺服器之間會進行加密,我們也不會在伺服器上保留任何資訊,我們不會儲存聊天記錄,所有的記錄都在你的手機上。」

在資訊安全經常受到威脅的今天,如果能透過支付一瓶礦泉水的價格來換取個人隱私安全,相信絕大部分消費者都是樂於接受的,而這也是 WhatsApp 收費模式的核心價值所在,是 WhatsApp 在免費即時通信軟體領域獲得生存與發展的原因。

## (三)保守即創新

WhatsApp 是一家非典型的矽谷公司,更是一家有情懷的互聯網公司。它的情懷來源於兩位創始人對產品設計理念的堅持。庫姆曾表示:「WhatsApp 誕生於一個簡單的理念:讓星球上的每一個人可以與家人、朋友保持溝通,不需要成本,不需要噱頭。我們取得的成績值得慶祝,公司的目標仍然是一致的,不會改變。」

為了堅持這個理念,兩位創始人對 WhatsApp 的功能進行最大程度的簡化,庫姆表示:「幾乎所有的軟體都可以接收和發送資訊、電子郵件,但真正的挑戰在於在不使產品變得更複雜的前提下實現更多功能。部分使用者曾要求我們推出桌面版本以及使用者名登錄系統,但我們的關注重心還是應用的實用性、易用性以及服務質量。而且所有 WhatsApp 推出的新功能都一定會在內部經過激烈的討論,並且得到最大程度的簡化。」例如:WhatsApp 最近推出的語音資訊功能只需要單擊錄音並發送即可。在播放語音資訊時,倘若距離感測器探測到手機接近使用者的耳朵,便會自動從喇叭模式切換到聽筒模式。

但同時,WhatsApp 也因堅持這個理念而受到了外界的質疑。WhatsApp 多次被人們指責缺乏創新精神、缺乏對世界流行趨勢的關注。平心而論,在即時通信這樣一個實時變化的市場中,採用保守發展策略是非常冒險的。

我們不妨把目光移到現下即時通信 App 市場最火爆的幾款應用中,Instagram 透過不斷創新圖片分享模式保持領導者地位。LINE 則重點發展其卡通形象 LINE

FRIENDS，在全球市場瘋狂吸金。Snapchat憑藉「閱後即焚」的創意吸引了Google四十億美元的收購要約。

對此，阿克頓曾對Snapchat評論道：「我並不十分確定Snapchat的真正價值所在。是的，青少年可以整天都在使用Snapchat，但我根本不在乎。我已經四十二歲，我不會透過這些服務尋找激情，而是會在即時消息裡給妻子發上一句『我愛你』，而她則會給我發看我們孩子的照片，因為這些都是回憶。我不清楚在Snapchat上的這些行為能否為使用者帶來親密的關係，但可以肯定的是，Snapchat聯合創始人埃文‧斯皮格（Evan Spiegel）的的確確抓住了這一流行趨勢。然而，我們也擁有著諸如人們經歷了異地戀的考驗而最終走進婚姻殿堂的浪漫故事，而且整個故事的過程都被記錄了下來，這一點是在Snapchat上所無法做到的。需要指出的是，人們喜歡回味聊天記錄，因為這是雙方關係的永久見證。」

阿克頓還補充說：「人們想要桌面版，想要使用者名，但我們始終堅持這款應用的實用性、簡約性和服務品質，廣告、遊戲、噱頭都會形成阻礙。我們不希望把自己的應用變成找一夜情的地方。這不是我們的目的。我們希望透過它維護你的親密關係。」

### （四）網路效應的威力

關於「網路效應」，最早是由時任貝爾電話公司總裁的西奧多‧維爾（Theodor Neville）提出的。他在一九〇八年的報告中表示，希望能在美國電話線的運營中採取壟斷模式。那時的美國擁有數千家相互獨立的電話公司，但維爾成功讓美國政府相信，一個統一的大型通信網路對消費者更有利。自那以後，商界便有了這樣的共識：一旦能夠實現「網路效應」，通信平台便可以獲得無可企及的市場優勢，令使用者沒有理由更換服務。

簡單來說，網路效應就是某種產品對一名使用者的價值取決於使用該產品的其他使用者的數量。當該產品使用者量達到某一特定值時，其對單一使用者的價值將

呈幾何級增長，而且使用者轉移成本也將呈幾何級增長。

紅杉資本創始合夥人吉姆·吉茲說：「由於聊天領域擁有強大的網路效應，所以這似乎是一個贏家通吃的市場。」紅杉資本曾經在早期投資過 Google、雅虎、Linked In 和很多企業，而且早在二〇一一年就斥資八百萬美元入股 WhatsApp。

對任何互聯網產品來說，其核心價值來源於其活躍客戶數量，這幾乎是所有互聯網公司夢寐以求的。根據最新數據顯示，該公司目前每月的活躍使用者數量達到了三點五億人，庫姆透露，他們的使用者每天分享的照片數量超過四億張。二〇一六年二月，WhatsApp 使用者數突破十億人大關。WhatsApp 現在已經成為國際市場最活躍的即時通信 App，而且還在不斷創造該領域的紀錄。

# 四、創客商業模式分析

作為當今最火爆的即時通信軟體領域巨頭，WhatsApp 的商業模式是具有高度參考價值的，究竟是什麼原因讓這支五十人的團隊在激烈的競爭中突破重圍？以下就 WhatsApp 公司價值戰略模式、市場行銷模式和盈利收入模式進行分析，如表 31-1 所示。

表 31-1　WhatsApp 商業模式創新分析

| 商業模式 | 特　徵 | 描　　述 |
|---|---|---|
| 價值策略模式 | 簡單快捷數位社群平台化 | WhatsApp堅持產品最大程度簡化，搭建社群平台，把重心放在產品的實用性和服務品質上，每當增加新功能時都會在內部展開激烈的討論，小巧靈活的產品帶給用戶最流暢舒適的使用體驗。 |
| 市場行銷模式 | 多平台和多媒體的社群行銷 | WhatsApp目前iPhone手機、Android手機、Windows Phone手機、WhatsApp Messenger、Sybiang手機和Blackberry黑莓手機上線。借助推播通知服務，WhatsApp使客戶可以即刻接收親友和同事發送的訊息，包括文字訊息、圖片、聲音檔和影片資訊。 |
| 盈利收入模式 | 年費使用模式和廣告模式 | WhatsApp採用收取年費一美元的盈利模式。用戶透過支付年費，可享受免廣告騷擾和個人隱私保密服務。但同時單一的盈利模式讓WhatsApp的收入遠低於同類商品。 |

# 五、啟示

WhatsApp 的成功也是即時通信行業的成功，在該行業的發展中，WhatsApp 憑藉其競爭力一直是行業裡的巨頭，龐大的活躍客戶群為它帶來可觀的收入和可持續發展的動力。雖然現今該行業格局初定，但是 WhatsApp 的發展歷程依然可以作為手機 App 行業參考的範本。

## （一）專注產品，堅持理念

WhatsApp 最大的成功在於其對產品實用性、功能最簡化的追求。WhatsApp 創始人布萊恩·阿克頓表示，「簡單，簡單，簡單一直是我們的口頭禪。」創始人一直致力於打造熟人間便捷、可靠、實用的即時通信平台，目標明確才能集中火力。這也是 WhatsApp 區別於其他即時通信應用最大的一點，每增加一個新功能，WhatsApp 內部都要展開激烈的討論，以確保產品的實用性和流暢度，避免增加不必要的功能。唯有專注才能出彩。

## （二）重視客戶體驗

兩位創始人約法三章，一切以使用者為導向出發，拒絕在 WhatsApp 上推播廣告，拒絕收集、儲存使用者資訊，建立使用者信任感，最優化使用者體驗。Whatsapp 個人體驗感覺更簡潔，側重於資訊交流。WhatsApp 的體驗更佳，軟體本身比微信流暢、簡潔，無縫對接通訊錄。WhatsApp 能夠顯示簡訊接受者最後一次線上時間以及資訊是否已被接受者閱讀，微信就沒有這樣的功能，使用者的私密體驗更強。

## （三）單一收費模式

以前，WhatsApp 唯一的盈利來源於使用者支付的年費一美元，這種單一收費模式雖然保障了使用者免受廣告騷擾的體驗，但也直接導致了 WhatsApp 雖然擁有近十億使用者量但是收入卻遠遠低於其同類應用的事實。據媒體報導，聊天應用

Line 在日本和泰國的使用者人數雖然僅為兩億多人，但是去年創造的營收超過十億美元，遠高於 WhatsApp 的一千萬美元。如何在既保證使用者體驗的同時實現更高的創收？這是 WhatsApp 在改革創新中應重視的問題。二〇一六年一月十九日，《連線》雜誌發布文章稱，WhatsApp 全球使用者已經達九點九億人，但 WhatsApp 創始人簡·庫姆並不滿意，他的目標是十億人。自 WhatsApp「下嫁」給 Facebook 之後，它的「豪門生活」是否幸福？理論上如此，事實也是如此。WhatsApp 為 Facebook 帶來了九點九億名使用者，而 Facebook 提供了金錢和技術支持。WhatsApp 取消了一美元的年費機制，準備透過企業賺錢，並將採取 App「一站式」服務，未來盈利能力或許將會更強。

### （四）通信還是社交

WhatsApp 的設計出發點是替代傳統付費簡訊，因此 WhatsApp 一直最大程度簡化其功能，打造成一款和傳統簡訊使用方式無異的通信工具。而現下的即時通信 App 市場中，最具發展潛力的往往是那些以社交為導向的 App，社交功能能提高使用者黏著度，讓使用者樂於和朋友分享，透過口碑行銷、相互邀請來傳播產品價值。WhatsApp 在今後應向社交轉型，還是堅守通信陣營？這個問題只能交由時間去回答了。

# 第三十二章
# Tango——免費影片 App

試想一下，假設有一款手機 App 讓你隨時隨地能和家人、朋友進行影片聊天，分享當下該是一件多麼有趣的事情！在旅途中可以和親友分享風景，在購物時輕鬆獲得朋友建議，身處兩地的戀人們可以透過影片聊天互訴衷腸……Tango 透過視訊通話技術使這些場景成為可能。

Tango 的全名是 Tango Voice&Video Call，它是一款可支持 Android 和 iOS 的跨平台可用的免費視訊通話應用，透過視訊通話技術給使用者帶來高品質的視訊通話體驗，無論在 3G、4G 還是 Wi-Fi 網路上都運行如飛，給世界上數以億計的使用者帶來流暢的視訊通話體驗。

上線以來，Tango 的使用者增長迅速，目前全球註冊使用者已超過兩億人，月均活躍使用者也達七千萬人次。Tango 目前所覆蓋的範圍包括兩百一十二個國家和地區，語言版本多達三十九種。根據創始人之一埃里克‧塞頓（Eric Setton）介紹，在超過三十五個國家的行動應用市場上，Tango 在所有應用下載量排行中能夠排到第十二位或第十三位，而美國則是 Tango 使用者最多的地區，約占所有使用者的百分之四十以上。

## 一、公司背景

Tango 於二〇〇九年九月由烏里‧拉茲（Uri Raz）和埃里克‧薩頓（Eric Setton）創立，總部設在加利福尼亞。

Tango 是美國唯一一款可以進行免費視訊通話、發送免費文本資訊和發送免費影片資訊的 App 應用程式。它以視訊通話為核心業務，同時融合了視圖文通信、小

遊戲及 Spotify 音樂綁定功能，支持語音和文字通信。使用者透過 3G、4G 或 Wi-Fi 可以獲得最佳影片呼叫與多數智慧型手機、平板電腦和個人電腦兼容，可以與其他 Tango 使用者進行免費國際通話，還可以在 Tango 發表情、消費音樂、發現應用、打遊戲並跟好友進行分享。

自上線至今十四年來，Tango 完成了 D 輪高達二點八億美元的巨額融資，其中二點一五億美元是由 BAT 巨頭之一阿里巴巴投資的，Tango 現有投資者增資六千五百萬美元。此前，Tango 獲得了八千七百萬美元融資，投資者包括 Access Industries、德豐傑（DFJ）、高通風險投資（Qualcomm Ventures）、Toms Capital、Translink Capital，以及 Bill Tai、Shimon Weintraub、楊致遠和 Alex Zubillaga 等。至此，Tango 融資總額三點六七億美元。Tango 聯合創始人兼 CEO 尤瑞·拉茲（Uri Raz）向《華爾街日報》介紹，他希望將 Tango 打造成西方國家的「微信」，「我們擁有微信所有的功能，但這些功能我們都要進行西化。」二〇〇九年上線的 Tango 最初僅主打影片聊天功能，同類產品包括 Skype 和蘋果 Facetime 等。但隨著 WhatsApp 這類文字聊天應用，以及亞洲聊天應用不斷將功能延伸至遊戲、社交分享時，Tango 也開始不斷豐富自己的產品功能。

## 二、創客介紹

聯合創始人烏里·拉茲是一名思維開拓的連續創業者，他以優異的成績畢業於以色列理工學院，擁有多項專利。他在創立 Tango 之前，曾是多家科技公司的創始人之一，已收購了 Appstream、影片流公司 Dyyno、科技公司 Golden Screens 等。

烏里表示，有了 Tango 之後，他可以和在外地上大學的女兒實時進行互動，看到女兒和朋友們一起去海邊舉辦篝火晚會，而他也能夠向他們展示電視上籃球比賽的最後幾分鐘，所以他們能在海灘上和烏里一起觀看球賽。「這是非常有趣的，這讓我看到了人們在未來能夠在不同的方式中使用 Tango。」

埃里克·塞頓是史丹佛大學電氣工程專業博士，同時他也是影片流公司 Dyyno

的創始人之一。在創立 Tango 之前，埃里克曾在科技公司薩基姆（Sagem）和惠普擔任分析產品的研究員。埃里克是世界著名的對等網路影片流和影片壓縮技術的專家，他撰寫了這個領域的第一本書。在二〇〇七年埃里克已在該領域促成三十多篇研究論文的發表，並擁有多項專利。

在 Tango 成立之初，埃里克成為其第一個關鍵的技術專家，他憑藉對多媒體通信、對等網路和影片壓縮技術的掌握出任 Tango 首席技術官，利用對等網路和影片壓縮技術，以低基礎設施成本和高品質影片能力，為全球數以億計的使用者提供卓越的視訊通話服務，並且讓 Tango 的跨平台移動視訊通話服務成為可能。

# 三、案例分析

## （一）專注視訊通話領域

網路電話從興起到如今趨於成熟不過二十年，正逐漸取代傳統的通話形式，受到越來越多使用者的青睞。步入 3G、4G 時代之後，不少手機品牌商都把視訊通話功能作為手機的主打賣點，市場上相關的手機 App 也越來越多，其中做得好的有微軟的 Skype 和蘋果的 Facetime。

即時通信主要透過尋找差異化的使用者需求、為垂直使用者群體提供更加專業的服務為突破口，不斷提升自己的市場份額。與眾多即時通軟體不同，Tango 主打視訊通話，差異化主要表現在內容、使用者關係、場景三方面。Tango 因為它的跨平台視訊通話功能，被廣泛的應用在商務溝通中。

Tango 的整體架構和微信非常相似，使用者透過手機號碼即可進行快速註冊，在五秒鐘內創建帳戶，無須使用使用者名和密碼。登錄後，Tango 將自動查找通訊錄和 Facebook 中好友並進行關注。

社交功能中，Tango 提供使用者和陌生人聊天的機會。將個性化推薦使用者感興趣的陌生人，陌生人資料中將顯示對方頭像、相距距離、性別、年齡、何時上線

等基本資訊，可一鍵進行關注，不需要透過對方同意。有點類似微信中的朋友圈，使用者可瀏覽關注的人發布的動態，並進行按讚、評論與分享。

進入聊天介面後，使用者可以選擇多種形式資訊的互動。Tango 允許使用者使用文本資訊、圖片、語音、影片等方式進行互動，同時可以分享實時位置和熱門音樂。可以說，Tango 是視訊通話和即時通信的結合體。

創始人之一的埃里克表示：「我們在 Tango 中集成一鍵語音功能，允許使用者無需鍵入就能快速輸入資訊。儘管我們的智慧型手機是設計來打字的，但我想如果我們能夠讓人們避免打字的，他們會喜歡這一點的。一鍵語音允許一個非常自然的互動，它讓使用者即按即說並自動播放資訊。最初幾天的反饋是驚人的。雖然我們不是第一批擁有這個功能，但是我們依然把選擇權給到使用者。」

綜上所述，Tango 主要具有以下特點。

(1) 即時性。為雙方的溝通創建了一個良好的渠道。可以像電話溝通一樣，在一方提出問題後，另一方可以即時了解並進行答覆。

(2) 直觀性。無論身處何處，只要有條件使用 Tango，透過音頻、影片功能便可實現「面對面」的交流。

(3) 廉價性。可降低對外交往的成本。

## （二）免費引流，增值吸金

Tango 的基本功能如視訊通話、即時通信對使用者免費開放，轉而從購買業務來實現貨幣化，例如購買虛擬人物、被稱為「Tango Surprises」的產品和遊戲等。埃里克表示：「Tango 將發布更多的遊戲。因為 Tango 是一個免費的應用程式，要實現盈利需要透過這些增值功能，如動畫、賀卡和遊戲等。在遊戲中第一回將是免費的，但未來的遊戲需要使用者進行支付。」

Tango 於二〇一二年九月才推出遊戲產品，但如今，該公司已經在此平台上增加了第七款遊戲。埃里克稱，如今每天約有一百萬部遊戲被使用者在 Tango 上使用。

此外，Tango 也在視訊通話過程中接入遊戲功能，通話雙方可透過螢幕操作進行一些簡單遊戲的互動，如撲克牌、疊球等。

Tango 是唯一一種可以使用 Tango Surprise（一些可供表達自己、娛樂兒童或慶祝節日的有趣動畫）自定義視訊通話和文本資訊的應用程式。使用者可選擇多種動畫進行分享，增進聊天樂趣。Tango 在努力提升 Tango Surprises 的可選用數量，特別是提供更多免費使用的內容。此前，免費的 Tango Surprises 只占一小部分，但如今已經有所增長。

另外，Tango 還提供了一百五十多部左右可供選擇的動畫片，這些動畫片都是由著名品牌商製造，例如 American Greetings，Sesame Street，Strawberry Shortcake，Pink Panther 和 Care Bears 等。埃里克表示：「我真的很喜歡 Tango Surprise，你可以在你的消息或影片中發送動畫。同時我也很喜歡遊戲在通話過程中的接入。我認為這是太酷了，能夠同一時間邊玩遊戲邊聊天。」

### （三）阿里投資，前景看好

到了二〇一六年，IM（Instan t Message）市場依舊是一片紅海。Tango 在二〇一四年的 D 輪融資中，一共獲得高達二點八億美元資金，其中阿里投資二點一五億美元。有業內人士分析稱，受此次投資以及此前 Facebook 一百九十億美元收購 WhatsApp 的影響，Tango 市值現在或已逾十一億美元。此次阿里巴巴投資 Tango 可謂「醉翁之意不在酒」，阿里看好的是 Tango 背後龐大的美國、西歐以及中東市場即時通信行業的市場份額。

Tango 此前獲得了八千七百萬美元融資，投資者包括 Access Industries、德豐傑（DFJ）、高通風險投資（Qualcomm Ventures）、Toms Capital、Translink Capital，以及 Bill Tai、Shimon Weintraub、楊致遠和 Alex Zubillaga 等。至此，Tango 融資總額達三點六七億美元。除了要僱用更多的工程師，以及擴大基礎設施規模。融資之後其將業務擴展到手機遊戲、線上音樂等不同環節。

近年來，迫於對手騰訊在移動領域憑藉微信和 QQ 做得風生水起，阿里感到壓力重重，一直想加快實現傳統 PC 端電子商務向移動電子商務的轉移。在過去幾年，阿里在社群媒體、線上地圖以及移動電子金融等重要移動技術領域進行了多次投資，先後入股新浪微博和高德地圖軟體，甚至推出自己的阿里版「微信」──來往，但未能獲得良好成效。阿里甚至試圖在淘寶和天貓商城屏蔽微信推播，但騰訊卻透過增添微信支付的方式有效的規避了阿里給出的這一重拳。阿里巴巴或希望借投資 Tango，試水進軍海外移動商務領域。這種做法跟此前日本電商巨頭樂天收購 Viber 通信如出一轍，它們都透過微信和 Line 等聊天應用看到了這背後潛藏的開拓海外零售業的絕佳途徑。Tango 未來若能實現移動電子商務的引流和轉化，預計收入將非常可觀。

# 四、創客商業模式分析

以下就 Tango 公司價值戰略模式、市場行銷模式和盈利收入模式進行分析，如表 32-1 所示。

### 表 32-1　Tango 商業模式創新分析

| 商業模式 | 特　徵 | 描　述 |
|---|---|---|
| 價值策略模式 | 視訊通話＋即時通 | Tango 以領先的技術實現跨平台視訊通話功能，為商務會談提供便利。近年來類似微信的架構建設表明 Tango 想進軍即時通訊領域的野心，創新的 Tango Surprise 和遊戲植入，讓聊天更妙趣橫生。 |
| 市場行銷模式 | 整合資本，明確方向 | Tango 在多輪融資中整合資本，並不斷調整業務方向。融資之後，Tango 搭建了更全面的即時通訊功能，並將業務擴展到手機遊戲、線上音樂等不同環節，以多樣化的功能豐富用戶體驗。在未來，Tango 或開發行動商務領域。 |
| 盈利收入模式 | 免費引流，增值吸金 | Tango 向大眾開放基本的視訊通話和聊天功能，在全球範圍內吸引一大批有價值的用戶。並透過提供需要支付的 Tango Surprise、遊戲服務實現盈利。此外，Tango 的廣告業務也是實現盈利的關鍵。 |

## 五、啟示

　　Tango 在融資中不斷調整自己的業務方向，從最初簡單的視訊通話功能到類似微信的即時通信功能整合，再到創新的 Tango Surprise 和遊戲接入，Tango 一直在打造最優體驗的社交產品。在 Tango 每遇到一個發展瓶頸時，它都能透過調整業務和產品功能做出改進。當 Tango 意識到視訊通話只是一種使用率不算太高的通信方式時，它整合了即時通信功能，提高了使用者黏著度。當 Tango 逐漸被競爭者同質化時，及時的將 Tango Surprise 和遊戲接入讓 Tango 保持活力，並創造盈利。

　　但是調整業務不意味著盲目整合。目前為止，Tango 每一項整合的業務都是行之有效的，這是由於 Tango 在調整業務時一直堅持自己的定位——一款主打視訊通話的即時通信軟體。從定位出發，決定整合什麼功能，放棄什麼資源，才讓 Tango 成為今天這樣一款輕小便捷的社交軟體。

　　如何將技術有效的轉化成產品，是每一個科技公司管理者需要思考的問題。Tango 兩位創始人都是世界級的工程師，埃里克更是網路影片流和影片壓縮技術的權威。正是他們精湛的技術，才讓跨平台視訊通話成為可能。能否有效的轉化現有技術，很大程度上決定了一個科技產品能否成功。

　　二〇一五年對 Tango 來說注定是困難的一年，公司裁員百分之十，而且 Tango 與阿里巴巴和電商合作，進軍電商領域鎩羽而歸。另外，自從二〇一五年 Setton 擔任班子內的「一把手」後，也有關於 CEO Uri Raz 的領導決策失誤以及他和董事會不和導致了決策混亂和戰略失誤的指責開始漸漸浮出。然而儘管管理層的指揮有失當之處，戰略布局散亂，核心競爭力不足，但 Tango 還是企圖扳回敗局，並為此做最後的努力。

　　Fiesta 是 Tango 推出的一款主打社群媒體性質的 App，Tango 將新聞推播、頻道訂閱、遊戲的功能，百分之三十的使用者數，以及一般的營收任務都轉嫁到了 Fiesta 身上。目的顯然是區分社群媒體屬性，看來是想重回聊天軟體的初衷。然而，市場的殘酷之處在於，在過去的幾年當中，聊天軟體的市場已經急速成熟起來，幾

個國際布局的業內巨頭已經將這個市場分割殆盡，此時在想殺個回馬槍分一杯羹，

談何容易？

# 第三十三章
# Snapchat ——閃傳閃閱的圖冊分享 App

在移動互聯網的時代，大家都習慣把社交搬到線上，透過分享圖片、發表狀態來和他人互動。點開朋友圈或微博，你會看到九張精修大圖加長文章的日常分享，你也會看到即使吃飯、睡覺都要發個狀態的洗版一族。我們渴望在社交產品上打造一個有趣、豐滿的個人形象，但同時又怕過度分享造成個人資訊的不安全；我們希望隨時發布自己的動態，以獲得關注和互動，但是又擔心發布的內容不夠價值和深度。如果你也是這樣一位糾結的社交黨，那麼恭喜你，Snapchat 可以幫助你解決這個難題。

Snapchat，除了 Facebook 以外全美最活躍的社交軟體，也是唯一能夠對 Facebook 的收購說「不」的社交軟體。許多人對於 Snapchat 的理解就是「閱後即焚」，畢竟其名字就是 Snap（偷偷滴），Chat（聊天）。即時通信軟體很多，圖片分享軟體不多。但是 Snapchat 卻在這兩個領域找到一片沒有競爭中的細分市場，精確抓住市場痛點，以一種創新的商業模式滿足消費者對社交分享的需求。

二〇一一年上線的 Snapchat 是一個以圖片為載體的社交軟體，不同於其他社交軟體，Snapchat 可以對使用者發布的內容在一定時間後進行「自我銷毀」。使用者把照片發送給好友後，僅保留一～十秒，就會在預先設定的時間按時自動銷毀，不留一點痕跡。

## 一、公司背景

Snapchat 起源於兩位史丹佛大學學生埃文・斯皮格（Evan Spiegel）和鮑比・墨菲（Bobby Murphy）的課堂作業。其中墨菲還是移動圖冊創始人。二〇一一年

四月，斯皮格在史丹佛大學的產品設計課上展示其最終創業方案。

二〇一一年九月 Snapchat 在斯皮格父親臥室中正式上線。首發版本在當時並未引起媒體的任何關注。二〇一五年，使用者每天透過 Snapchat 上傳的照片高達一點五億張，Snapchat 被視為 Instagram 最強勁的競爭對手之一。

使用者使用 Snapchat App 進行拍照，可以設定照片被瀏覽的好友範圍和時間，一般的瀏覽時間範圍是一～十秒，一旦過了設定時間，照片就會「自動銷毀」。人們有時希望在自己的圈子裡分享一些平時不願意被別人看到的私密照片，這種窺私和分享心理為 Snapchat 吸引了大批年輕使用者。

Snapchat 在二〇一二年年初獲得四十八點五萬美元的種子輪融資，一年後獲得一千三百五十萬美元的 A 輪融資，估值超過六千萬美元。同年六月，Snapchat 完成了一筆由知名風險投資機構 Institutional Venture Partners 領投的高達八千萬美元的 B 輪融資，而在融資前，Snapchat 的估值已經達到了八億美元。

Snapchat 在二〇一三年拒絕了 Facebook 超過三十億美元的收購。有人說真實金額更加恐怖，導致許多互聯網行業的人都認為老闆發瘋了，為什麼要拒絕這麼大的收購。但理由很簡單，Snapchat 要成為類似 Facebook 那樣的偉大社交軟體。

到了二〇一五年這家公司更是先後完成四點八六億美元與五點三七億美元的融資，投資者包括阿里與兩家對沖基金。經過五年的發展，Snapchat 已經進行了 E 輪融資，市場估值高達一百六十億美元。儘管 Snapchat 目前還沒有形成成熟的盈利模式，但其產品的獨特性與平台化趨勢已經為其贏得投資者的青睞。

## 二、創客介紹

埃文・斯皮格可以說是聰明而有野心的紈褲子弟。斯皮格出生於一九九〇年，父母都是律師。母親梅麗莎（melissa）是哈佛法學院歷史上最年輕的女性畢業生，但當斯皮格出生時，她卻毅然辭去了 Pillsbury，Madison，&Sutro 律師事務所的合夥人職務，專心當起了全職媽媽。斯皮格的父親約翰是 Munger，Tolles&Olson

律師事務所的合夥人，他的收入足以支撐整個家庭過上舒適的生活。

　　斯皮格在讀小學時是個電腦迷，沉醉於技術的世界裡，六年級時打造了自己的第一台電腦。在學校的計算機實驗室裡開始使用 Photoshop，週末總泡在當地一所高中的藝術館裡。讀中學時，斯皮格就嘗試實踐自己的創業夢——他在會所和酒吧裡推銷紅牛飲料，斯皮格的母親說，那段無薪實習經歷讓斯皮格學會了行銷。中學畢業後，斯皮格順利進入史丹佛大學。二〇一〇年，在讀大二期間，他搬到了 Kappa Sigma 兄弟會宿舍，後來的合作夥伴鮑比‧墨菲在讀大四，專業是數學和計算機科學，就住在過道對面。

　　由於家境殷實，斯皮格和兩個姐姐從小不僅吃穿不愁，還四處遊歷，參加過各種不同的志願者項目。但斯皮格也時常揮霍無度，還經常因此與父親爆發爭吵。

　　十七歲時，斯皮格的家庭陷入了動盪——他的父母結束了將近二十年的婚姻。斯皮格起初選擇與父親同住，但當斯皮格反覆透支他的信用卡，甚至想要買一輛七點五萬美元的 BMW 535i 時，原本一直出手大方的父親再也忍無可忍。

　　結果，斯皮格未能如願，還因此與父親爆發了激烈的爭吵。最後，他選擇搬回去跟母親一起住。幾天後，母親便給他租了一輛他夢寐以求的 BMW。

　　但斯皮格的學業並沒有受到絲毫影響——儘管他剛開上 BMW 就收到了超速罰單。他十年級的英語老師回憶說，斯皮格的學業一流，甚至專門就十足路口文理學校的新穎教學方式寫過一篇文章，並因此深得老師讚賞。財捷集團的斯科特‧庫克（Scott Cook）在彼得‧溫德爾（Petter Wendell）的研究生課程「創業與風險資本」上進行客座授課時，被斯皮格的回答打動了。「在講課結束後，我評論了這位特殊學生所作回答中的智慧和推理。」庫克（Cook）回憶，「溫德爾教授說，『如果你知道他不是 MBA 學生，你會感到更加驚訝。他是本科生，是來旁聽的』。」

# 三、案例分析

## （一）挖掘痛點，精準打擊

隨著手機使用頻率的逐漸提高，使用者們不僅希望記錄過去更渴望分享當下並進行互動，傳統的社交部落格形式已經無法滿足使用者的需求。而且並不是每一條分享都值得被保存，照片可能只是代替即時文字資訊的一種方式，只在當下產生價值。你或許創造了一些有趣的內容，想要 surprise 你的朋友，但是又怕這段歷史在未來損害你的個人形象。那麼這時，你需要 Snapchat。

Snapchat 最核心的功能就是能夠在設定時間範圍內自動把照片銷毀。為了防止使用者螢幕擷圖或是使用其他相機進行拍攝，Snapchat 要求瀏覽照片的人必須把手指放在螢幕上。

Snapchat 的主要使用者是十八歲至二十四歲的青年，而年齡越大的人使用 Snapchat 的比例越小，而且女性在 Snapchat 的使用者中占了大多數。青年群體也是使用互聯網產品最活躍的群體。他們是互聯網時代的「原住民」，從小在手機、計算機的浸淫下成長，能夠最快捕捉潮流趨勢，也是互聯網產品最忠誠的粉絲。他們不但能生產大量的社群媒體內容，增加其活躍度，同時該群體也具有一定的自發性，能夠不斷的擴大平台的影響，為平台增加使用者規模。

Snapchat 為這個群體提供發送私密照片的安全平台，不會讓資訊在互聯網上留下任何痕跡。互聯網正在變成一個使用者越來越不敢分享的地方，使用者的樂趣在減少，因為他們無法隨心所欲按照自己想要的方式去社交。尤其是年輕人，他們習慣於分享，但同樣排斥約束。在這個「過度分享」的社會，本來就不需要將所有資訊保存。使用者記錄的同時需要遺忘和刪除過去，就像正常人的生活總有不堪、尷尬和並不美好的一面。但是在 Snapchat 之前還沒有哪款產品能夠滿足這項需求。

此外，傳統的社交產品都是以「記錄過去回憶」為導向設計的，需要人們首先在離線世界體驗經歷，然後在社群媒體上記錄下它們並發布到網路上，透過經歷的

再現來產生互動點。也就是說當你分享的時候，這件事情已經結束一段時間了，你只能在事後和你的朋友們談論它。而 Snapchat 的重點是「當時當刻」，「使用者不再是自己所做過、體驗過或發布過的一切的總和——我們是結果」。Snapchat 關注你當下遇到了什麼好玩的事情想要和朋友們分享，而不是事後再回顧，為即時社交創造機會。

### （二）打造多元化社群平台

Snapchat 以其私密性的特點吸引使用者只是價值實現的第一步。Snapchat 不僅僅想做一個社群媒體 App，更想圍繞其核心產品理念——閱後即焚，捨棄使用者數據，來打造一個全方面的社群平台。

不能不提的是，Snapchat 的興起及時彌補了美國社交產品領域的空白：即時通信。正如亞洲的通信應用微信、Line 和 KakaoTalk 等都在移動端建立了一個新的社群平台，Snapchat 也在尋求機會成長為適用於美國使用者的個性通信平台。Snapchat 最開始吸引人的功能並非圖片的可消除性，而是它比簡訊甚至其他分享的工具可以更快的發送出圖片。

創始人斯皮格曾多次表示對騰訊 QQ 這款即時通信產品的欣賞。他非常認可 QQ 透過提供免費基礎服務，憑藉一系列增值功能向使用者個性化收費來實現盈利的模式。斯皮格認為，Snapchat 或將成為美國第一批不向廣告主收取費用的社群網路產品之一。

Snapchat 打造新一代社群平台的野心也顯露在它的一些新模組 Discover 和 Stories 上。這兩個功能讓使用者可以在平台上獲取更多元化的資訊，而不僅僅限制於好友發送的資訊。Discover 功能向使用者推播知名媒體出品的文章、音樂和影片，如 CNN、華納音樂等，這個功能未來也將會與供應商、廣告商合作，發布符合使用者使用習慣的 feeds 廣告。而 Stories 功能和 Facebook 資訊流很相似，允許使用者將照片和影片串起來，製作兩分鐘甚至更長的內容，向關注者播放，並在應用中停

留二十四小時不斷播放。即使用者不僅僅可以把照片分享給個人，還可以分享進自己的 Stories 供好友公開瀏覽，此外，它還能像電視上的連續劇一樣，將不同使用者對於同一事件的記錄連接起來，組合成故事一樣，有開頭有結尾，讓使用者從不同角度獲取多樣化資訊。

此外，在美國使用者每天發送至網上的圖片中，有百分之四十六發進了 Snapchat，還有百分之四十六給了 Facebook，而 Instagram 僅占百分之七。Snapchat 上入駐媒體很多內容是特供的，這意味著 snapchat 可以透過針對不同的使用者群體和產品特性去探索一些新穎的內容，形式上不會侷限於傳統媒體。Snapchat 也在培養平台上的社交達人，俗稱「網紅」，透過他們發布的內容來增加使用者黏著度。

### （三）跨領域試水實現盈利

許多互聯網社群媒體會選擇廣告、向使用者提供收費服務等盈利。同時互聯網社群媒體龐大且多元化的使用者群體正是廣告商所需要的，並且由於社群媒體能夠在後台獲取使用者的消費習慣和資訊，為不同的廣告詞進行精確目標市場行銷創造可能。但是傳統的社群媒體的盈利模式無法套用在 Snapchat 上，Snapchat 的設計理念是閱後即焚，代表公司將會捨棄使用者數據而不進行儲存。這種模式為 Snapchat 尋求有效的盈利模式造成了一定的障礙，但同時也激勵了 Snapchat 在業務上不斷創新。

除了在社交產品領域多元化擴展業務，Snapchat 還挑戰不同領域的業務機會。憑藉其他平台所不具有的龐大青少年使用者群體優勢，Snapchat 在不同領域探索產品貨幣化的模式。

二〇一四年十一月，Snapchat 攜手 Square 提供私信轉帳功能，在互聯網金融板塊邁出了第一步，允許使用者透過應用中的私信功能向好友轉帳。以往，Snapchat 也曾經與品牌商展開合作，例如 Snapchat Stories 功能的上線。但是提

供轉帳功能，還是 Snapchat 第一次如此大程度向其他科技公司開放自己的應用。

Snapchat 在此領域繼續堅持捨棄使用者數據的理念，所有使用者支付資訊都不會儲存在 Snapchat 的伺服器上，而作為合作夥伴的 Square 將負責儲存使用者的銀行和借記卡資訊。Snapcash 已經作為 Snapchat 更新的一部分被推播至 Android 使用者，而 iOS 版本的 Snapcash 也即將到來。

此外，Snapchat 在基於 LBS 的 O2O 領域也進行了試水。二〇一四年十二月，Snapchat 正式向公眾開放基於地理位置的濾鏡 geofilter。濾鏡目前只能在 Snapchat 收錄的特定地點使用，如迪士尼樂園、特定咖啡廳等。例如：使用者在洛杉磯的迪士尼樂園使用 Snapchat 拍照，相機將自動啟動迪士尼專屬貼紙。使用者在特定地點利用 Geofilter 濾鏡創建一個作品（照片、拼圖、塗鴉等）並發送給聯繫人，只有當聯繫人身處該地點時才能看到該作品，增加了產品的互動性，也為接入附近位置的離線商家服務創造機會。

Snapchat 擁有其他社群媒體所沒有的龐大的年輕使用者群，就連 Facebook 也很難吸引到如此大量該年齡層的使用者，這令廣告商喜聞樂見。Snapchat 使用者並不介意偶爾看到廣告，尤其是他們喜歡的很酷的品牌，因此 Snapchat 一直有不錯的廣告業務。二〇一四年，Snapchat 曾經開設 Brand Stories 欄目向三星電子、環球影業等售賣廣告，它開發的全屏垂直播放的廣告使用者觀看完畢的比率是水平影片廣告的九倍。此外，類似微信的公眾號，Snapchat 與麥當勞等大眾品牌合作開通了官方帳號，為使用者推播一些商業資訊以及代言明星的圖片和影片。

無論是支付業務、基於地理空間的濾鏡 geofilter 還是廣告，都是 Snapchat 在盈利模式上的進一步嘗試，也是其互聯網生態體系搭建的過程。

### （四）精英式團隊管理

Snapchat 的管理目標是組建一支認同公司三條價值觀：勤奮、創造力、仁慈的團隊。斯皮格表示，他被那些有不同觀點以及堅定信念的人所吸引。「當你和一大

堆真正聰明並且擁有不同觀點的人共事的時候，你會更加堅定自己的想法，並且為之奮鬥。」

新創科技公司最夢寐以求的人才是各種技術大牛和世界級工程師，然而發掘他們並讓他們為公司效力絕非易事，但 Snapchat 的工程師團隊卻是人才濟濟。富比士中文網曾經做過全球範圍內的統計，估值高達一百六十億美元卻只有三百三十名員工的 Snapchat 以最高的員工人均估值位列榜首，是 Facebook 員工人均估值的兩倍，小米的九倍。斯皮格和墨菲希望將 Snapchat 研發團隊打造成為一支類似美國「海豹」六隊的精英部隊，並已成功招募到一些全美最頂尖的年輕工程師。當然，這和 Snapchat 開出的誘人條件有關，它是全球最酷的行動應用公司之一，擁有最先進的技術設備。骨幹員工將獲得可能價值數百萬美元的股權。工作之餘，還能在餘暉籠罩的海灘上散步，在咖啡廳邂逅電影明星，甚至晒個日光浴。

## （五）借助資本，拒絕收購

最開始，光速創投（Lightspeed Ventures）向 Snapchat 投入四十八點五萬美元作為種子基金。

二〇一二年一月三日，Lightspeed Venture Partners 向 Snapchat 投入超過四十八點五萬美元的種子輪資金。

二〇一三年二月八日，Snapchat A 輪資融資獲得一千三百五十萬美元，估值在六千萬～七千萬美元。

二〇一三年六月七日，Snapchat 完成新一輪一億美元的融資，估值達到五億美元。

二〇一三年六月二十三日，Snapchat 完成八千萬美元的 B 輪融資，由 Institutional Venture Partners 領投。而在融資前，Snapchat 的估值為八億美元。

二〇一五年一月三日，Snapchat 完成四點八六億美元的融資。

二〇一五年五月二十九日，Snapchat 融資為五點三七億美元。投資商為阿里和

G lade Brook Capital Partners 與 York Capital Management 兩家對沖基金。市場估值高達一百六十億美元。

創始人斯皮格曾兩次拒絕 Facebook 高達三十億美元的收購要約。斯皮格說，他如今聽到的最為普遍的問題就是，「你為什麼不賣掉你的業務？」對此他的回答是，「這樣的方式並不是在掙錢，只是一時的風尚而已」。斯皮格還稱：「最好的事情就是，不管你是否拋售自己的業務，你都能學到有價值的東西。如果你賣掉業務，那麼你就會立即知道，不管怎麼樣，這都不是你正確的夢想。如果你不賣掉業務，那麼你就可能進入了另一番事業，或許你將揭開有意義人生的序幕。」

## 四、創客商業模式分析

Snapchat 以最精簡的精英團隊打造社交產品界的奇蹟，其創新商業模式值得我們仔細梳理、學習。以下就 Snapchat 公司價值戰略模式、市場行銷模式和盈利收入模式進行分析，如表 33-1 所示。

表 33-1　Snapchat 商業模式創新分析

| 商業模式 | 特　徵 | 描　述 |
|---|---|---|
| 價值策略模式 | 閱後即焚＋即時通 | 用戶透過Snapchat把照片發送給好友後，僅保留1～10秒，就會在預先設定的時間按時自動銷毀，不留一點痕跡，保證了用戶資訊安全。同時Snapchat彌補美國即時通訊產品的空白，為客戶傳輸圖片資訊提供最流暢的體驗。 |
| 市場行銷模式 | 目標客戶群的社交行銷 | Snapchat的用戶多數是女性，且年齡集中在十幾歲到二十歲出頭；對社交應用來說，年輕女性是一個無法忽略，影響重大的群體，低齡化是Snapchat用戶最大的特徵。統計顯示，Snapchat用戶的參與度高：18歲左右的用戶更願意用Snapchat與朋友和家人溝通，其使用頻繁度已經超過電話和其他語音通話。 |
| 盈利收入模式 | 廣告和虛擬物品交易創收方式 | 從私訊轉帳功能Snapcash，基於地理位置濾鏡和廣告業務，美國「閱後即焚」社交工具Snapchat推出了一種「奇特」的商業模式—用戶如果想邀請特定地理範圍的好友組織活動，必須花錢購買「位置過濾器」。 |

# 五、啟示

Snapchat 的商業模式價值主要體現在以下方面。首先，它有著龐大的使用者基數，並且使用者喜歡用它。這是一切商業化的穩固基礎。同時，Snapchat 已經打造了自己的社交生態，使用者的忠誠度高。其次，Snapchat 有著清晰的商業化道路，無論是投資者還是廣告商，都能從它身上看到希望和潛力。最後，Snapchat 有著不斷創新的精神，Snapchat 故事就是一個成功的實踐。Snapchat 的成功在初創互聯網公司中既是典型的，也是非典型的。典型在於同樣對產品十分專注，對產品的設計理念一如既往的堅持。

在 Snapchat 創立之初，創始人就提出透過「閱後即焚」的方式為使用者資訊安全提供保障。在公司不斷發展壯大中，Snapchat 一直堅持這產品的核心理念，並且吸引了一大批最具有價值的年輕使用者群。斯皮格說：「最重要的是忠實於自己的觀點」，雖然他和他的團隊對其他公司的項目也很感興趣，但他必須確保所有人的努力都集中在 Snapchat 的原始驅動力上，而不是與其他公司競爭。

Snapchat 的非典型在於商業模式的創新，當市面上所有社交產品都是關注「記錄回憶」時，Snapchat 引導使用者分享「當時當刻」，彌補美國社交市場即時通信產品的長期空白。Snapchat 帶給創業者的啟示是如何在一片競爭激烈的紅海市場，找到尚未開發的細分市場並專注其中。

關於首創精神，斯皮格建議創業者勇敢邁出第一步，努力將自己的想法變成現實。在這個過程中，找到一個可以為你提供指導的良師益友，這個人可以是你的教授，也可以是你的朋友，或者是你所在領域的權威人士。在尋找這個指導者的時候，斯皮格認為找到一個在這個產業裡有多樣性經驗，並且嚴肅對待這個行業的人非常重要。

最後，如果你認定了公司、產品的前景，就堅持做下去，不要輕易賣掉你的業務。這是斯皮格能夠在 Snapchat 沒有明確營收模式的情況下拒絕 Facebook 高達三十億美元收購要約的底氣，也是 Snapchat 現在能估值一百六十億美元的動力。

# 第三十四章
# Woodman Labs——可穿戴式自拍相機

想記錄下自己衝浪、滑雪或是跳傘那精彩的瞬間？想要從獨特的視角拍攝震撼的畫面？渴望與親人好友共享運動的樂趣？這些願望，GoPro 都能夠滿足你！

GoPro 是 Woodman Labs 公司的核心產品，具有防水、防震、自動追蹤等震撼人心的功能，被稱為世界上功能最多的攝影機。

Woodman Labs 的創始人尼古拉斯‧伍德曼（Nicholas Woodman）也是極限運動的狂熱愛好者，曾痴迷於衝浪，並希望能夠在衝浪時劇烈搖晃的情況下進行拍照，記錄美好的瞬間，由此產生了發明 GoPro 的靈感。

GoPro 相機僅有 Zippo 打火機大小，小巧便捷，方便攜帶，而且其小巧的外形並不妨礙它能夠拍出極高質量的照片和影片。另外，GoPro 具有強大的照片捕捉功能，能夠在高速中拍攝全解析度靜態畫面。更讓人心動的是，GoPro 配備豐富多樣的配件，如肩帶、頭帶、夾子等，可以固定在汽車、人體、寵物、運動器材上，讓你能夠充分發揮你的想像力去拍攝獨特視角的照片、影片，讓拍攝充滿樂趣。

## 一、公司背景

Woodman Labs 成立於二〇〇二年，以其創始人尼古拉斯‧伍德曼（Nicholas Woodman）的名字命名，專門生產極限運動相機。

極限運動相機被廣泛的應用在衝浪、滑雪、極限自行車和跳傘等極限運動中，以便極限運動愛好者們可以在高速狀態下記錄自己矯健的身姿。Woodman Labs 開發的 GoPro 的防水相機深受衝浪和其他極限運動愛好者的喜愛，頗受好評，幾乎成為「極限運動專用相機」的代名詞。

二〇一一年，Woodman Labs 獲得第一輪八千八百萬美元的融資。二〇一二年，富士康出資兩億美元收購它百分之八點八的股份，臺灣的鴻海集團也以兩美元的價格，取得它百分之十點七二的股權，Woodman Labs 的創始人尼古拉斯·伍德曼也因此成為億萬富翁，《富比士》估計其身價已達十三億美元，被譽為新一代的矽谷金童。

二〇一三年，上傳的標題帶有「GoPro」字樣的影片總長度達到二點四五萬小時；二〇一四年第一季度，標籤或描述中含有「GoPro」的影片觀看時長超過五千萬小時。

二〇一四年六月二十六日，Woodman Labs 在納斯達克掛牌上市，IPO 中估值達到二九點六億美元，融資四點二七億美元。二〇一四年六月二十七日，股價大漲百分之十四，上市後累計上漲百分之二十五。

## 二、創客介紹

尼古拉斯·伍德曼出生於一九七四年，是家裡四個孩子中最小的一個。伍德曼在矽谷繁華區域阿瑟頓長大，他的父親是促成百事公司收購塔可鐘的經紀人，正如老師們的回憶，伍德曼一直是個極其自信、有計畫、不畏懼挑戰權威的男孩。

在迷上衝浪之前，伍德曼熱衷於打橄欖球和棒球，步入高中最後一年，他對衝浪的喜歡變成了一種強烈的痴迷，其他興趣愛好和體育運動都被擱在一邊，並且學業也僅僅保持在 B+ 的水平，以便專注於衝浪，這一興趣讓他之後有了發明 GoPro 的靈感。

在大學畢業之後，伍德曼先是創辦了一家線上遊戲服務公司 Funbug，該公司獲得三百九十萬美元的風險投資，但在二〇〇〇年至二〇〇一年網路泡沫破滅時倒閉了。為了再次打起精神，伍德曼前往澳大利亞和印度尼西亞進行衝浪之旅，他決定在這次旅行之後，自己就安於中產階級舒適而單調的生活。他帶去了一條精巧的腕帶，可以讓自己把柯達一次性相機固定在手腕上，以便在完美的浪頭打來時進行

操作，這條腕帶是他利用斷裂的衝浪板皮帶和橡皮筋製作的。他的好友布拉德‧施密特（Brad Schim idt）認為他需要一款堅固耐用的攝影機，以抵禦海水的侵蝕。在花了五個月盡情衝浪之後，精神煥發的伍德曼回到了加利福尼亞州，決定銷售腕帶、攝影機以及外殼。

二十七歲的伍德曼（Woodman）開始每天工作十八個小時，研究如何將舊潛水衣材料縫在一起，並在塑料原材料上鑽孔，同時還不斷在網路和展銷會上尋找一款能夠獲得授權並進行改造的攝影機。最終，他決定使用一款在中國製造、售價三美元的三十五毫米攝影機。帶著忐忑的心情，他將自己的塑料外殼連同五千美元寄給了一家名為 Hotax 的非知名廠商，期待著能收到回音。後來他收到了實體模型，接著花費數月進行修改完善。二〇〇四年九月，他在聖迭戈舉辦的一次體育用品展銷會上賣掉了自己的第一台產品。

在首個完整的銷售年度，GoPro 攝影機的銷售額達到了三十五萬美元。伍德曼一個人同時身兼產品工程師、研發負責人、銷售員以及代言模特，他和第一名員工，也是他的室友尼爾‧達納（Neil Dana）跑遍全美國的衝浪用品商店，希望能夠將一些產品賣出去。

如今，伍德曼已經領導著全美國成長最快的攝影器材公司了。

# 三、案例分析

Woodman Labs 作為一家專門生產極限運動相機的企業，產品是核心，滿足了消費者最基本的需求，同時其成本控制、行業軟壁壘的構建等也都是其市場份額迅速增長的原因。

## （一）創硬體加媒體典範

GoPro 極限運動照相機一開始的定位是紀錄極限運動的精彩時刻，隨著客戶需求的變化和產品的更新，Woodman Labs 重新定位公司的業務——計畫把自身塑造

成為一家硬體加媒體、影片內容發布的公司。

**1. 單體相機 + 配件**

GoPro 極限運動照相機旨在為戶外極限運動者提供準確的、具有高解析度、防震的照相設備。而 GoPro 似乎將市面上所有的運動相機優點集於一身，專為極限運動拍攝而打造。首先，它十分輕盈（第一代大約七十二公克），與一般拍攝設備相比具有便攜性和靈活性。其次，它具有超過一千萬像素的感測器和緊實的腕帶，避免拍攝時設備滑落，同時具備了防震功能；到目前為止，隨著產品的更新，它已經可以實現深水一百九十七英呎的拍攝，並且可以實現 Wi-Fi 無線傳輸的功能。

Woodman Labs 在產品上，採取「單品相機 + 配件」的銷售方法，GoPro 的單體相機價格並不高，當然這只是不包含任何配件的單品價格。Woodman Labs 根據不同的場景，將配件與相機進行了搭配，始終保持將產品放入一個真實的場景中，從使用者使用角度進行同理心，推出了各式各樣的配件。同時，為了增強使用者黏著度，Woodman Labs 採用封閉式產品設計，形成一個產品鏈閉環，GoPro 相機只能使用 GoPro 的配件。

**2. 硬體 + 內容**

另外，Woodman Labs 已經發展成一個分享的新媒體平台。在意識到極限運動影片帶來的機會之後，Woodman Labs 成立了一個三十人的小組，專門負責網路上影片的工作，每天在網路上搜尋與 GoPro 相關的影片，判斷是否可以發布，發掘極限運動明星，並為其推出專欄，同時推出獎勵機制，若使用者提交的影片觀看次數超過一百萬次，就可獲得一千美元的獎勵。為了擴大與使用者的合作，Woodman Labs 更建立了一個專門的團隊負責剪輯編輯影片，負責利用起尚未剪輯的影片。此外，Woodman Labs 還聘請了大量在滑雪、跳傘、潛水等極限運動領域的高手來拍攝影片，達成雙方共贏。

儘管現階段 Woodman Labs 的影片內容商業化並沒有明顯的收入，但是它使 GoPro 更方便的接入互聯網，更簡單的分享及時影片，讓影像資料本身發揮出最大

**創客未來**
動手改變世界的自造者

價值。而對它本身的功能來講，可穿戴拍攝硬體已經成為社群網路群體的數據收集點，硬體只是作為數據的蒐集設備，其背後的內容社交化才是其最大的價值。拍攝方便只是硬體的物理屬性，並不具備擴展的價值。只有內容得到分享，依靠關係鏈擴散，才能體現出更大的社交價值。

正是其獨特的從硬體銷售到社交分享的商業模式，整合了眾多的影片內容，使 Woodman Labs 從單純的硬體銷售商成功轉化為一個平台化發展的企業。

### （二）成本控制是關鍵

一方面，成本控制擴大了 Woodman Labs 的盈利空間，是其在競爭中存活並持續發展的關鍵。初期的 Woodman Labs，還只是一家硬體產品企業，靠著公司極其針對其核心使用者痛點的新穎產品，以及「單體相機＋配件」的產品矩陣，Woodman Labs 的毛利率高達百分之四十五。二〇〇四年，Woodman Labs 正式開始銷售 GoPro 三十五毫米防水相機，尚處於起步階段的 Woodman Labs，委託中國代工廠進行生產，以三美元每台的價格購入，再以三十美元每台的價格售出，高達百分之九十的毛利率，為 Woodman Labs 撐起足夠的發展空間。

另一方面，低成本的戰略也使 Woodman Labs 的銷售價格更具有競爭性，使其市場占有率迅速增長。GoPro 相機系列中最貴的 Hero 4 Black 也僅售四百九十九美元，最便宜的入門級系列僅售一百九十九美元，加上公司從使用者角度進行思考，推出一系列的配套相機配件供特定使用者購買，為公司獲得不菲的產品銷售收益。

### （三）構建軟壁壘

為了滿足使用者需求和控制成本，Woodman Labs 放棄相機專業性，帶來的一個副作用是產品的壁壘變低。「小白」使用者都可以輕易上手，專業的競爭者要效仿並非難事。Woodman Labs 要繼續保持自己在市場的壟斷地位，必須築起自己的護城河。Woodman Labs 透過在自身網站以及 Youtube 和 Facebook 上發布內容，並引導使用者養成使用 GoPro 自產內容的習慣。GoPro 就像一個標籤，看見一個拿

GoPro 的人，就知道他要拍有趣的東西。這些內容如果能夠進一步被啟動，從行銷轉為盈利，那麼 Woodman Labs 憑藉這部分內容，就能有效強化自己的品牌認知度，透過這些內容，築起軟性護城河隔絕競爭對手的攻擊。硬體容易模仿，但內容無法複製。

### （四）細分市場延伸至家用市場

對 GoPro 的主要目標客戶群——極限運動愛好者來說，過去他們能從極限運動中體會到驚險、刺激，從一個獨特的視角看這個時間，卻無法與人分享。GoPro 的出現彌補了他們的遺憾，迅速填補了極限運動領域攝影的空缺。

而對那些沒有體驗過極限運動的人來說，GoPro 拍攝的極限運動影片，幫他們打開了一扇通往另一個世界的窗戶。以第一視角的代入感增加客戶對影像的衝擊力，加上新媒體平台的分享，目前 GoPro 的使用已經不僅僅侷限於戶外極限運動，而且漸漸走入各個家庭的日常生活拍攝，讓不少人滿足「身未能至、心嚮往之」的願望。

不僅如此，GoPro 以其「極限運動」的視角，更是吸引了一批企業希望能夠透過 GoPro 的「極限」視角去展示其企業文化、產品及其他東西。Woodman Labs 已經有了內容和生產內容的能力及平台，只要找到將內容貨幣化的策略，它將擁有前所未有的機會將其龐大的潛在使用者轉化為巨大的盈利。

## 四、創客商業模式分析

Woodman Labs 起初只是一家硬體產品企業，除了其產品銷售以外，並無其他途徑營收，但在面對索尼及 Contour 的競爭對手的挑戰下，Woodman Labs 從相機的細分運動市場殺出，再延伸至運動相機市場，獲得了極大的市場份額，幾乎壟斷運動市場，並進一步轉型成為公司宣稱的媒體公司。以下就 Woodman Labs 公司價值戰略模式、市場行銷模式和盈利收入模式進行分析，如表 34-1 所示。

表 34-1　Woodman Labs 商業模式創新分析

| 商業模式 | 特　徵 | 描　述 |
|---|---|---|
| 價值策略模式 | 直擊市場痛點 | 從一開始的GoPro相機固定帶到如今的GoPro Hero 4 Black，所有產品無一不是準確把握極限運動的愛好者們的痛點：無法記錄並與別人分享自己的表現，Woodman Labs的產品幾乎成為極限運動專用相機的代名詞。 |
| 市場行銷模式 | 口碑行銷＋病毒式行銷 | 一方面，Woodman Labs能夠抓住市場痛點，製造極具針對性的產品，獲得消費者的廣泛好評；另一方面，內容分享平台的建立使其產品在消費者的社群網路中快速傳播，實現了病毒式行銷。 |
| 盈利收入模式 | 硬體和內容銷售收入相結合 | Woodman Labs起初僅進行極限運動相機的硬體銷售，後逐步在此基礎上構建起社群分享平台，具備了生產內容的能力，其獨特的商業模式，使其從只靠硬體銷售獲利轉化到硬體加內容盈利的模式，獲得了更巨大的營收。 |

## 五、啟示

　　Woodman Labs 的成功與其精準的使用者需求定位息息相關，另外，出色的成本控制和獨特的商業模式也是其成功的關鍵，也許能給創業者提供一些參考。

### （一）精準的使用者需求定位

　　消費需求就像海綿裡的水，只要努力把握，總會找到新的市場機會。企業要想持續經營或獲得新的發展機會，就要時刻關注消費趨勢的變化，深刻分析不同的社會焦點所帶來的消費需求的轉變，這種轉變往往隱藏著巨大的市場機會和商業價值。誰能越快洞察這種變化，率先推出創新的產品和服務，誰就會占得先機，先下手為強。

　　Woodman Labs 最初的市場定位是極限運動愛好者，便是抓住了目標消費者渴望記錄並與別人分享自己在運動中的表現的心理，而其產品簡單、便捷、低價的特點同樣適用於普通使用者，導致其市場由極限運動愛好者向攝影愛好者等擴展，並在硬體基礎上建立了社交分享平台，提高了使用者黏著度。從極限運動愛好者到普通使用者，占領細分市場，緊緊扼住客戶的需求軌跡，不僅會讓產品行銷出現爆炸式的增長，更會培育出廣闊的市場前景。

## （二）出色的成本控制

企業的目標包括市場份額的增長、經營利潤的最大化等，這些目標的實現都要求企業具有持續發展的動力，以及充足的資金供應，因此企業的資金來源、成本控制就顯得尤為重要。Woodman Labs 成立於二〇〇二年，但直到二〇一一年才獲得了第一輪融資，在這之前的九年裡，沒有外部大量資金的投入，只有出色的成本控制才能促進企業的可持續發展。

首先，降低成本能夠降低企業運營所需的流動資金，大大減少資金的需求。

其次，成本控制擴大了企業的盈利空間，幫助企業獲得更高的利潤率。初期的 Woodman Labs 僅是一家硬體產品企業，憑藉其極具針對性的創新產品以及「單體相機 + 配件」的產品矩陣，GoPro 的毛利率高達百分之四十五，為其發展撐起了足夠的發展空間。

另外，低成本的戰略也使 GoPro 的銷售價格更具有競爭力，促進其市場份額迅速擴大。GoPro 相機系列銷售價格由一百九十九美元到四百九十九美元，價格實惠，性價比高，為公司獲得不菲的產品銷售收益。

## （三）獨特的商業模式

Woodman Labs 在發展過程中，形成了其獨特新穎的「硬體賺錢 + 內容築牆」商業模式，這是其壟斷了運動市場最為重要的一點。公司投入了大筆資金在行銷上，不僅與極限運動各領域的達人成合作協議拍攝影片，還組建了團隊專門負責互聯網上的影片蒐集及剪輯，為公司選取更多更加震撼的影片內容，打響公司品牌，提供公司品牌認可度，使公司成為內容分享的入口，構建起極強的軟實力，進而大幅提高公司各類產品的銷量。與此同時，公司與微軟等多個公司達成合作協議，實現其內容分銷，透過這些渠道將自身打造成一個內容生產商，更是一個平台化發展的企業，相信在不久的將來，平台化的發展將為公司帶來更大的收益。

# 第三十五章
# SpaceX ——個人太空旅遊服務

　　隨著人們經濟水平的提高和交通工具的發展，旅遊已經成了我們生活中的重要組成部分，我們甚至能夠輕易到達世界各地，領略各國的文化與風采。那麼，你有沒有想過有一天能夠漫步於另一個星球，去經歷從未見過，甚至從未想像過的風景呢？在不久的將來，SpaceX 公司或許能為你實現這一願望。

　　SpaceX 是美國的一家私人航空運輸公司，目前已經可以用自己的產品和技術將太空人及補給運送到國際空間站，且價格遠遠低於之前的運輸方法。

　　SpaceX 致力於降低航空運輸的成本，提高運輸的可靠性。二〇一五年十二月，SpaceX 公司的「獵鷹九號」火箭在佛羅里達州卡納維爾角成功發射，並且一級火箭已經成功回收，但火箭回收技術仍需要進一步提高，一旦火箭回收技術發展成熟，火箭發射的成本將大大降低，並能夠像飛機一樣做到重複使用，那時，我們普通人到太空旅遊將成為可能。

## 一、公司背景

　　美國太空探索技術公司（SpaceX）是一家由 PayPal 早期投資人埃隆・馬斯克（Elon Musk）於二〇〇二年六月建立的美國太空運輸公司。它開發了可部分重複使用的「獵鷹一號」和「獵鷹九號」運載火箭。SpaceX 同時開發 Dragon 系列的太空飛行器以透過「獵鷹九號」發射到軌道。SpaceX 主要設計、測試和製造內部的零件，如 Merlin、Kestrel 和 D raco 火箭發動機。SpaceX 製造了兩個主要的太空運載火箭，即「獵鷹一號」和「獵鷹九號」，並自己設計、生產了相應的發射器。

　　自建立以來，SpaceX 公司取得了許多歷史上的「第一」。

二〇一〇年十二月，SpaceX 公司成功發射一艘「龍」太空飛船，成為世界上第一家能夠發射太空飛船並使之返回地球的私人商業公司，也首次以私營公司的身分加入了這一本由美國政府壟斷的「太空精英俱樂部」。

二〇一二年十月，SpaceX 從卡納維爾角空軍基地發射了「獵鷹九號」火箭，將「龍」太空艙送入軌道，這是 SpaceX 公司貨運飛船首次正式承擔向國際太空站運貨的任務，開啟了私營航太的新時代。

二〇一三年十月，SpaceX 公司將全門板的垂直起飛垂直降落（VTVL）技術應用於新研發的「蚱蜢」火箭上，該火箭在成功升空七百四十四公尺後準確降落到發射台上，這標誌著人類首次製造出可重複利用的火箭。

二〇一三年十二月，SpaceX 公司的「獵鷹九號」火箭成功從佛羅里達卡納維爾角發射升空，將 SES-8 商業通信衛星送入預定軌道。這也是該公司首次成功發射商業衛星。

二〇一五年三月，SpaceX 公司的「獵鷹九號」火箭從卡納維爾角空軍基地發射升空，將世界上第一批全電動通信衛星送入預定軌道。

SpaceX 於美國東部時間二〇一五年十二月二十一日在佛羅里達州卡納維爾角發射 Falcon 9 火箭。消息顯示，該火箭已經成功發射並且一級火箭已經成功回收，創造了人類太空史的第一。目前 SpaceX 運載的全部十一顆 ORBCOMM 衛星已經輸送到預定軌道。此次 SpaceX 火箭發射成本預計六千萬美元，大大降低了人類進入太空的成本。

## 二、創客介紹

埃隆·馬斯克（Elon Musk）一九七一年六月二十八日出生於南非，從此開啟了一段傳奇人生。

馬斯克是互聯網大潮中的掘金者，他在一九九五年創建了 Zip2 軟體公司，一九九九年將其出售，成為百萬富翁。他的朋友們評價他是個目標極其明確的人，

習慣從工程師的視角來看世界。馬斯克在上大學的時候就常常思考，這個世介面臨的真正問題是什麼，哪些會影響人類的未來。他看好互聯網、可持續能源和空間探索，後來他先後進入了這三個領域，並依次扔下 Paypal，Tesla Motors 和 SpaceX 三個重磅炸彈。

一九九八年，馬斯克參與創立和投資了世界最大的網路支付平台 Paypal，二〇〇二年將其股份出售，獲得一點五億美元。

二〇〇一年，他策劃了一個叫「火星綠洲」的項目，計畫將這個小型實驗溫室降落在火星上，裡面有在火星土壤裡生長的農作物。不過當他發現發射成本比這個項目的研發和工程成本都高很多的時候，他暫緩了這個項目，決定先成立一個公司來研究怎樣降低發射成本，這就是 SpaceX 公司。二〇〇二年，馬斯克成立了航空運輸公司 SpaceX，在將 Paypal 出售後，他立即在 SpaceX 裡面投了一億美元。

二〇〇三年，特斯拉汽車公司（Tesla Motors）成立於美國加州的矽谷地帶，馬斯克是創始人之一。二〇〇四年，馬斯克向馬丁‧艾伯哈德（Martin Eberhard）創立的特斯拉公司投資六百三十萬美元，而他則擔任該公司的董事長。二〇一〇年六月，Tesla 在納斯達克上市，成功完成 IPO，成為自一九五六年福特汽車 IPO 以來第一家上市的美國汽車製造商，也是唯一一家在美國上市的純電動汽車獨立製造商。

二〇〇六年，馬斯克與其表兄弟一起創辦了太陽能公司 SolarCity——美國最大的民用太陽能板安裝商，並由其本人擔任董事會主席。

## 三、案例分析

SpaceX 自建立以來，始終將人才與創新放在第一位，透過眾多精英的不懈努力，SpaceX 實現了其「低成本，高可靠」的目標。

## （一）人才儲備是基礎

美國自一九六〇年代開始對航太工業投以巨資，造就了美國航太超級大國的地位，同時培養了一大批經驗豐富的航太工程人員。SpaceX 公司除埃隆‧馬斯克親自擔任首席執行官兼首席技術官外，還招募了許多曾在 NASA、波音、聯合發射聯盟和 BMW 等機構和公司工作過的優秀人才前來效力，這些人才的引進為公司帶來了成熟的技術和先進的管理經驗，更節約了人力培訓的成本和時間費用。

SpaceX 的總裁格溫‧肖特維爾（Gwynne Shotwell）在進入 SpaceX 公司之前有著十年在航太工程技術和項目管理方面的經驗；推進系統負責人湯姆‧穆勒（Tom Mueller）曾從事液體火箭發動機研製工作，具有豐富的工作經驗；測試系統負責人蒂姆‧布扎（Tim Buzza）作為波音公司「三角洲四號」火箭的測試經理已經工作了十五年；二〇〇九年六月，公司新增太空人安全和任務保障部門，聘請了前美國太空人肯‧鮑爾索克斯（Ken Bowersox）為該部門的主管及公司副總裁。

由精英人才組建的小型精幹高效團隊是 SpaceX 公司的一大特色，公司透過整個團隊在固定的地點協同辦公來有效的促進相互間的協調，「高工資、高水平、高效率」的精英團隊成了 SpaceX 公司不斷創造奇蹟的基礎。

## （二）不斷創新是動力

SpaceX 公司高度重視技術創新，埃隆‧馬斯克堅持 SpaceX 公司必須擁有自己的核心技術。

透過 NASACCDev 計畫的支持，公司在九個月的時間內完成了新型的 SuperDraco 發動機的設計、建造和測試工作。利用此發動機，公司為「龍」飛船設計了先進的發射逃逸系統，此系統大大提升了「龍」飛船的安全性，並使其能夠在地球或者其他行星表面精確著陸。而且，不同於傳統拋射式逃逸系統，當飛船遇到突發危險，使太空人能夠在發射的全過程都具有逃生能力，而不僅僅是在火箭點火後的最初幾分鐘。

　　為了提高應急發射能力，SpaceX 公司的工程師為「獵鷹」火箭開發了新型液氧泵，以此將原來需要九十分鐘的液氧加注時間縮減到了三十分鐘，從而使 SpaceX 公司在實現「獵鷹九號」一小時內從倉庫到點火發射的目標又邁進了一大步。

　　SpaceX 公司的技術革新還表現在其所倡導和大力發展的重複使用技術上。在公司的發展規劃中，飛船和運載火箭最終都必須實現重複使用，這將是 SpaceX 公司節約載人航太成本的關鍵舉措。SpaceX 公司希望在不久的將來，載人飛船能像現在的商業飛機一樣實現起飛降落、多次使用，人們只需在飛行前對飛船系統進行最低限度的維護即可。

　　類似的技術創新在 SpaceX 公司發展歷程中屢見不鮮，例如：公司還特別為「龍」太空飛船設計了一個無須使用降落傘的動力著陸裝置，這些創新是 SpaceX 公司能夠在激烈的市場競爭中脫穎而出的並具備長足發展後勁的一個重要原因。

### （三）「低成本，高可靠」是目標

　　埃隆‧馬斯克建立 SpaceX 的原因是想降低航太發射成本以向太空運送貨物，他的目標是將航太發射的成本降到現在美國政府經營所需費用的十分之一，向空間運送物資和人員的風險也同步減至以往的十分之一。

　　馬斯克認為 SpaceX 公司成功的關鍵就在於將成本控制發揮到了極限。二〇〇二年至二〇一〇年，SpaceX 公司總體運行費用不到八億美元，此費用包括了范登堡、卡納維爾角、瓜加林三個發射基地的建設費用，最多可支持每年十二艘「龍」飛船生產的生產線設備費用，以及二〇一二年六月之前進行的五次「獵鷹一號」、一次「獵鷹九號」和一次「龍」飛船往返試驗的費用。

　　如此嚴格的成本控制使 SpaceX 公司甚至比以發射成本價格低廉著稱的中國長城公司還有優勢。例如：發射「龍」飛船的「獵鷹九號」火箭，其標準發射費用僅為五千四百萬美元，比中國長城公司的「長征三號」乙火箭發射費用還要低。此外，SpaceX 公司正逐步對「獵鷹」系列火箭進行可重複使用技術的測試，此項技術的實

現還將進一步大幅度降低發射費用。「龍」飛船系統最多可運送七名太空人，其最大乘員運輸能力是俄羅斯聯盟號飛船的兩倍，而每名太空人的運送費用僅為其三分之一。SpaceX 公司在研製方面的成本控制也同樣出色。例如：「獵鷹九號」火箭的研製週期歷時四年半，研製費用約為三億美元；「龍」飛船的研製週期歷時四年半，研製費用也約為三億美元。

除研製成本低外，SpaceX 公司產品的另一大特點就是可靠性高。「獵鷹一號」使用數量較少但性能高的引擎，以減少引擎出現故障的可能性。另外，由於是兩節火箭，只有一次節間分離（級間分離螺栓是雙重啟動，運用這種結構的火箭還未曾出現發射失敗），而且沒有捆綁式助推器，此舉能進一步保證高可靠性。在關鍵電子設備方面，「獵鷹一號」採用冗餘設計，像是備份的飛行用電腦，附加衛星導航系統，這些電腦設備原本只用在造價數億美元的超大型火箭上，裝備於「獵鷹一號」只為加強精準和安全。「獵鷹一號」還使用了以前極少用於運載火箭的一種控制系統，即在第一節點火後，火箭不馬上升空，而是要等到所有的推進系統及火箭上的其他系統被確認運行正常；如果發現任何不正常因素，火箭會自動安全關閉，並且卸載推進劑。根據統計分析，在一九八〇年代到一九九〇年代，二十年中發射失敗的原因百分之九十一在於火箭引擎、火箭分離和火箭機電系統。相關評估公司對「獵鷹一號」發射失敗率的估計是百分之二點八，這是美國歷史上最低的。

## 四、創客商業模式分析

SpaceX 公司自創立之日起至今，已先後自主研製並成功發射了小型「獵鷹一號」、中型「獵鷹九號」火箭和「龍」飛船，並開始接替航太飛機執行空間站任務。這家私營公司能夠在短短幾年內引起全球的廣泛關注，其商業模式值得研究。以下就 SpaceX 公司價值戰略模式、市場行銷模式和盈利收入模式進行分析，如表 35-1 所示。

表 35-1 SpaceX 商業模式創新分析

| 商業模式 | 特　徵 | 描　述 |
|---|---|---|
| 價值策略模式 | 低成本，高可靠 | Space X透過一系列的技術創新，運用回收等方法，降低了航太發射的成本，同時降低了向太空運送物資和人員的風險。 |
| 市場行銷模式 | 扁平化管理＋縱向整合 | 公司採用扁平化的組織保證了研發團隊的工作效率，節約了管理成本。Space X公司沒有採用行業內僱用分包商設計、製造發動機的常規作法，堅持關鍵系統自行設計生產的原則，以嚴格的縱向整合縮短供應鏈，降低了開發成本。 |
| 盈利收入模式 | 航空運輸＋商業衛星發射 | 目前，Space X已經獲得了將美國太空人及補給運送到國際太空站的42億美元合約，商業衛星發射業務也全面啟動。 |

## 五、啟示

　　SpaceX 公司的成功是外因和內因共同作用的結果。外因方面，美國政府的扶持是其快速成長不可或缺的因素；內因方面，其出色的創新能力和高效的管理模式等都使其更接近成功。

### （一）充分利用政府力量

　　進入二十一世紀，NASA 陸續出台相關政策，鼓勵美國的私營企業在與軌道空間運輸服務競爭，以便降低軌道探索活動的成本，COTS 項目由此產生。SpaceX 公司憑藉敏銳的商業嗅覺，積極參與 COTS 項目競爭，並陸續取得巨額訂單。NASA 為了支持私營企業參與航太活動，開放了「阿波羅」計畫的部分技術，SpaceX 公司從而能夠按任務需求研製出經濟實用的火箭發動機。另外，NASA 還給 SpaceX 公司提供發射場地，為其試驗提供了便利。

　　在創業過程中，實時關注政策動態，抓住政策變動帶來的機遇，依靠可利用的政府力量，如國家計畫投資、財政撥款等，能夠拓寬融資渠道、降低投資風險，大大減小創業的阻力。

### （二）以創新為發展之本

　　航太工業是技術、知識密集型且新技術含量高的生產活動，這就要求企業應當

善於掌握並利用成熟工藝，並在此基礎上進行技術創新。因此，SpaceX 公司透過自主創新和合作創新等多種模式，突破了一批核心與關鍵技術，大大提高了企業的競爭力。

　　創新對一個國家、一個民族來說，是發展進步的靈魂，對一個企業來說就是在激烈市場中存活下來的必要條件。企業若想贏得競爭，可以採用低成本或差異化戰略，但這兩種戰略都離不開創新二字。對新創企業來說，由於缺乏大量穩定的忠實消費者，創新顯得尤為重要，只有創造更多適應市場的新技術、新體制，走在時代潮流的前端，才能夠贏得激烈的市場競爭。

### （三）高效的管理模式

　　傳統的宇航公司多以大團隊協同工作模式研製火箭，如波音公司在研製「三角洲四號」火箭時投入了近千名工程師。埃隆．馬斯克根據他在矽谷創業的經驗認為，小型科研團隊的工作效率和準確度要高得多，「一個技術非常過硬的團隊小組織，總是會打敗技術中等的中組織」。為此，SpaceX 公司採用了扁平化的管理架構，公司內部沒有通常意義上的部門劃分，各領域員工平等的參與技術研討、設計、開發等工作。扁平化的組織架構保證了整個研發工作團隊的效率，節約了管理成本。

　　新創企業應該找到適合自己的管理模式，努力做到「低成本，高效率」，提高自己的競爭力。

　　最後，太空經濟的未來在向人們召喚。對馬斯克和他的投資人來說，問題是除了成為一家更好的火箭製造廠商之外，SpaceX 能否有所超越。他們希望不侷限在解決挑戰性問題上面，而是能夠開啟一個太空經濟。我們的世界非常渺小，但整個太空卻是浩瀚無垠，人類可以在如此巨大的太空領域裡面盡情的提升自己的生產力，即便現在還沒有人能夠非常了解如何實現。Founders Fund 風險投資公司的 Scott Nolan 把人類進行太空探索的不確定性和網路創立時期進行了比較，「在這個資訊交換如此快速的時代，你真的不清楚哪些企業會脫穎而出」。正如馬斯克所說，火

**創客未來**
動手改變世界的自造者

箭不是一個簡單的項目。但他相信，到二〇四〇年可以讓數千人登陸火星，把那裡變成人類新的殖民地，到時他已經七十歲了。

# 第三十六章
# Mack Weldon——高科技銀纖維的男士內衣電商

女性消費者在近二十年一直是內衣購買的主力軍，而今男性消費者正迎頭趕上，越來越多的男士們在傳統實體店以及線上商店挑選、購買內衣。但對大多數男性來說，逛街依然是一大酷刑。可是不逛街怎麼能購買到適合自己的舒適內衣呢？

在電子商務快速發展的今天，我們已經可以足不出戶就能夠透過購物平台購買到所需的各種物品，這對不愛逛街的男性來說簡直就是一個福音，從日常生活用品到大型家電，都能夠透過電商輕鬆解決，當然了，內衣也不例外。

Mack Weldon 就是一個男士內衣電商品牌，不過與眾不同的是，它的內衣也可以高科技！內衣是現代人不可缺少的服飾之一，通常都直接接觸皮膚，為我們提供第一層保護，因此，內衣的質量對我們來說非常重要。對貼身衣物來說，我們的最低要求一定是「舒適」，Mack Weldon 透過內衣內部無標籤等貼心的細節設計滿足廣大消費者對「舒適」的要求。更進一步的，由於銀的良好導電性以及天然的殺菌屬性，Mack Weldon 應用高科技在內衣面料上添加了銀纖維，已達到防輻射、抗菌、除臭、促進血液循環、消除人體疲勞等功效。

現在，就讓我們來更全面的來了解這家神奇的高科技內衣電商吧。

## 一、公司背景

Mack Weldon 是一家總部位於紐約的男士內衣電商，在二〇一二年由布萊恩·博格爾（Brian Berger）和麥可·依薩曼（Michael Isaacman）聯合創立於紐約，主打兼有舒適剪裁和具備吸汗、防臭、防靜電等功能的貼身衣物，目前售賣的產品

包括男士內衣、汗衫、T 恤、襪子等。

成立兩年內，Mack Weldon 公司發展順利，在二○一四年實現了百分之兩百的總收入和使用者增長，擁有五萬名顧客和相當高的重複購買率。

二○一四年，Mack Weldon 獲得兩百萬美元的種子投資。二○一五年二月二十四日，公司獲得了四百萬美元的 A 輪融資，投資方包括 RiverPark Ventures，Bridge Investments 及 Lyrical Partners。同時，前 New York Barneys（知名高檔百貨連鎖店）和 J.Crew 的 CEO 霍華德·索柯爾（Howard Soco l）將作為戰略顧問加入公司董事會。本次融資將用來進一步開展產品革新、測試新銷售渠道、擴大市場規模以及優化電商和行動平台。此外，Mack Weldon 還計畫透過與第三方合作提高品牌知名度。

現在，Mack Weldon 每月會運出二點五萬件商品並接受六千個訂單，以六個月為週期來看，商品退回率少於百分之三，而回頭客比率達到了百分之四十。

# 二、創客介紹

創始人布萊恩·博格爾擁有豐富的數字領域經驗，擔任公司的 CEO。布萊恩·博格爾提到，創立這個品牌的想法源於自己在購買內衣和襪子時倍感挫折的經歷，這個品類的款式和品質總是飄忽不定，而男人們希望盯住自己喜歡的產品，毫無顧慮的反覆購買。

麥可·依薩曼擁有二十五年的服裝產業經驗，曾服務於 Ralph Lauren，Tommy Hilfiger 和 Rocaw ear 等知名品牌。

Mack Weldon 的兩位創始人受到同為專注於男士服飾的電商公司 Buck Mason 的影響，決心將老派服裝的精良品質和先進的科技手段相結合，重塑男士基本款服裝，強調有品質的生活方式。Buck Mason 的總部位於加州 V enice，距離矽谷不算太遠，這家提供男裝設計服務的電商公司顯然是衝著矽谷的屌絲男士們而來的：讓遠離時尚的 IT 男變身潮男。Mack Weldon 相對於 Buck Mason 更加細分市場，它

們專注於更專一、更不受注意的市場——男士內衣。

# 三、案例分析

公司的一位創始人說，男士一般都不太願意在商場購買內衣內褲，繁多的品牌、種類和尺寸都很令他們困擾。相對於傳統的內衣公司，Mack Weldon 主要有以下四大特點。

## （一）電商 B2C 模式方便顧客購買

首先，歐美國家的電子商務高度發達，網友人數占總人口的三分之二以上，優裕的經濟條件和龐大的網友群體為電子商務的發展創造了一個良好的環境。其次，歐美國家普遍實行信用卡消費制度，建立了一整套完善的信用保障體系，這為電子商務的網上支付問題解決了出路。另外，歐美國家的物流配送體系相當完善、正規，尤其是近年來大型第三方物流公司的出現，使不同地區的眾多網友，往往能在點擊購物的當天或第二天就可收到自己所需的產品。

Mack Weldon 利用高度發達的電子商務，採用 B2C 模式解決了消費者們的困擾。如果顧客認為 Mack Weldon 穿著合適，就不需要再到商場購買內衣褲了，因為 Mack Weldon 會儲存顧客的消費資訊方便顧客再次購買。

## （二）人性化設計滿足「舒適」要求

Mack Weldon 在貼身衣物很多細節都有非常人性的設計，剪裁貼身，比如：貼身衣物內側不會有標牌，在腰部等位置都會增加衣物的彈性和舒適度等等。

Mack Weldon 主營的內衣、襪子和 T 恤衫等產品，由訂製的混紡材料製成，將 Pim a 棉和莫代爾等高檔面料與 X-Static XT2 銀纖維技術相結合，強調內衣「職能」並提升內衣「性能」，永遠將舒適親膚放在第一位。

## （三）高科技定位且價格親民

高科技是 Mack Weldon 區別於其他內衣電商的一個重要元素，公司率先使用

了 X-Static XT2 銀纖維技術，即將純銀在抽絲時注入人造纖維當中，在面料上添加了銀纖維。

銀在金屬中導電性最好，是一種天然形成的元素，光澤度高，抗氧化，耐水洗，完全無毒副作用，這一特徵使銀纖維具有很好的防輻射、抗靜電、屏蔽電磁的功能，只要少量的銀纖維存在衣物上，將可以非常快速且有效率的把電傳導出去，消除因摩擦所產生的靜電，使產品具有無靜電之舒適感，保護人體免受電磁波侵害。另外，銀纖維布是將銀和纖維緊密聚合交織而成，由於金屬銀快速傳導的特性，銀纖維布做成的服裝能迅速將人體皮膚上的溫度傳導散發，促進血液循環，消除減輕人體疲勞感，達到醫療保健的功用。而且，銀還有一種天然殺菌的屬性，銀離子能非常迅速將變質的蛋白質吸附其上而降低或消除異味，因此銀纖維也是一種對人體無刺激，具有超強抗菌、防臭能力的纖維，常為太空人和野戰部隊等長久免洗使用。

這些也決定了 Mack Weldon 的定價比一般的大眾內衣品牌如 Hanes，Jockey 等要高，創始人布萊恩‧博格爾認為品牌的目標群體是二十五～四十五歲願意為高品質內衣買單的男士，他們平時消費的品牌應該是 Ralph Lauren，J.Crew，Brooks Brothers 等，而 Mack Weldon 的優勢在於品質上和這些品牌保持一致，但價格會更加親民。

## （四）全智慧化管理的配送中心

除了面料以外，Mack Weldon 還擁有全智慧管理的配送中心，倉庫按照產品需求量進行管理。其優勢有以下幾點。

### 1‧自動化倉庫可以節省勞動力，節約占地

由於自動化倉庫採用了電子計算機等先進的控制手段，採用高效率的巷道堆垛起重機，使倉庫的生產效益得到了較大的提高，因此往往一個很大的倉庫只需要幾個工作人員，節省大量勞動力。同時，倉庫的勞動也大大的減輕，勞動條件得到改善。自動化倉庫的高層貨架能合理的使用空間，使單位土地面積存放貨物的數量得

到提高。在相同的土地面積上，建設自動化倉庫比建設普通倉庫儲存能力高達幾倍，甚至十幾倍。這樣在相同儲存量的情況下，自動化倉庫節約了大量土地。

### 2．自動化倉庫出入庫作業迅速、準確，縮短了作業時間

現代化的商品流通要求快速、準確。自動化倉庫由於採用了先進的控制手段和作業機械，採用最快的速度、最短的距離送取貨物，所以使商品出入庫的時間大大的縮短。同時，倉庫作業準確率高，倉庫與供貨單位、使用者能夠有機的協調，有利於縮短商品流通時間。

### 3．提高倉庫的管理水平

電子計算機控制的自動化倉庫結束了普通繁雜的台帳手工管理辦法，使倉庫的帳目管理以及大量資料數據可以透過計算機儲存，隨時需要，隨時調出，既準確無誤，又便於情報分析。從庫存量上，自動化倉庫可以將庫存量控制在最經濟的水平上，在完成相同的商品周轉量的情況下，自動化倉庫的庫存量可以達到最小。

### 4. 自動化倉庫有利於商品的保管

在自動化倉庫中，存放的商品多、數量大，品種多樣。由於採用貨架—托盤系統，商品在托盤或貨箱中，使搬運作業安全可靠，避免了商品包裝破損、散包等現象。自動化倉庫有很好的密封性能，為調節庫內溫度，做好商品的保管、養護提供了良好的條件。在自動化倉庫中配備報警裝置和排水系統，倉庫可以預防和及時撲滅火災。

## 四、創客商業模式分析

Mack Weldon 公司是典型的「互聯網＋傳統行業」，以下就 Mack Weldon 公司價值戰略模式、市場行銷和盈利收入模式進行分析，如表 36-1 所示。

### 表 36-1　Mack Weldon 商業模式創新分析

| 商業模式 | 特　徵 | 描　述 |
|---|---|---|
| 價值策略模式 | 高科技、人性化、價格親民 | Mack Weldon採用 X-Static XT2銀纖維技術，使內衣具有殺菌、除臭和防輻射等功能，並在細節處進行了很多人性化的設計。與品質相當的高端品牌相比，Mack Weldon的價格更加親民。 |
| 市場行銷模式 | 社區行銷＋社會化網路行銷 | Mack Weldon透過新一輪的融資後會嘗試新銷售通路、擴大市場規模以及優化電商和行動平台。此外，Mack Weldon還計劃透過第三方合作提高品牌知名度。 |
| 盈利收入模式 | 電商B2C模式 | 公司透過電商平台銷售產品實現盈利。由於率先研發採用了X-Static XT2銀纖維技術，產品的利潤率較高。另外，高端的產品結合了終端的定價使Mack Weldon更具競爭力。 |

## 五、啟示

　　Mack Weldon 公司做的是傳統的內衣行業，但結合了高科技的技術和機械化的管理方法，從眾多企業中脫穎而出。作為一家二〇一二年才成立的公司，它的產品成功征服了目標消費者，這與其精準的市場定位、高性價比的產品等是分不開的。

### （一）精準的市場定位

　　市場定位在行銷中占有舉足輕重的地位，它往往是產品行銷的第一步。在如今的商業市場中，可以說，沒有市場定位，就沒有行銷。如今人們的購買和消費越來越注重個性，從而對產品的需求存在很大差異性，因此，任何一家企業由於受資源和資金的限制，都不可能滿足所有購買者的需要，而只能滿足某一部分消費者的需求。因此，企業首先必須確定為哪一部分人服務，也就是說，要確定具體的服務對象。如果企業的服務對象選擇不當，那麼企業的產品策略、定價策略、分銷策略、促銷策略等制定得再科學，也難以取得行銷的成功。不要企圖用一件產品滿足所有消費者的需求，這樣的定位就是沒有定位；沒有定位，任何行銷策略也都成了無本之木。

　　Mack Weldon 的產品主打是男士內衣內褲，除此之外還有 T 恤、襪子，其中內褲還單列了一個 Silver 系列，是公司的拳頭產品。品牌的目標群體也是二十五～四十五歲願意為高品質內衣買單的男士，旨在為顧客提供最舒適、高科技、健康的

體驗。二十五～四十五歲的男士是社會的主要勞動力，是購買力最強的一個群體，他們具有自己賺錢的能力，並且在生活上更加追求高品質的體驗，因此會更加願意並有能力購買 Mack Weldon 的產品。

## （二）高性價比的產品吸引消費者

看看男士內衣的行業環境，「舒適」是內衣的絕配。Jockey 國際公司的首席市場官 Dustin Cohn 表示，運動表現型內衣也是其公司的重中之重，「去年一年我們做了很多市場行銷，將主力放在我們的運動型內衣的項目上。科技和創新對我們有很大的幫助。我們『保持身體清爽』的項目就是運用了相變技術來調節體溫，使身體保持溫暖或者涼爽」。Jockey 公司男士銷售部的副總裁 Alex Guerrero 透露，該品牌將會發布兩組表現型內衣：一組為 Jockey Active Blend，這是一組全棉質的組合，為男士們提供整天清爽的感覺；另一組為 Jockey Air，採用了聚酯超細纖維以及帶有冷卻物質的 coolmax，使男士們在享受高爾夫或者登山運動時，身體能夠涼爽又舒適。

Mack Weldon 根據行業對「舒適」的追求，並且結合自身關於「銀」服飾的技術，走出「舒適＋鍍銀科技」的電商商業模式，並且在產品上把「高科技」作為主要的元素，不斷創新，走差異化道路。與相同品質的其他內衣品牌相比，Mack Weldon 的產品定價更接地氣，具有更高的性價比，使消費者更樂於選擇 Mack Weldon。

## （三）電商 B2C 模式提高使用者忠誠度

如果說，產品高利潤的獲得在於它能充分滿足客戶需求的話，那麼產品高利潤的持續則在於客戶忠誠度的提升。

Mack Weldon 在銷售方面屬於電商 B2C 模式，由平台直接發貨，不透過任何的分銷渠道、代理渠道等，這和「凡客誠品」類似。這樣能比較好的控制產品的品質、價格，保持品牌在消費者心中較高的形象。

另外，Mack Weldon 會儲存顧客的消費資訊，方便顧客再次購買，增強使用者黏著度。

在促銷方面，打折促銷並不是 Mack Weldon 的行銷手段，取而代之的是常規設置的「多買多省」方案，以此來提升使用者的忠誠度。

### (四) 全智慧化配送中心，提高工作效率，降低成本

Weldon 使用了 Kiva Systems 的機器人技術，Mack Weldon 倉庫中的商品完全按需擺放，暢銷品會被擺放在倉庫的前端，不那麼受歡迎的產品就會被自動儲存到後方，這樣單次來看，只是省了幾秒鐘的時間，不過整體來看提高了不少效率。

Kiva 重約三百二十磅（一百四十五公斤），雖然看起來小小的，但它可是個大力士，其頂部有一個升降圓盤，可抬起重達七百二十磅（三百四十公斤）的物品。Kiva 機器人會掃描地上條碼前進，能根據無線指令的訂單將貨物所在的貨架從倉庫搬運至員工處理區，這樣工作人員每小時可挑揀、掃描三百件商品，效率是之前的三倍，並且 Kiva 機器人準確率達到了百分之九十九點九九。

亞馬遜現在在倉庫中使用的就是這家初創公司的 Kiva 機器人，其高管稱啟用 Kiva 機器人可提高近百分之五十的分揀處理能力，Kiva 機器人與 Robo-Stow 機械臂等組成的系統可在三十鐘內卸載和接收一拖車的貨物，比之前的效率提升了幾倍。因此，可想而知，Weldon 的倉庫效率是多麼的高。

除採用了 Kiva Systems 的機器人技術以外，Mack Weldon 還擁有全機械化管理的配送中心，充分利用倉庫空間，節約了大量土地和勞動力，保證了商品的良好儲存和運輸，同時提高了倉庫的管理水平，縮短了作業時間，大大降低了企業的運營成本。

# 第三十七章
# Twitch——遊戲直播鼻祖

　　直播是現在互聯網界極為熱門的話題，而遊戲直播則是其中最火的一個領域。在美國，說起直播，一定要從整個行業的鼻祖 Twitch 說起，它是全美最大的遊戲直播平台，擁有超過一億的獨特觀看量、兩千萬個遊戲玩家和超過一百七十萬人的主播，支持二十八個國家和地區的語言。據統計，Twitch 社群每月的瀏覽量超過三千八百萬人次，而每個瀏覽使用者在網站的日平均停留時間為一點五小時。近期，New zoo 透過其流媒體追蹤平台公布了一項數據：在過去的十個月裡（二〇一五年八月至二〇一六年五月），電競愛好者透過 Twitch 觀看電競賽事的時間已高達八億小時。

　　Twitch 設計的初衷，就是要打造一個電子競技影片平台，也就是廣為人知的 eSports。在這裡，影片遊戲玩家不僅可以實時的觀看其他玩家的遊戲情況，還可以從其他玩家那裡學習遊戲戰略，此外，Twitch 還會舉辦一些和遊戲相關的廣播節目，如脫口秀等。

　　Twitch 的目標是要成為「遊戲界的 ESPN」。Twitch 上的影片遊戲流媒體所覆蓋的遊戲種類非常廣泛，幾乎涵蓋了市面上所有遊戲種類，包括實時戰略遊戲（RTS）、格鬥遊戲、賽車遊戲、第一人物射擊遊戲等。Twitch 平台上的知名遊戲包括英雄聯盟、Dota2、星海爭霸 II 蟲族之心、魔獸爭霸、當個創世神（Minecraft）、戰車世界及暗黑破壞神 III 等，Twitch 還會在當前頁面上顯示遊戲受觀眾喜好程度的排名。

　　Twitch 的影片直播主要分兩種：一種是遊戲高手的遊戲全程直播；另一種則是遊戲解說。有的解說員衣著火辣，有的解說員幽默風趣，還有的語言搞怪，不同的

主播靠自己個性化的特點吸引著觀看者。Twitch 也因此成為最受遊戲玩家歡迎的聚集地，二〇一四年在全美最受歡迎網站排名第四，被亞馬遜以九點七億美元收購後，引爆了全球競技類遊戲直播。

## 一、公司背景

Twitch（全稱為 Twitch.TV），二〇一一年六月由賈斯汀·坎恩（Justin Kan）和艾米特·希爾（Emmett Shear）聯合創立，總部位於舊金山，是一個面向影片遊戲的實時流媒體影片平台，是 Justin.tv 旗下專注於遊戲相關內容的獨立運營站點。

二〇〇七年，Twitch 的前身 Justin.tv 成立了，這家網站從一開始就專注於幾個明確的領域，包括社交、科技、體育、娛樂、新聞、遊戲等。由於遊戲板塊發展非常迅速，而且成了 Justin.tv 上最受歡迎的一個板塊，因此 Justin.tv 決定將遊戲這塊內容獨立拆分出去，除了獨立運營外，還命名了一個新品牌 Twitch.TV。

和 YouTube 這種影片網站一樣，Twitch 於二〇一一年七月推出了合作夥伴項目，它透過和影片提供方進行分成的方式，吸引了全世界最受歡迎的影片遊戲播客、個人、聯盟、戰隊以及電子競技錦標賽。

二〇一二年四月十七日，Twitch 宣布和哥倫比亞廣播集團旗下互動媒體公司 CBS Interacitve 達成合作夥伴關係，該公司擁有兩家著名的專業遊戲資訊網站 GameSpot 和 Giant Bomb。CBS Interactive 開始為 Twitch 獨家銷售廣告。

Twitch 每月都能吸引到超過三千五百萬人的不重複 IP 瀏覽使用者，而且這一數字還在以每月百分之十三的增幅在增加。二〇一二年五月一日，Twitch 贏得了「Webby Award」獎項。

## 二、創客介紹

Twitch 的前身是 Justin.tv，四位聯合創始人分別是賈斯汀·坎恩（Justin

Kaine）、凱爾・沃格特（Kyle Vogt）、艾米特・希爾（Emm et Hill）和麥可・塞克爾（Micheal Seikel）。其中賈斯汀和艾米特從小就是好朋友，在同一所小學，都喜歡數學和卡片遊戲《魔法風雲會》，後來兩個人又成為耶魯校友。他們的第一個初創項目是 Kiko，類似 Google 日曆的一個應用。在開發 Kiko 的過程中，艾米特就展現了自己的能力，他是一個專業工程師，經常熬夜修改軟體代碼，Kiko 最終在易貝（eBay）上售價二十五萬美元，這個項目激發了他們兩人做企業家的想法。

艾米特進大學的時候，想從事科學工作，但是後來他意識到工程師才是自己的激情所在，於是在大學畢業的時候，他提出要構建互聯網公司的想法。隨後，他們兩個人向 Y Combinator 創始人保羅・格雷厄姆（Paul Graham）推銷他們的想法。其中一個想法是把網路內容列印成休閒讀物，另一個想法是，把賈斯汀的生活在網路上進行二十四小時直播。保羅（Paul）對第二個想法的反應是「聽起來足夠瘋狂，我投資了」。

於是，影片直播網站 Justin.tv 就誕生了。在公司的發展中，艾米特和其他員工注意到，Justin.tv 增長的主要方面在於電子遊戲直播。另外，他們也注意到另一個趨勢，智慧型手機已經成為人們上網的主要方式。於是，Justin.tv 團隊決定做兩個項目：一個是遊戲直播，叫作 Justin.tv gaming，最終轉變為 Twitch；另一個是行動應用，叫作 Socialcam。

他們的想法是：在六個月之後，哪個項目取得的進展大，就是 Justin.tv 的未來。結果，兩個項目都獲得了不錯的成功，於是，Socialcam 從 Justin.tv 中分離了出來，而 Justin.tv 則變成了 Twitch，在二〇一一年的 E3 上正式宣布。

賈斯汀・坎恩是美國著名的互聯網創業家和投資人，也是影片遊戲網路 Twitch 的聯合創始人。二〇〇五年畢業於耶魯大學，獲得了物理和哲學雙學士學位。創立的公司除了 Justin.TV 和 Twitch.TV 以外，還包括移動社交應用 Socialcam，線上日程表應用 Kiko Softw are，並參與創建了知名科技垂直網站 TechCrunch。此外，他還兼任企業孵化器 Y Combinator 的合夥人。

另外一位聯合創始人艾米特·希爾,畢業於耶魯大學計算機科學專業。他也同樣兼任了 Y Cominator 的合夥人和 Justin Kan 聯合創立了 Kiko Softw are。

# 三、案例分析

早在二〇一四年八月,電商亞馬遜(Amazon)就宣布斥資九點七億美元收購直播平台 Twitch,當時該平台的 MAU 達到了千萬,成為很多歐美玩家看遊戲直播的首選平台。短短一年多時間裡,該平台迅速發展,尤其是電競在全球的爆發,讓 Twitch 平台的 MAU 在二〇一五年年初成功破億,毫無疑問穩居全球最大遊戲直播平台。

那麼亞馬遜(Amazon)為什麼要用現金流的百分之二十去收購 Twitch?Google、Microsoft 和 Yahoo 等科技巨頭對 Twitch 趨之若鶩的深層原因又有哪些?

## (一)流媒體技術助推影片直播

與 Justin.tv 一樣,Twitch.tv 是一個影片直播服務。與 Justin.tv 不同的是,Twitch 只專注於遊戲。更具體的是,Twitch 主要聚焦於電子競技:一個專業選手透過競技遊戲賺錢的新興世界。

Twitch 的創始人在公司創辦初期就意識到服務質量的重要性,當時 Justin.tv(Twitch 前身)一共運營著十五個數據中心,每月需要處理五千五百萬個獨立訪客,平均每個訪客每天要觀看一百零六分鐘的影片流媒體。如今看來,這也為 Twitch 高效的流媒體基礎設施奠定了良好的基礎。

在 Twitch 創辦早期,創始人已經注意到遊戲直播在 Justin.tv 的業務增長中表現十分突出,原因是他們本身就是比較資深的遊戲玩家(《魔獸爭霸 II》和《星海爭霸》的粉絲),並且也看到了遊戲直播在未來互聯網中的巨大發展潛力。與此同時,智慧型手機正在迅速普及,而人們與網路進行交互的方式也正在因為手機的出現而發生改變。於是,在二〇一〇年時,Justin.tv 的團隊決定將公司未來的發展重點集

中在遊戲直播服務和社交影片應用 Socialcam 兩大業務上。

加之，頻寬和直播技術不管是從價格和實用性已經非常適合使用者來進行影片直播，使用者對於內容的需求也越來越大。當二○一一年 Twitch 從 Justin.tv 拆分出來的時候正好是影片直播聊天的頂峰。當年六月，Justin.tv 的遊戲版塊獨立為 Twitch，成為一個影片遊戲直播平台。三年後，這個平台已經擁有五千多萬人的月活躍使用者，數百萬上傳影片的玩家會員，占領了 PC、家用機渠道，並擴及全美排行第四的龐大互聯網流量。

## （二）媒體民主化是成功根源之一

Twitch 首席執行官兼聯合創始人艾米特·希爾指出，與其他平台相仿，「民主化」是 Twitch 成功的關鍵要素之一。

「Twitch 與 Kickstarter 崛起根源相仿——媒體的民主化，讓人人都能成為一個平台的贊助人。」艾米特認為，不需要少數幾個有錢人來資助一家媒體，而是可以透過一種相對分散、更民主化的方式。在他看來，Kickstarter 可以讓開發者繞過銀行和風險投資商獲取資金，打造具有創意的產品，而 Twitch 遵循類似的精神，讓每個人都繞開網路，打造屬於自己的迷你媒體公司，並獲得數以百萬計的追隨者。

艾米特表示，亞馬遜之所以對 Twitch 感興趣並搶在 Google 之前出資收購，Twitch 平台的「黏著度」是重要原因之一：平均每名使用者日均觀看 Twitch 影片的總時長超過一百分鐘。「經常有使用者告訴我們，他們只看 Twitch 不看電視。」他說，「觀看 Twitch 影片內容的體驗與看電視很像。在互聯網上，很多人每次只花五分鐘看一段影片，但在 Twitch 平台，使用者願意坐下來投入數小時觀看影片內容。」

在亞馬遜收購 Twitch 消息曝光半年後的今天，Twitch 改變並不多。但在傳統影片遊戲直播內容之外，這家公司開始直播撲克牌比賽，並創設官方音樂庫，允許播客從音樂庫內選擇音樂。這是否意味著 Twitch 有意向 YouTube 或（音樂服務網

站）Vevo 轉型。

「撲克牌只是另一類影片遊戲。在我們平台，人們不玩紙質撲克牌，只玩影片撲克牌。」艾米特解釋道，「音樂則完全不同。在選擇為使用者提供合適的音樂時，我們十分謹慎。我們確保這是他們想要的音樂，而不會試圖推薦一些對遊戲玩家沒有價值的音樂。」

### （三）不一樣的社群，不一樣的文化

一個強烈的文化氛圍給人帶來的，是歸屬感。如果對比一下 Twitch 與中國各直播平台官方對自己的說明，會發現，只有 Twitch 強調了「Community」，即社群的概念，而鬥魚 tv、虎牙 tv 和熊貓 tv 等平台對自己的定義都僅限為遊戲或娛樂直播平台。換句話說，中國的直播平台是來了就走，下次再來。而 Twitch，是來了你就融入社群成為 Twitch 的一部分。

Twitch 社群氛圍最完美的體現，莫過於一年一度的 Twitch 嘉年華「TwitchCon」。二〇一五年九月，Twitch 舉辦了第一屆 TwitchCon，囊括了幾乎所有知名主播在內的超過兩萬人集聚在舊金山，慶祝 Twitch 幾年來獲得的巨大成功。無論是主播之間對於直播行業的嚴肅討論，還是主播與粉絲之間略顯尷尬卻又讓人忍俊不禁的互動，都讓人覺得，這是一個完整而成熟的社群。

### （四）遙遙領先的精準化推薦

Twitch 在個性化推薦上可謂遙遙領先。精準的個性化推薦可以保證每個播主的直播都會有被推薦的機會。

個性化推薦把相同文化、相同語言的直播內容推薦給觀看的人，增加了交流的可能性，調動了使用者的積極性，這使 Twitch 在沒有禮物系統的情況下，仍然獲得歡迎。

點開 Twitch 的世界地圖，可以看見全世界在二十四小時內的直播內容。除了「社群」之外還有「探索」的因素，使用者可以選擇全世界任意一個地區，打開看看那

邊的人直播的內容。世界那麼大，帶你看實時世界直播地圖。

　　Twitch 上大部分主播都會覺得自己直播間的聊天氛圍是最好的，觀眾們也表示在 Twitch 上看直播的感覺跟電視或者其他直播平台的體驗會不一樣。拿 Twitch Plays Pokem on 舉例，使用者可以像自己在家玩遊戲一樣來對直播內容進行選擇，而創造者也可以根據使用者的反饋來調整自己的直播內容來獲取更多的關注。這也是使用者總能在 Twitch 上找到自己喜歡的內容的原因所在。

　　Twitch 舉辦了一項不間斷的、名為「國際」的年度遊戲大賽的影片直播。在這項大賽上，各隊的比賽遊戲是 Valve 公司的 Dota2，Twitch 將遊戲實時直播，今年有超過兩千萬人觀看了賽事直播，有超過兩百萬人同時線上，獲勝隊伍獲得了超過五百萬美元獎金。透過直播轉化為使用者喜歡的內容，讓更多碎片化時間可以用於內容生產上，那麼內容平台要做的就是發現一個好的方式將內容供需匹配起來。

　　也就是說，Twitch 上的直播內容千奇百怪，雖然電競內容仍然占據最受歡迎列表當中的主導地位，但 Twitch 上還有部分的奇葩 UGC（使用者提供內容）內容。如「用 Twitch 玩寶可夢」。

### （五）成熟公平的平台運作

　　Twitch 的受眾主要是全球的遊戲玩家。將近百分之九十四的 Twitch 使用者是男性，百分之六十四的使用者年齡在十八～三十四歲。這些使用者傾向於積極參與內容互動。把握目標使用者口味，內容不經修飾，不過濾；實時互動，鼓勵內容與觀眾之間形成個人聯繫，鼓勵積極參與。這些都吸引了目標使用者。

　　Twitch 的觀看數是不造假的：一是因為嚴格的監管；二是因為沒必要。Twitch 官方和觀眾對所謂「Viewbot」，即機器人觀眾，都極其排斥和敏感，一旦主播被發現有虛假觀看量，都會引來一波又一波的口誅筆伐。二〇一五年 Twitch 最沸沸揚揚的鬧劇就是主播 MaSsan 的假觀眾事件。曾一度是 Twitch 爐石區最火的主播 MaSsan，被網友發現其聊天室中有大量名字為數字代碼的、疑似機器人的虛假觀

眾。在接下來的幾個月內，MaSsan 被社交新聞站點 Reddit 和 Twitch 上的各種技術宅群起而攻之，各類證據都被挖掘和曝光，而眾多爐石主播也全部站在了網友這一邊。最後 MaSsan 扛不住壓力結束了自己的直播生涯，Twitch 也在掌握確鑿證據以後將其帳號永久封鎖。

Twitch 另一個其他直播平台難以企及的地方，是公平和成熟的新主播推廣方式，主要方式有以下三種。

現如今，還想在直播平台上紅起來，沒有已有名氣的支撐，幾乎是不可能的。當幾家遊戲直播平台拼得你死我活的時候，明星主播們的個人品牌，遠遠超過了平台自身的價值。

主播帶來使用者流量，而流量帶來市場占有率。在這種情況下，新主播的推廣方式，就必須與平台的利益掛鉤。關注量千萬的網紅首次直播？來來來，怎麼能少我一家。剛從其他平台天價挖來的電競明星？來來來，趕緊放首頁。什麼？你遊戲玩的好沒人看？關我什麼事。在利益的驅使下，一位主播能否成功，與其對平台貢獻的價值成正比。

而對 Twitch 來說，主播對使用者的價值才是第一位。創造平台本身價值的，是它的文化。

## 四、創客商業模式分析

Twitch 是目前最有代表性的遊戲直播平台，被亞馬遜收購。與其他社交直播平台不同的是，Twitch 的主播有清晰的獲利方式，值得其他遊戲直播平台學習。以下就 Twitch 公司價值戰略模式、市場行銷模式和盈利收入模式進行分析，如表 37-1 所示。

### 表 37-1　Twitch 商業模式分析

| 商業模式 | 特　徵 | 描　　述 |
|---|---|---|
| 價值策略模式 | 視訊直播服務 | Twitch的視訊直播主要分兩種：一種是遊戲高手的遊戲全程直播；另一種則是遊戲解說。 |
| 市場行銷模式 | 主播推薦 ＋官方合作 ＋ 社群網路 | 為新主播帶來了觀眾，也可以借助明星主播的品牌為平台留住用戶。<br>1.透過hosting的方式，主播之間推薦，即把自己直播的觀眾直接導流給了另一位主播；<br>2.成為Twitch官方的合作夥伴，將一些原來觀看人數不多但內容品質很高的直播間放到最醒目的首頁；<br>3.透過Youtube、Twitter等其他媒體管道和社群網路來宣傳自己的直播。 |
| 盈利收入模式 | 訂閱＋分佣＋廣告收益 | 1.每月付費的VIP客戶，每年89.99美元，或每月8.99美元；<br>2.遊戲視訊播客主通過Twitch認證以後，開啟Subscriber模式，如果其他用戶要觀看相關視訊，就要向Twitch支付每月5美元的訂閱費，這筆收益一大部分歸播客主所有，小部分歸Twitch所有；<br>3.在直播遊戲比賽的間隙，網站主頁投放，以及遊戲影片的空白處都被Twitch利用起來播放廣告。與訂閱影片費分成不同，廣告收益大部分都是歸Twitch所有，只有在個人發布的遊戲影片中涉及的廣告才會有一部分歸播客主本人；<br>4.特定遊戲的主播可以參與Twitch舉辦的專題活動可以獲得收益。 |

## 五、啟示

　　Twitch 是一個世界性的直播平台，堪稱「行業標竿」。在美國本地成本優勢強大，憑藉其優質的產品培育了忠實使用者，同時也面臨競爭者數不勝數的危機。

　　目前 Twitch 已經成長為全球最大的遊戲影片直播平台之一，而 Twitch.tv 也已經成為熱門遊戲《當個創世神》（Minecraft）的主要直播頻道。此外，Twitch.tv 還增強了播客的影片管理功能，幫助他們的子頻道能夠全天候的播放遊戲影片，以吸引更多的觀眾。毫不誇張的說，Twitch 已經成為遊戲產業中的「現象級」公司，而這也是其為何價值十億美元的原因所在。「最終我們還是一家網站，人們可以在這裡觀看影片、聊天、談論影片等，你可以將 Twitch 理解成遊戲直播領域的

YouTube，但同時我們又是一家專注於遊戲內容的社群網路和媒體公司。」艾米特謙虛的說。

電競直播已經成了一個大生意，是資本和媒體都無法忽視的一個產業。不管是投資人還是想要進入這一行的創業者可能都會思考這麼一個問題，Twitch 成功的關鍵因素在於以下方面。

第一，將小而散的使用者聚集。一個類似 Reign 或者 The Originals 的小型電視節目的平均觀眾超過一百萬人，Twitch 上最受歡迎的主播的線上觀眾在一萬～五萬人浮動，兩者不在一個數量級上。但是 Twitch 有成千上萬個小頻道，在很多方向上都可以有很多量小可以被聚集起來的觀眾，如高爾夫、狩獵、婚禮等。更多的行為可以透過直播轉化為使用者喜歡的內容，更多的碎片化時間可以用於內容生產上。那麼內容平台要做的就是發現一個好的方式將內容供需匹配起來。將這些頻道的觀眾集中起來就達到了一個非常可觀的數量級，這個數量的觀眾來做廣告投放的商業模式就非常可行。

第二，粉絲經濟效益。除了廣告投放，Twitch 在粉絲經濟這一方面要比電視台做的好很多，粉絲們可以透過訂閱、禮物贈送來支持自己喜歡的主播。這種建立在平台內容創造者基礎上的商業模式就擺脫了電視、電台需要達到一定「廣告規模」的觀眾數才能盈利的制約。

第三，簡化內容產生，沉澱大量內容。任何一個雙邊交易體系的關鍵都在於供給需求的匹配，而 Twitch 切入的遊戲直播領域的內容供給就比其他行業更加容易，坐在家裡打幾個小時的遊戲可要比完成一次化妝容易得多，每個擁有電腦的人都可以在網上找到免費開源的直播軟體進行直播。

第四，相同內容的不同體驗。遊戲是一個非常大的內容源，不單單體現在成千上萬的遊戲上，同一個遊戲的不同表現方式也很關鍵。不同的玩家對於同一遊戲的內容需求會不一樣，有的就喜歡賽事直播帶來的熱血和衝動，而有些人則就是想看看一些相聲型選手逗個樂。而作為內容平台，你就得最大限度的滿足受眾的需求。

第五，找到核心使用者。Twitch 在入場時找的就是 LOL 和 Dota 的忠實粉絲們，他們對電競的參與度非常高，而且對於直播影片內容的需求也很大。這個決定並不是一開始就有的，Twitch 在是 Justin.tv 時也對各種不同的類型做過嘗試。

第六，良好的社群互動性。Twitch 上大部分主播都會覺得自己的直播間的聊天氛圍是最好的，觀眾們也表示在 Twitch 上看直播的感覺跟電視或者其他直播平台的體驗會不一樣。使用者可以像自己在家玩遊戲一樣來對直播內容進行選擇，而創造者會根據使用者的反饋來調整自己的直播內容來獲取更多的關注。

第七，切入時機恰到好處，借勢上位。Twitch 上線的時候，遊戲發行商正在做遊戲售賣到 Free to p lay 和遊戲訂閱的過渡，他們也看到了電子競技讓粉絲們非常活躍的參與到遊戲消費中來，於是從二〇一一年開始就投入了數百萬美元來做各自遊戲的聯賽來培養使用者習慣。而這些投入轉化過來的使用者成了 Twitch 的觀眾，其關鍵在於 Twitch 在這個趨勢中將自己變成了電競直播最好的媒介。

# 第三十八章
# 總結：創客革命才剛剛開始

作為蘋果公司創始人，賈伯斯無疑是「創客」們的標竿。早在一九七〇年代，賈伯斯就和沃茲尼亞克在車庫裡研究產品，後來才有了蘋果公司。今天的創客們，在如火如荼的創客空間中，點燃了越來越多「草根」創客的夢想，並提供了更多實現的可能。創業的主體由小眾轉為大眾，正在逐步向「大眾創業，萬眾創新」的目標邁進。毫無疑問，創客在今後幾年的時間內將會呈現出迅速發展的一個趨勢，其原因如下。

第一，知識在互聯網時代更加容易獲取，使個人能夠獲得成為製造主體的能力。

第二，3D 列印、Arduino 等工具的出現使「創客運動」的興起成為可能。

第三，網路讓溝通和協作變得更加容易，透過交流、共享，從而獲得支持和幫助，甚至找到共同創業的合作夥伴變得簡單易行。

第四，數位技術的進步使小規模生產完全可以取得原來只有靠大規模生產才能達到的低成本，甚至還可能實現更低的成本。透過創意和網路滿足小眾的需求，進入個性化的「藍海」成為可能。

第五，眾籌平台在「創客運動」興起的過程中發揮了不可忽視的作用。透過眾籌平台，創客的創造實現了商業價值，並且進一步被媒體和社會認可，成為他們繼續創造的動力和保障。

第六，創客空間的湧現也是「創客運動」興起的重要原因，它為創客們提供了交流、分享、合作以及交易的場所和平台。目前，全球有一千多個可分享生產設備的「創客空間」，並且還在以驚人速度增加。歐巴馬政府在二〇一二年年初推出了一個新項目，將在未來四年內在一千所美國學校引入「創客空間」，配備 3D 列印機

和雷射切割機等數位製造工具。

當今的商業世界日新月異，嶄新的商業模式層出不窮，但有一條永遠排在首位，那就是創新。創新是最有價值的資產，把創意變成客戶想要的產品，創新能力決定了你是否能夠成功。市場中真正的贏家，是那些敢於無視顯而易見的庸常答案、跳脫俗套、打破常規、用新方法做事的人，這就是創客。我們都是創客，生來如此，而且很多人將這種熱愛融入了愛好與情感中。這不只是一個小工作室、意見車庫，或者是男人的私人空間那麼簡單。如果你喜歡烹飪，你就能是廚房創客，爐灶就是你的工作台；如果你喜歡種植，你就是花園創客。編織與裁縫、製作剪貼簿、串珠子或是十字繡，這些都是製作的過程。這些活動閃現出人類的創意、夢想與激情。創意因為分享而被放大，項目由於分享發展為團隊項目，雄心壯志都無法企及。

第一代矽谷巨頭們就是在車庫中起家，但用了數十年發展壯大。現在，大學生們在宿舍裡創業，不用等到畢業就能成就氣候。原因不言而喻，電腦挖掘並放大了人類的潛能：不僅賦予人類創造的力量，而且使他們能夠快速傳播創意，創立社群和市場，甚至形成運動。

世界管理學大師、美國哈佛大學商學院教授彼得・德魯克曾經說過：當今企業之間的競爭，不是產品之間的競爭，而是商業模式之間的競爭。所謂的商業模式，是指產品價值的定義、傳遞、獲取的整個過程。

這個全新的商業模式和我們以往所熟悉的商業模式最大的不同在於，不再是關於成本和規模的討論，而是關於重新定義產品價值戰略的討論，關注顧客價值如何傳遞（行銷）及其如何盈利的問題。創客是從研發到行銷的全能大師，透過作者的三要素模型，我們將創客模式分解成三大元素，依據其相互影響關係排列到一個表格中，由此可幫助其發現創業過程中存在邏輯問題或管理戰略問題。

創客的商業模式的創新，首先要回答以下三個最基本的問題。

（1）你準備提供什麼樣價值的產品或服務？

（2）你的客戶是誰？如何進行客戶行銷？

（3）你準備怎樣盈利？

這三個問題分別對應的是價值戰略模式、市場行銷模式和盈利收入模式。商業模式邏輯結構如圖 38-1 所示。

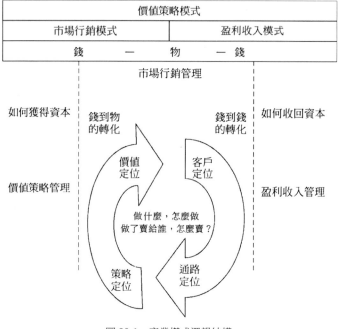

圖 38-1　商業模式邏輯結構

三要素模型是創客創業必備的工具，在快速成長的創客企業中，有越來越多的企業正在使用這一創客工具。對企業而言，價值鏈裡包含生死攸關的元素。透過深入了解客戶群體，知道使用者真正的需要，而不是企業認為他們需要什麼。產品最終能否被市場接受，取決於創客是否真正了解客戶群的需求。

創業是一項不斷進步的工作，是一個測試假象的溫床，直到創意能夠實現規模化。隨著時間的推移，開發的產品會進化，商業模式也必然會轉換。一個堅實有力的創業團隊可以靈活的去迭代開發，讓優秀的創意變得更加偉大，同時還能保證團隊成員具備充足的技能。

創業初期，CEO 最早要做的、也是最重要的就是找到人來幫助他們去實現夢想。

從最基礎一步一步打造自己的團隊是一件很辛苦的事情，但是也有好處。在研究的三十六個案例中，創業團隊從二人到數人，無單人創業的案例。我們發現，最有效的創業團隊應該是二～四人。因為在一天的工作結束之後，再高效的團隊動力也會因為身體的原因而降低，絕大多數人也會因為和有創新思維的人在一起工作而變得更好、更聰明。

無論你掌管的是跨國公司，還是憑一己之力經營的小作坊，運營方式決定了它的成敗。專注於客戶價值鏈上的每一個環節，從研發、製造、行銷到客戶體驗，就像任何一條鏈，它的強度取決於最弱的那一環，涵蓋了產品從無到有的一切過程，還包括把它變成別人願意付錢購買。

為客戶傳遞價值是一個不斷發展和演化的過程。儘管各個企業的價值鏈結構未必相同，但對所有企業來說，順暢的價值鏈是不可缺失的。價值鏈可拆分成五個環節：研發、製造和供應、行銷與銷售、配送與分銷、客戶體驗。把價值鏈上的各個元素都革新一遍，來掃清盲點，這話說來容易，真要踏踏實實坐下來，思考如何改變自己的做事方式，其實挺難的。這需要對行銷、廣告、銷售團隊、供應鏈、生產和分銷等環節進行革新。

價值鏈的盲點也是利潤的薄弱點。如果創客能在創業前就了解業務盈虧平衡點，就知道應該在哪個領域更加專著。

我們人人都有盲點，看不見自己單獨做事或身在團隊裡工作的情景。為了走得更遠，創客們必須發現並繞過這些盲點。從本質上說，盲點其實就是那些「顯而易見」的答案，它們來自自己和別人的成功經驗，還有從學校裡學到的東西。這些盲點可能與我們的長處和短處有關，與業務的性質和市場定位有關。

克里斯·安德森認為，大規模生產為大眾服務，創客們必須清楚的認識自己的服務是什麼？現在，世界各地的工廠敞開大門，向擁有設計和有信用能力的人提供基於互聯網的按需製造服務。閉關守國去銷售自己的產品始終會被市場上創新的浪潮所吞沒。如果你是做科技消費品的，想要了解自己在全球市場表現的話，別光盯

著同行的廠商，你應該看看哪些本質上跟你很類似的行業。比如：Uber就很特別，它跟科技行業一樣，都在逐步摸索方法，把核心產品做得更便宜，更貼近大眾。

無論創客身處什麼行業，大家的根本目標是一致的，也就是設計生產出客戶更喜歡的產品，讓他們棄對手而選我們。為了實現這個目的，創客們必須時刻留意商業環境和客戶的需求變化，讓產品走在潮流前端，讓顧客愛不釋手。

創客的目標是賣掉產品，而客戶的目標是解決問題。如何去平衡雙方的標準呢？這就像一個有趣的蹺蹺板：一頭是顧客真正想要的東西；另一頭是為了做到這些，公司願意放棄的東西。我們的觀點是寧選高價值，不選低價格。請不要落入「廉價」的陷阱，去做一些簡單、有趣或吸引人的事。從長遠來看，任何失敗的企業，不管它多精彩，都沒什麼意思。

傳統的研發流程是，產品開發出來，然後送到設計部門去包裝，弄得好看點。但這個思路已經過時了，消費者不但想要實用的東西，還得方便一用，外觀好看，更想要融入情感化設計，在人和物品之間建立起情感的連接。

產品的實用性重要還是外表更重要？千萬別以為你可以把這些需要洞察力的活外包給別人做。沒有哪個組織能做到百分之百正確。凡是冒險追尋過新創意的人都明白：創新需要在諸多因素之間尋求平衡。產品反映出使用者的生活哲學，把形式和功能完美融合在一起，將建立極為牢固的客戶忠誠度。這個環節，可以提供一些諸如社群、論壇的系統，為他們提供解決方案，這在前面幾個經典案例中非常普遍。請思考：

你們做產品設計的時候是按什麼順序來的？

在確定研發順序的時候，如何把客戶的需求結合進來？

在你的研發過程中，引入設計是在哪一步？

如果調整一下順序，會發生什麼？

創新不再是世界上最大的公司自上而下的推進，而是由業餘愛好者、創業者和專業人士等無數個人創客自下而上的開拓。腦力激盪是創客激發創意的原點，而原

創其實是升級版的模仿。創客們可以透過交流心得，分享與歸類，挑選最優方案去逐一實現。

在下手前先得找準方向，要討論「做什麼」的問題，還是討論「為誰做」、「怎麼做」的問題，歸納起來就是遵循一個主題與六項準則：

準則一：找準焦點

準則二：選出兩個提問當作「家庭作業」

準則三：調查研究

準則四：丟掉偏見和假設

準則五：嚴格遵守時間表

準則六：為點子排排序

除了遵循六項大準則，還需要在準備的細節上多加注意，如成員差異化；找準焦點，布置周全；圍繞焦點，進行調查等。

想到就要做到，執行才能得到。商業模式創新為創業之本，制勝關鍵。綜合上述案例，一個優秀的創客商業模式應該具有以下五大特點。

(1) 盈利是商業模式第一要則。幾乎沒有哪個生意第一天就盈利。問題是，需要多長時間才能盈利？把目標的盈利日期寫下來。如果超過很久還沒能盈利，或者去想法解決問題，甄別盈利轉化為虧損的因素；或者乾脆別做了，因為已經虧損了很多而不從虧損的生意中退出，這是糟糕透頂的商業戰略。

(2) 商業模式必須具備競爭力壁壘。如前所述，盈利的生意會吸引競爭對手。競爭對手來了怎麼辦？提前設立壁壘或競爭絕緣層，這些壁壘包括專利、品牌、排他性的推銷渠道協議、商業祕密以及先行者的優勢等。

(3) 商業模式必須具有生態自啟動自循環系統能力。創客最容易陷入的陷阱之一就是試圖創造一種不能自啟動的商業模式。建立起一個新的商業模式能支持自己的成長，可自循環自生長的，這是自救的最後稻草。否則，當你

改變世界之前，資金就用光了，你將何去何從？

(4) 商業模式必須可機動靈活可調整系統。單一的或依賴大量客戶或合作夥伴的商業模式遠沒有可以隨時調整的商業模式靈活。當調整公司未來的發展戰略方向時，需要做大量的工作。不能改變的戰略方式方向的商業模式是不可取的。

(5) 商業模式要有財務戰略策略。如果你能創立起一攤生意，然後透過上市，成為獨角獸企業，立於不敗之地；或者在不利際遇或可獲利之機把它賣掉，從建立起的公司淨值中套現；或者選擇不賣掉，你所得的則是年盈利，都可能有天壤之別。有財務戰略策略的商業模式是企業的生存之道。

最後，總結歸納一下，本書以「互聯網＋」為主線，緊扣創客創造創新的本質，按照美國創客們創業模式的創新實踐，基於作者創立的商業模式創新三要素分析模型，展開論述分析，從互聯網的「分享經濟」、大數據、客戶體驗至上、平台思維，跨界經營，再到屌絲經濟、迭代成長、社會化網路、使用者參與等，精挑細選出三十六個美國創客的創業創新模式，並分析其結構和特點、成因，進而歸納出美國創客們最新的、精闢的創業實踐經驗總結——創客創業寶典。我們的案例分析並沒有流於一般創業理論的探討和闡述，而是透過案例的提出和問題分析，案例的創客商業模式的創新特點和模型的結構剖析，促使讀者思考，啟發讀者積極探索創業未知世界中的現實問題。

## 國家圖書館出版品預行編目（CIP）資料

創客未來：動手改變世界的自造者 / 方志遠 , 蒲源著 . -- 第一版 . -- 臺北市
: 清文華泉 , 2020.07
　　面；　公分

ISBN 978-986-99209-3-3( 平裝 )

1. 創新 2. 創業

　494.1　　　　109009214

書　　　名: 創客未來: 動手改變世界的自造者

作　　　者：方志遠，蒲源 著

發　行　人：黃振庭

出　版　者：清文華泉事業有限公司

發　行　者：清文華泉事業有限公司

E - m a i l：sonbookservice@gmail.com

粉　絲　頁：https://www.facebook.com/sonbookss/

網　　　址：https://sonbook.net/

地　　　址：台北市中正區重慶南路一段六十一號八樓 815 室

　　　　　　Rm. 815, 8F., No.61, Sec. 1, Chongqing S. Rd.,

　　　　　　Zhongzheng Dist., Taipei City 100, Taiwan (R.O.C)

電　　　話：(02)2370-3310　　傳　真：(02) 2388-1990

定　　　價：430 元

發 行 日 期：2020 年 7 月第一版